数据产品经理的自我修养

古牧君 著

清華大学出版社

北 京

内 容 简 介

数据产品在国内虽然尚未广泛普及，但随着企业数字化建设的深入使用，这种嵌入在数据获取、存储、管理、加工、分析、应用全链路，且能够帮助企业降本增效、开源节流的数据产品，必将会有更大的市场需求和价值。

本书作者总结自己近 10 年的数据岗位从业经验，结合丰富的案例，阐述自己对数据产品和数据产品经理简明而独到的思考认知，旨在帮助大家全面、深入地理解该岗位及其所需人才的能力素质。本书分为三部分 14 章，第一部分（第 1～3 章）通过案例对数据产品做出完整且清晰的定义，并给出数据产品经理所需的核心能力；第二部分（第 4～11 章）通过 8 个翔实的案例，分享作者对不同场景、功能的数据产品从规划设计到落地运营的观察与思考，并期望读者通过案例培养作为数据产品经理应具备的多种能力；第三部分（第 12～14 章）讨论数据产品经理的岗位选择，当前环境下的工作现状，以及数据产品经理的未来发展趋势。附录部分对照数据产品经理所需的能力维度，提供延展阅读的书单；同时讲述作者自己的数据从业经历，为读者的职业发展提供参考。

本书适合数据产品经理岗位的初学者、也适合在该岗位想要进阶发展的从业者、想要谋求职业突破的数据分析师以及企业数字化领域的管理者阅读。

图书在版编目（CIP）数据

数据产品经理的自我修养 / 古牧君著 . -- 北京：
清华大学出版社 , 2024. 10. -- ISBN 978-7-302-67346-0

Ⅰ. TP274

中国国家版本馆 CIP 数据核字第 202424MK16 号

责任编辑： 杜　杨　申美莹
封面设计： 杨玉兰
版式设计： 方加青
责任校对： 胡伟民
责任印制： 曹婉颖

出版发行： 清华大学出版社
　　　　　网　　　址：https://www.tup.com.cn，https://www.wqxuetang.com
　　　　　地　　　址：北京清华大学学研大厦 A 座　　　邮　　编：100084
　　　　　社 总 机：010-83470000　　　　　　　　　　邮　　购：010-62786544
　　　　　投稿与读者服务：010-62776969，c-service@tup.tsinghua.edu.cn
　　　　　质 量 反 馈：010-62772015，zhiliang@tup.tsinghua.edu.cn
印 装 者： 三河市君旺印务有限公司
经　　销： 全国新华书店
开　　本： 170mm×240mm　　　**印　　张：** 21　　　**字　　数：** 415 千字
版　　次： 2024 年 10 月第 1 版　　　**印　　次：** 2024 年 10 月第 1 次印刷
定　　价： 109.00 元

产品编号：103278-01

前　言

1. 这本书有何不同

截至本书动笔之时（2023 年 6 月），国内市面上已有十余本数据产品相关的书籍。通读之后，发现虽各有千秋，但也不乏一些共性问题。

问题 1：对数据产品的认知有点**以偏概全**，通常以 BI 报表或数据运营分析平台为案例代指所有数据产品，忽略了数据产品自身类型的丰富性。

问题 2：案例众多，但**重点讲背景和结果，而数据产品的规划、实现和落地等过程一笔带过**，不利于读者体会数据产品经理在实际工作中所需的能力。

问题 3：**往往从数据、技术视角切入，缺少从产品视角看数据产品**，导致数据产品经理初学者把精力更多放在如何实现上，而忽略了同样重要的为什么要做、要做什么。

问题 4：往往落脚点更多的是怎么做出好的数据产品，而非如何成为更优秀的数据产品经理。数据产品只是产出物、是表象，**背后作为数据产品经理的鲜活个体，他们的选择、困境、现状和焦虑，往往是被忽略的。**

本书相对于已有同类书籍，最大的不同就是直面回应并尝试解决上述 4 类问题，尤其是问题 3 和问题 4。问题 3 导致**大家太容易把数据产品做成一个堆积数据技术的功能容器，而忽视了从产品视角明确要解决的问题和真实的用户**。所以本书会更多地从产品视角来讲述和思考，对同类书籍中已较多关注的纯技术内容做适当的淡化处理。但并不影响实质内容，本书会以分析模型、策略算法等形式穿插于 8 个现实案例中。而问题 4 很容易就会让读者迷失在表象中，使读者过度关注"那个指向远方的手指"，而非"远方"。[①] 所以本书也想尽量**以人为本，从人的视角关注事物**，解答大家对数据产品经理普遍关心的问题。

最后，作者在书中多处讨论数据价值的边界、质疑对数据的滥用，**相信数据但不迷信数据**，这或许也是本书的一点小小不同。

2. 写书的作者是谁

阅读和写作之间本身就是一次对话，为了让后续的"对话"更加亲切融洽，

---

① 注：指向远方的手指是问题的表象，远方是问题的本质。

我想先做个简单的自我介绍。**古牧君**是我的**笔名，**它伴随**"古牧聊数据"公众号**启用至今已有 3 年。如果你恰好浏览过这个公众号，或许你会注意到它的特别之处：从来不发布广告软文，从来不发布没有亲自实践思考过的内容，不爱发布市面上司空见惯的工具技巧入门讲解，不爱做热门爆款标题党……总之，这个公众号跟它的创建者一样，**从小就想做人群中特别的那个。**

但真要说起来，似乎也没那么特别。我在 2014 年硕士毕业后进入互联网工作，曾在北京、杭州、深圳等地工作，在百度、阿里巴巴、腾讯公司做过数据分析师、策略产品经理、数据产品经理。我喜欢看书、撸狗、散步，喜欢交流分享讨论，希望自己能成为一个自洽、快乐、持续成长的人。希望这样的一个作者写的书，能让你有兴趣读下去。

如果觉得以上介绍为片面之言那也可以看看 ChatGPT 等对话大模型是如何回答的。图 0-1 是 ChatGPT 的回答，图 0-2 是文心一言的回答。

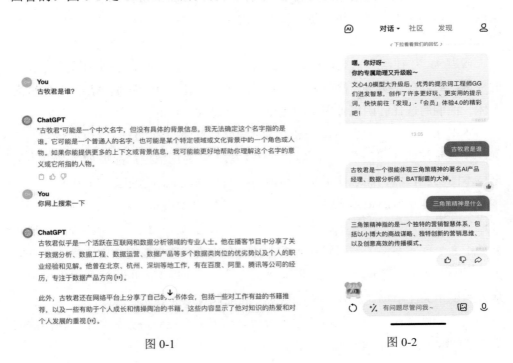

图 0-1   图 0-2

3. 本书的具体内容有什么

我的工作经历，让我可以从更多的视角看待数据产品和数据产品经理。我打算用这种多样性的思考结合丰富的案例，以如下的行文结构（见图0-3）跟大家分享讨论。

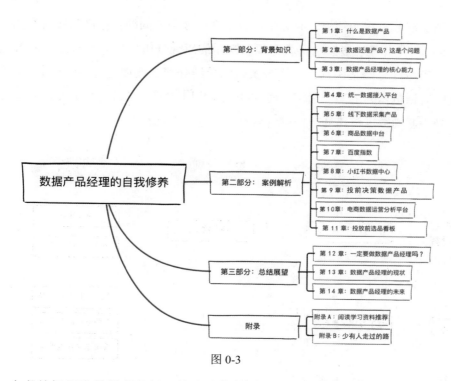

图 0-3

本书的标题为数据产品经理的自我修养，是希望大家在阅读本书后，能将思考与实践相结合，切实地提升自己在该岗位所需的能力，而非仅仅看个热闹。本书具体内容安排如下。

第一部分"背景知识"共 3 章，其中第 1 章先通过举例，归纳总结出我对数据产品的理解和定义，我们后续也将按照这个定义举例各种场景类型的数据产品，避免以偏概全；在了解了定义之后，尝试总结了数据产品经理应具备的核心能力（见图 0-4），但它会放在第 3 章；因为在这些核心能力中，产品规划能力是当前最易被忽视的，所以先在第 2 章通过几个反例，来说明忽视这个能力维度会带来什么样的后果，让大家在学习"招式"之前先学好"心法"——**数据产品经理的重点在产品经理，而非数据。**

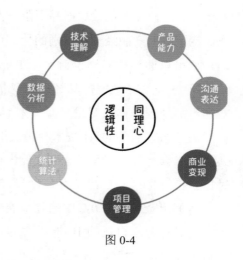

图 0-4

第二部分"案例解析"共 8 章，分别介绍 **8 个不同的数据产品实战案例**（见图 0-5）。其中有些案例是我从**旁观者视角的研究分析**，比如比较知名的数据产品百度指数；有些案例则是我**亲身实践的总结分享**，比如通过 AI 技术采集线下数据的对话机器人形态产品。同时这些案例也会按照第 1 章的数据产品的定义，分布到不同的数据链路环节中，对数据产品进行全面介绍。

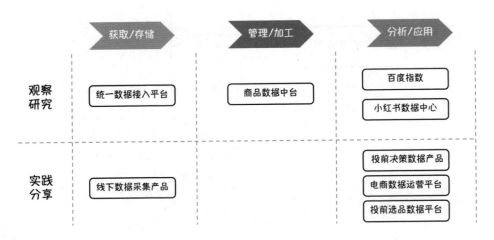

图 0-5

第三部分"总结展望"共 3 章，分别从**选择、现状、发展 3 个角度，将大家置身事内，使大家体会数据产品经理的困境与希望**。其中第 12 章关乎岗位选择，希望读者跳出全书的数据产品局限，抛出一个很实际的问题：如果想从事数据工作，除了数据产品经理还有别的什么选择？这不仅可以为大家的职业选择打开思路，也可以通过横向岗位对比，更好地理解数据产品经理的定位和优劣势；紧接着第 13 章介绍数据产品经理的现状，哪些行业企业需要数据产品经理，以及数据产品经理群体的背景来源；第 14 章展望未来，数据产品未来会导致数据分析师失业么？当下的 AI 技术会极大地改变数据产品么？未来数据产品经理岗位还会存在么？数据产品经理到底能为行业提供什么价值？这些问题我们都会逐一讨论。

本书附录针对图 0-2 中的几个能力维度推荐一些阅读读物，供大家进一步学习；同时也分享自己的 10 年数据路，算是给自己的职业生涯上半场做个总结，希望大家能从中找到一些灵感，让自己的职业发展更顺利。

4. 适合哪些人阅读

我希望本书不仅对**想要入门、刚刚入门的数据产品经理新人有用，也能对从业 3~5 年的数据产品经理**中坚力量有所帮助。因为本书不仅有定义、案例，更有源自思考的对话分享。

同时，我还希望本书也能对**意在加入数据领域的在校生，甚至在职的数据分析师**有用。长久以来大家一提到数据领域的岗位想到的就是数据分析，殊不知这个岗位已经严重供大于求，而且也有难以突破的瓶颈。如果你能在"卷"数据分析之余，也能清晰地了解数据产品经理这个岗位，或许能为你的职业生涯打开另一扇窗。

最后，如果恰好有**负责企业数字化建设的前辈**读到本书，我会非常荣幸。希望本书能帮你更好地厘清什么是好的数据产品，在数字化实践中少走弯路，也给更多优秀的数据产品经理同行提供施展拳脚的机会。

5. 遇到问题怎么办

本书内容皆来自我个人的观察体验，难免有一定的局限性。读者在阅读过程中如有疑问、或有不同的见解，还请关注公众号**"古牧聊数据"**与我联系。我会非常珍惜这些学习交流的机会，期待这本书能作为一个起点，让我们对数据产品经理的认知更上一层楼！

古牧君

2024 年 5 月

目　录

第三部分　总结展望

第一部分　背景知识

　　这部分会开宗明义地阐述几个重要的概念定义，比如什么是数据产品、数据产品的重心在数据还是在产品、数据产品经理的核心能力有哪些；同时这部分对全书也有纲举目张的作用，比如第二部分案例的挑选和具体讨论分析的内容，也都会围绕第一部分的这些概念定义展开。所以请读者朋友多花些工夫阅读这一部分，为了防止过于抽象枯燥，本部分也穿插了许多具体案例帮助大家消化理解。

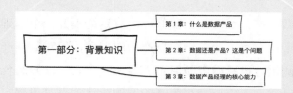

第 1 章
什么是数据产品

1.1 本章概述

既然要介绍数据产品经理的自我修养，肯定绕不开一个基础概念——到底什么是数据产品？市面上有不少关于数据产品的书籍，但对数据产品的定义和理解或多或少都**各有侧重、更看重表面形态**，容易导致大家以偏概全。

作为全书的开篇，本章先通过丰富的案例，让读者具象感知数据产品都长什么样、都有什么用；再对数据产品进行归纳总结、抽象定义，并对定义中的要点展开解读；最后结合定义，澄清对数据产品的几个常见误解，帮助大家加深理解。所以本章的叙述，会是一个从具象到抽象再到具象的过程，结构如图 1-1 所示。

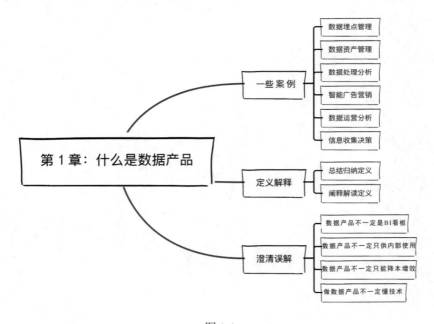

图 1-1

1.2　一些案例

本节笔者会举 6 个不同的案例，读者可能会有点疑惑，觉得这些案例跟之前听说的不太一样，但别犹豫，欢迎进入数据产品的世界。

案例 1：数据埋点管理

埋点对于每个 C 端的产品经理、运营、数据分析师来说都不陌生。它的作用就类似于给 App/H5 页面的某些重点模块、功能做一个**符合规范的独立命名**，以便后续能够通过这个命名**快速、精准地找到相应的模块和功能并开展数据统计分析**。

举个例子，假如拿起手机打开微信，点击底部的"发现"按钮然后再点击"朋友圈"按钮，微信通过事先的埋点能够记录点击按钮的用户和时间，进而可以统计每天通过此路径刷朋友圈的人数和次数。"朋友圈"按钮，可以命名为 click_discover_moments。这只是一个埋点事件的命名，还有埋点事件中要上报的属性名和属性值也需要命名，这里就先不作过多展开了。

那么问题来了，随着时间的推移，App 上的界面和功能按钮逐渐增多；产品和运营分析也越来越精细化，因此埋点也越来越多。埋点多也带来一些问题。例如，这些命名记录在哪里？还有，埋点命名完成之后需要工程师开发，开发完成之后如何验证？直接在测试环境进行手动点击，然后从后端数据库里看数据上报记录吗？这个方法效率有点低、门槛有点高，而且又都在工程师内部循环，对产品和运营来说不透明，万一上线之后发现没埋上或者没埋对，想要分析的数据无法及时获取，谁来负责？

基于以上问题，一个相对成熟的团队会考虑开发埋点管理平台，产品化地解决埋点的管理、验收等核心问题。这类平台一般都是给企业内部人员使用，为了避免敏感信息的泄露，用线框图简单示意下这类平台的核心功能界面。如图 1-2 所示，这类平台一般会提供一个埋点管理界面，可以在一些界面上创建新的埋点。同时还支持产品、运营等非技术同学界面化、自动化地验证埋点是否开发正确，如图 1-3 所示。

事件管理列表

App名称		需求名称		事件名称		查询	＋新增事件

需求名称	需求批次号	事件名称	事件ID	App名称	事件备注	创建时间	产品版本	操作
xxx	1.1.2	开屏曝光	abc_exp	App1	统计人数	2023/06/06	v1.1	查看 删除
xxx	1.1.2	开屏曝光	abc_exp	App1	统计人数	2023/06/06	v1.1	查看 删除
xxx	1.1.2	开屏曝光	abc_exp	App1	统计人数	2023/06/06	v1.1	查看 删除
xxx	1.1.2	开屏曝光	abc_exp	App1	统计人数	2023/06/06	v1.1	查看 删除
xxx	1.1.2	开屏曝光	abc_exp	App1	统计人数	2023/06/06	v1.1	查看 删除
xxx	1.1.2	开屏曝光	abc_exp	App1	统计人数	2023/06/06	v1.1	查看 删除

图 1-2

埋点校验

App名称		埋点名称		事件ID		事件ID	

连接　　断开　　清除

详情

```
1   与服务器建立连接 2023-06-06 16:42
2   xxxxxx
3   xxxxxx
4   xxxxxx
5
6
7
8
9
```

图 1-3

当然一个相对完整的埋点平台绝不仅限于上述的功能界面，这里只是做个简单的示意。案例中的管理平台只针对手动埋点，还有一种自动埋点管理平台，其管理方式会有所差异，这里也不详细展开了。

总之，本章展示了一个数据产品，虽然它并没有分析数据，但它确实服务于**企业内部用户**，可以**降低数据获取**环节的**沟通成本并提升效率**。

案例 2：统一接入平台

经营一个服装品牌，需要建立自己的销售渠道，可以是线上，如天猫店铺、京东店铺、微信小程序商城等，也可以是线下，如商场里的门店。通过销售渠道，能收集到用户的很多行为数据，比如，都有谁访问过店铺、浏览了哪些衣服、把哪些衣服放进了购物车、最终下单并成交了哪些衣服、成交的金额是多少、后续还有没有再返回店铺购买；你也可能会花钱投广告，尤其是在线上的渠道，那么就能收集到很多转化数据，比如哪些人浏览了广告、哪些人点击了广告、哪些人通过广告下单买了衣服。

上面提到的这些数据，包括售卖的商品，都是资产。通过分析这些数据，能更好地了解目标受众的购买习惯，优化广告投放的效果。但很多时候仅靠这些数据闭门造车是不够的，因为这些数据还略显单薄，首先它们都是零散的，同一个用户分别逛天猫和京东的数据不会被合并；其次它们都是残缺的，只能知道有不同 ID 编号的人来看过、买过衣服，但并不知道这些人除了在店铺里的购物行为以外，他们本身是什么样的人、有什么别的爱好。

为了让这些资产不再单薄、发挥更大的作用，需要把资产脱敏后提供给某家平台型互联网公司，如百度、阿里巴巴、腾讯、字节跳动等，因为这样才能让你的用户 id 与这些公司的用户 id 匹配关联，这样才能获得用户数据，如最近搜索过什么、买过别的什么东西、都跟哪些人关系密切、都爱看什么内容。甚至更进一步，推测出用户是什么性别、年龄、所处城市、学历、收入水平、受教育水平、婚姻状态等。

在将数据资产交给这些平台型互联网公司，并希望这些数据后续能够在这家公司的不同业务场景中发挥不同价值时（比如，广告归因、商品的上架售卖、用户行为的分析等），就需要一个可见的、统一的平台，能方便共享并管理这些资产。

具体来说，不用针对每个应用场景单独把数据资产接入一次，最好数据一次接入就能多次使用；你也希望能看到，到底都提供了哪些数据资产给到这家公司；你还希望能做统一的授权，快捷地配置数据资产的应用去向；你肯定还希望知道你拿出来的这些数据资产到底都发挥了什么价值。

为了解决这些问题，平台型互联网公司一般都会开发一个统一接入平台。它会有数据接入服务，具体的流程如图 1-4 ～图 1-6 所示。同时提供的功能还包括资产的盘点、授权、分发和价值评估。如图 1-7 ～图 1-10 所示。

创建接入

接入项目列表　　　　　　　　　　　　　　　　　　　　　　　　　　　　　**新建接入**

接入状态筛选	接入方式筛选	应用场景筛选	数据源类型筛选

接入项目ID	接入方式	应用场景	数据源类型	接入状态	任务进度	操作
123456	xxx	广告归因	A	接入中	1/5	查看 删除
123457	xxx	广告归因	B	接入中	2/5	查看 删除
123458	xxx	广告归因	C	接入中	1/5	查看 删除
123459	xxx	DMP	A	未接入	0/3	查看 删除
123450	xxx	广告投放	B	已接入	4/4	查看 删除

图 1-4

新建接入

接入选择　　　　　　　　　　　　　　　　　　　　　　　　　　　　　　**接入文档**

应用场景选择	应用目的选择

广告归因	广告投放	模型优化
场景简介+场景价值　☐	场景简介+场景价值　√	场景简介+场景价值　√

DMP	应用场景 5	应用场景 6
场景简介+场景价值　√	场景简介+场景价值　☐	场景简介+场景价值　☐

图 1-5

接入文档

接入步骤　　　　　　详情清单

步骤 1：xxx　　　　应用场景
　　　　　　　　　　xxxxxx

　　　　　　　　　　请求地址
步骤 2：xxx　　　　https：//xxxxxx

　　　　　　　　　　数据规范
　　　　　　　　　　xxx
　　　　　　　　　　xxx
步骤 3：xxx　　　　xxx
　　　　　　　　　　xxx

　　　　　　　　　　请求示例
　　　　　　　　　　xxxx
步骤 4：xxx　　　　xxxx
　　　　　　　　　　xxxx

图 1-6

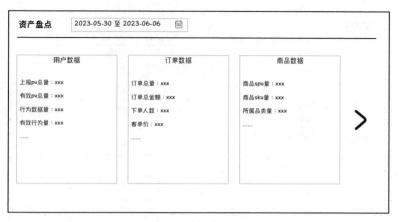

图 1-7

资产授权

数据源名称	数据源ID	应用场景	Appid	创建时间	数据来源	操作
xxx	123456	广告归因	1101	2023/01/01	授权	查看 授权
xxx	123457	广告归因	1102	2023/01/02	自建	查看 授权
xxx	123458	广告归因	1103	2023/01/02	自建	查看 授权
xxx	123459	商品分发	1104	2023/01/03	自建	查看 授权
xxx	123450	商品分发	1105	2023/01/03	自建	查看 授权
xxx	123451	行为分析	1106	2023/01/04	自建	查看 授权

应用场景 [ ]　数据来源 [ ]　　　　查询　+ 新增事件

图 1-8

资产分发

数据源类型筛选　应用场景筛选　应用目的筛选　分发操作筛选

数据源名称	数据源ID	应用场景	应用目的	操作时间	数据来源	操作
xxx	123456	广告归因	1101	2023/01/01	授权	分发 关闭
xxx	123457	广告归因	1102	2023/01/02	自建	分发 关闭
xxx	123458	广告归因	1103	2023/01/02	自建	分发 关闭
xxx	123459	商品分发	1104	2023/01/03	自建	分发 关闭
xxx	123450	商品分发	1105	2023/01/03	自建	分发 关闭
xxx	123451	行为分析	1106	2023/01/04	自建	分发 关闭

图 1-9

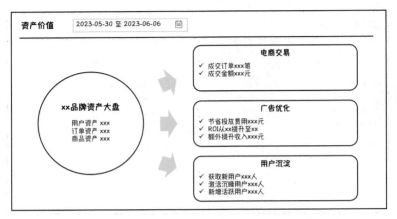

图 1-10

总之，这款数据产品的数据更多，也更显性化，服务的对象也开始从企业内部转为**外部的企业级用户**，并通过将**数据资产的接入、管理**可视化，提升企业级用户数据资产的**使用效率**。

案例 3：数据处理分析

作为一名数据工程师、数据分析师或者算法工程师，在处理 PB 级的数据以供后续统计分析、训练算法模型时，要面对的问题可真不少。1PB=1024TB=1 048 576GB，量变就会产生质变，原本很多单机可以操作的流程，现在不得不依托于分布式计算处理，因此会涉及很多大数据底层、工程层面的烦琐工作。非常耗费时间且性价比较低。

海量数据还会造成数据工作流程割裂的问题，因为大部分数据分析师熟悉的是处理业务问题、应用问题的代码语言（比如 Python、R、SQL）而非大数据工程层面的代码语言（如 Java），面对这么大量的数据分析，就不得不把原本完整的数据流程分割成多个环节，首先数据工程师完成数据引入和清洗，再交给数据分析师完成数据分析。而一旦出现上下游多环节分工协作，效率就会降低；同时因为沟通不充分带来的信息偏差也出现，直接影响最终产出效果。

为了解决上述问题，国内外有一批一站式大数据处理分析平台应运而生，其中不乏很多独角兽公司（估值在 10 亿美元以上），如 Databricks 和 Snowflake。

接下来，我们将以 Databricks 为例展开讨论。

如图 1-11 所示，Databricks 的数据平台使得数据的获取和管理流程化、可视化、自动化，它既能处理结构化数据，也能处理半结构化数据甚至非结构化数据。

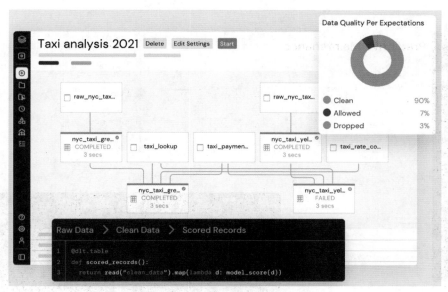

图 1-11

数据平台凭借相比传统云数据仓库性能高出多倍的 Databricks SQL，能够帮助数据分析师或数据科学家获得更多的数据洞察，如图 1-12 所示。

图 1-12

基于上述一体化的数据获取流程和数据仓库方案，平台进一步整合在线机器学习流程，覆盖从特征工程到模型结果产出的所有环节，如图 1-13 所示。

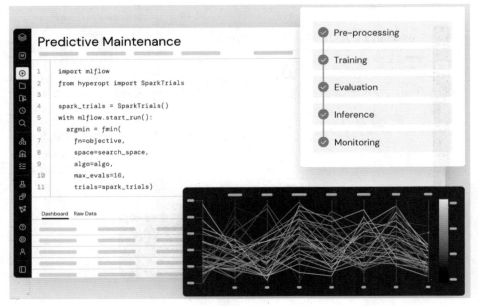

图 1-13

数据平台可以在云端进行数据的权限管控和授权分享，如图 1-14 所示。

图 1-14

Databricks 的数据平台专门服务于**企业内外的数据从业者**，能够极大地**简化大数据获取、处理、分析流程**，更高效地产出分析结果。

案例 4：智能广告营销

假如一个品牌广告主考虑在网上投放广告，那么有个绕不过去的问题——投放的广告是否划算？对于某些形式的广告来说，这个问题很好回答，比如，一些点击跳转到购物页面且可以直接下单的广告。广告主投入 100 元进行广告宣传，到底转化了多少消费者购买商品、这些人买了价值多少钱的商品？如果收入明显高于 100 元，就是划算的；要是低于 100 元，则需要好好优化广告。

但还有一种形式的广告，长期以来就很难度量，因为这种广告并不是以直接带来销售转化为目的，而是希望能够在消费者心目中构建起良好的品牌形象。可别觉得品牌形象这种东西没意义，回想下《盗梦空间》，把一个想法自然地植入人的大脑，他就能做出巨大的改变。

针对后一种形式的广告，不仅效果难以度量，还有一些前置性的问题。比如，**该在什么时机、给哪些用户、讲什么样的故事**，才能达到目标呢？这些问题原本可能都要靠广告创意策划的头脑风暴、灵光乍现，但随着互联网平台能收集到的数据越来越多，就可以用数据去讲故事了。

这类平台包括字节跳动的巨量云图、阿里巴巴的品牌数字银行、京东的数坊等，下面以字节跳动的巨量云图的功能介绍示意图来举例说明。

平台内嵌了一种对人群进行通用划分的功能，支持自定义通过标签组合圈选人群进行分析和投放，如图 1-15 ～图 1-18 所示。

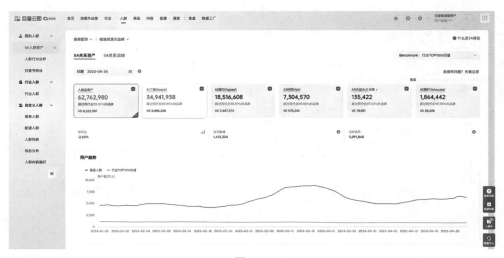

图 1-15

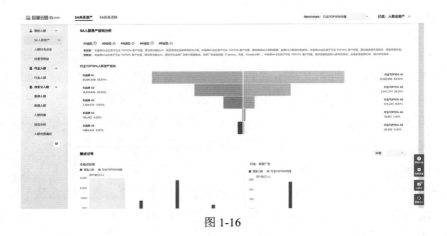

图 1-16

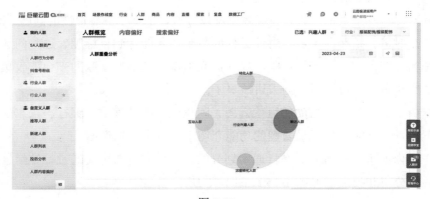

图 1-17

图 1-18

如图 1-18 所示的商品，平台支持对品类售卖趋势的预测和单品表现的分析，如图 1-19 和图 1-20 所示。

图 1-19

图 1-20

图 1-20 所示是针对内容的分析，平台支持话题、素材和账号的情况分析，如图 1-21 和图 1-22 所示。

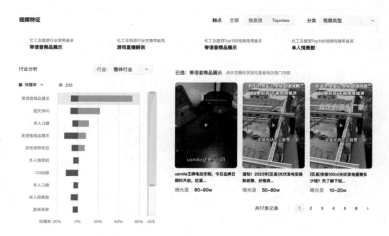

图 1-21

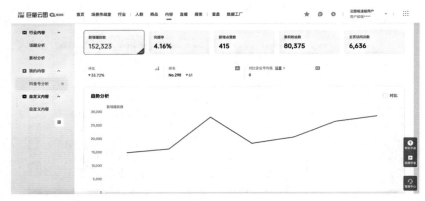

图 1-22

图 1-22 所示为最后对整体广告投放效果的评估，平台也有全面量化的度量，如图 1-23 ～图 1-26 所示。

图 1-23

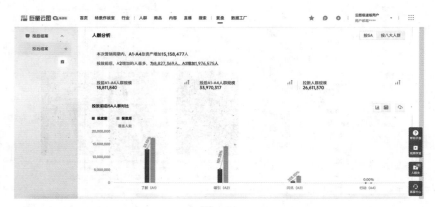

图 1-24

图 1-25

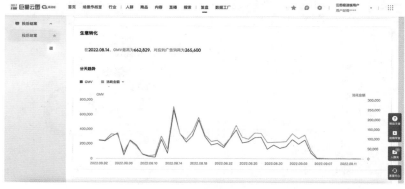

图 1-26

总结一下，这类平台对数据的分析和应用更复杂更智能。在营销领域的**数据分析和应用环节**，它能帮助**外部企业级的用户**（尤其是品牌广告主），在广告投放前提供决策，在投放中提供分析，在投放后给出度量，并能获得广告主**更多的投放消耗**、为开发该平台的企业**带来更多收入**。

案例 5：数据运营分析

最近几年自媒体成为越来越多人的副业选择，大家纷纷进军小红书、抖音、公众号等平台。但大部分人兴致满满地发布几条内容之后，发现读者寥寥无几，更别说点赞打赏和广告商单。于是很多人开始急于求成，在各种群里打听技巧，甚至开始付费拜师学艺如何经营副业，但往往是自己没赚到钱，反而为教授自媒体技能的老师提供了可观的利润。

其实平台方通常会配备一套数据产品，帮助用户了解自己的水平，发现自己的问题，进而提升自己。这些数据产品往往都会提供丰富的运营数据，例如，用户发的内容有多少人看、这些人都是什么样的人、用户的内容在同类内容中表现得如何。

比如，小红书平台就提供了对账号、笔记、粉丝的分析，如图 1-27 ～图 1-30所示。

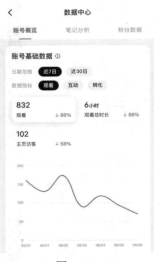

图 1-27

图 1-28

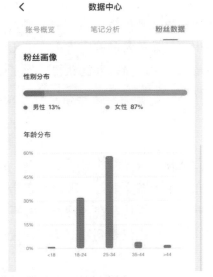

图 1-29

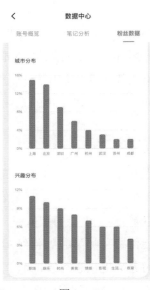

图 1-30

总之，这类数据产品已经很接近用户的认知。它是**直接服务于C端普通用户的**，在**数据分析应用环节能够帮助大家更好地了解自身情况、优化运营效果**。在后续章节中会对该数据产品进行详细的研究分析，感兴趣的读者可以耐心读下去。

案例6：信息收集决策

在面试一家不太知名的公司时，肯定希望了解清楚这家公司是否靠谱。

于是这么一类数据产品应运而生。它本身不生产数据，它只是数据的搬运工；它对全国企业信用信息公示系统、中国裁判文书网、中国执行信息公开网等公开的企业信息进行抓取和加工处理，并按照一定形式展示在界面上，从而为C端用户及企业级用户输出付费的数据服务。

这类数据产品类似于国内的企查查、天眼查等，企查查的界面如图1-31、图1-32所示。

图 1-31

图 1-32

可见，这类数据产品的数据是非结构化的，它**既能服务 C 端普通用户，也能服务企业级用户**。在**数据加工处理环节**，通过自动化、产品化的聚合海量数据，它既能**节省用户**全网搜索查询整理的**时间**，也能为用户**决策提供数据辅助**。

1.3 定义解释

浏览完这么多案例后，读者肯定会有一些疑惑。如案例 1 和案例 6，为什么明明没什么数据，也可以称为数据产品？再如案例 2，虽然有数据但没有分析，为什么也可以称为数据产品？本节首先给数据产品一个定义，然后再展开解释。

1.3.1 总结归纳定义

其实数据的概念很广，数字是数据，图片、音频、文字也是数据，只不过前者是结构化数据，后者是非结构化数据；而且数据也不一定要通过分析才能发挥价值，有些数据能被看到，就有价值，比如今天的温度。

进一步，还可以发现上文的 6 个案例，所处的数据流程环节各不相同，服务的用户类型各不相同，最终发挥的价值也各不相同。将上述案例整理成一个简单表格，纵向按照**数据流程环节**、横向按照对应数据产品的**价值作用**来划分，将案例编号对号入座，再将其中可服务**个人用户**的案例高亮标记、服务企业用户的案例则普通展示，具体如表 1-1 所示。

表 1-1

数据环节 / 价值作用	降本增效	促进营收
数据获取存储	案例 1、案例 3	
数据管理加工	案例 2、案例 3、案例 6	
数据分析应用	案例 3、案例 5	案例 4

参考表 1-1，我相信在你心中，**数据产品的定义**已初具雏形，提炼总结为：**在数据全链路（获取、存储、管理、加工、分析、应用）的每个环节，通过产品形态为个人或企业用户降本增效、促进营收的工具，就是数据产品**。

1.3.2 阐释解读定义

有了定义之后，还需要对定义中一些关键部分进行展开解读，这样读者才能真正地理解什么是数据产品。

（1）**数据全链路：**数据产品是针对数据链路设计的，这条链路可简单归纳为 6 个环节，分别是数据的获取、存储、管理、加工、分析、应用；同时，数据产品**也不仅仅是针对链路中的某个环节**，如并不是只有对数据进行分析应用才称为数据产品，其他环节也都是数据产品的范畴。但是也要谨防将**数据的概念**过分泛化。图片、文字、音频也都是数据，但短视频软件抖音并不是应用环节的数据产品，因为数据还有一个限定范围，它是**事实或观察的结果，是对客观事物的逻辑归纳，是用于表示客观事物的未经加工的原始素材**。有时候数据和信息、知识等也容易产生概念上的混淆，它们的区别可以用下图做一个简单的解释，就不过多展开了，如图 1-33 所示。

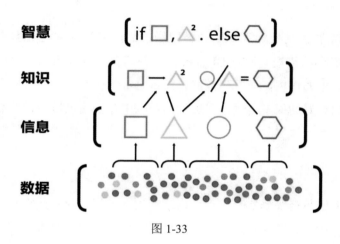

图 1-33

（2）**产品形态：**数据产品，首先要是个产品。本书选择**相对狭义的产品定义**，将其限定在了互联网世界大家熟悉的 App、网页等载体上，即可操作可体验的产品。这样便能和数据分析报告、模型策略、接口服务等用户无法直观感知的、非产品形态的事物区分开，避免让本书后续的讨论过于发散。

（3）**个人或企业用户：**数据产品不仅服务于企业用户，也可以直接服务于普通个人用户。企业用户又分为企业内部和企业外部，早期的数据产品可能更多服务于企业内部，但随着数据产品形态和价值的丰富，会有越来越多的数据产品直接面向外部的企业级或个人用户，本书也将在后续章节介绍对应的案例。

（4）**促进营收：**数据产品在降本增效上的价值作用显而易见，但也有误区——觉得数据产品只能在幕后帮人省钱、没法走向台前帮人挣钱。后面我们还会在本书的第二部分用专门的案例具体讨论这个话题，它涉及数据产品经理的个人价值体现，是从业者很重要的体验和感受。

1.4　澄清误解

虽然上文已经对数据产品进行定义和解释，但笔者还想趁热打铁，通过对比帮读者夯实下记忆和理解。这个岗位毕竟相对较新，市面上对它的误解也比较多；而且给一个新生事物下定义，光说**"它是什么"**总会略显单薄，再讲讲**"它不是什么"**才会更加圆满。所以笔者准备对一些常见的对数据产品的误解逐一澄清。

1.4.1　数据产品就是 BI 看板？

没错，BI 看板是广为人知的一类数据产品，但认为它是数据产品的全部，则犯了以偏概全的错误，而且 BI 看板目前普遍存在一些问题，比如，它更多承担的是展示数据的作用，但看到数据之后该怎么解读数据、怎么应用数据呢？案例 4 是一种比较好的探索尝试，在后续的篇幅中还会重点讨论，并介绍我对这个问题的思考。

1.4.2　数据产品只供内部使用？

早期很多数据产品确实只供企业内部使用，尤其是将一些重复性的数据操作和分析方法自动化、产品化后可以极大地提升效率。但随着数据产品的不断演进发展，就像案例 3、案例 5、案例 6 中提到的数据产品，都是开放给外部使用的，甚至在开始设计的时候就是针对外部的企业或个人用户。例如，百度指数这种大家熟知的数据产品，就是普通个人用户可以免费使用的。

1.4.3　数据产品只能降本增效？

与其他误解相同，确实很多数据产品的目标都是降本增效，但如案例 4 所示，它也可以售卖变现，也可以给企业带来额外收益。实际上像案例 4 这种营销类的数据产品，一般都是卖账号和服务，尤其是服务。企业将账号以一个较低的价格半卖半送，更大头的收入则来自于使用数据产品的过程中，配套的标准化服务和个性化需求的落地。

而且这类数据产品还可以撬动更多的收入。在缺乏该类数据产品的时候品牌广告主会对广告投放的效果持怀疑态度；而当有一个数据产品可以清晰地衡量投放效果，并且给出一些投放的建议时，广告主在这个平台继续砸钱投广告，甚至追加费用的意愿就会增强，这也是一个很重要的价值衡量手段。

这里顺便也提下对数据产品价值定位的**另一个常见误解，就是数据产品一定要产出决策建议**。这个观点明显认为数据产品就是分析数据的产品，能影响决策的数据产品才是好的产品。但按照本章归纳的定义，在数据获取、存储、管理、加工这几个环节的数据产品，很多时候只能提升效率，并不能直接影响决策，但这丝毫不妨碍现实中有大量类似案例1、案例2、案例3那样的数据产品。

1.4.4 做数据产品必须很懂技术？

最后，我们将讨论从数据产品转移到人——数据产品经理身上。很多人会认为这个岗位必须要很懂技术，这跟市面上一些对产品经理的误解类似。只不过数据产品增加了数据俩字之后，似乎又加持了一层技术的面纱，让误解进一步加深。

但结合本章给出的几个案例来看，越是靠近分析应用环节的数据产品，作为产品经理越应该考虑的是怎么解决**业务的真实需求**，离技术也就相对越远，对大数据的加工处理、数据仓库的设计选型等，仅作了解就可以；只有靠近数据获取、存储环节的数据产品经理，需要接触更多底层技术，对技术的要求才越高。

这里还衍生出从业者的一种普遍感受，越是靠近数据获取、存储环节的数据产品经理，越觉得个人的价值感不高；而靠近分析应用环节的数据产品经理相对就会好一些。将这种感受和上面提到的"懂技术"结合起来，可以简单归纳出不同类型的数据产品经理所面临的要求和焦虑，供读者体会（图1-34）。

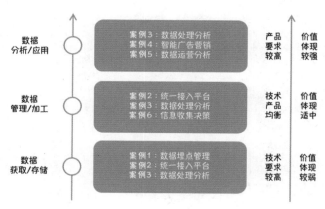

图 1-34

本章通过 6 个案例先具象感知数据产品，然后归纳总结其定义，最后通过对 4 个常见误解的澄清加深对定义的理解。当熟悉了什么是数据产品，就能更好地讨论怎么做好数据产品经理。下一章会在介绍数据产品经理的核心能力之前，先重点探讨一个方向性、纲领性的问题：**数据产品的重点到底是数据还是产品？**如果将数据产品经理的核心能力类比成武功招式，这个问题则相当于是**武功心法**。对武侠世界有所了解的读者们都清楚，武功心法出了问题，招式学得再多也只能是徒有其表甚至走火入魔。所以，期待读者翻开下一页，继续探索数据产品的世界。

第 2 章
数据还是产品？这是个问题

2.1 本章概述

第 1 章厘清数据产品定义，在澄清最后一个误解的时候（做数据产品必须很懂技术），也触及本书的一个核心内容——数据产品经理的核心能力。其中，技术能力到底是不是数据产品经理的核心能力之一？如果是，需要懂到什么程度？除了技术，还需要具备哪些能力？

本章并不急于一次性解答上述问题。目前，在数据产品领域，始终弥漫着一种风气——**大家普遍更看重一个数据产品的技术性，而相对忽视它的产品性**，导致大量的数据产品仅仅是**从无到有，但并不见得有用，更不见得好用**。这对企业是人力物力的耗损，对数据产品经理自己，也是一种歧途。

本章将先通过 3 个比较典型的、"失败"的数据产品案例，帮大家具象地感知，作为一个数据产品经理如果忽视产品和用户，会带来哪些后果；然后针对这 3 个案例做一个简短的总结，并明确提出一个观点——**数据产品的本质是产品，数据产品经理的本质是产品经理**。因此，产品经理的能力将是数据产品经理的众多核心能力中最重要的能力之一。相较于将在第 3 章介绍的其他能力，产品能力更类似武学中的"心法"，读者可以自行体会。

本章的结构如图 2-1 所示。

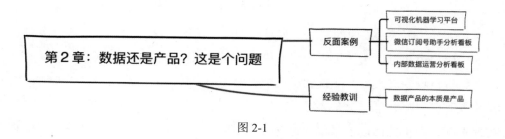

图 2-1

2.2　反面案例

下面马上就会详细介绍的 3 个案例中，笔者分别是旁观者、使用者和创造者。虽然案例不多，但笔者想说，**"失败"的数据产品在当下并不是偶发个例，而是普遍情况**。至于为何，可能你看完这 3 个案例就明白了。

案例 1：可视化机器学习平台

在第 1 章的数据产品案例中，提到的 Databricks 集成了大数据的处理、分析功能，能够帮助数据从业者提升工作效率。这个平台还主打机器学习的可视化操作，可以极大地降低机器学习的使用门槛，让一些不太熟练机器学习编程的数据从业者，也能敏捷构建出贴合业务需求的机器学习模型。

多年前我作为旁观者，在大型互联网企业也见识到类似的平台，它的表层是一个可以拖拉拽的机器学习可视化界面，如图 2-2 所示。

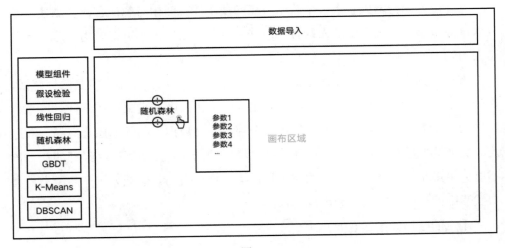

图 2-2

如图 2-2 所示，界面的左边一列是模型组件区域，这些模型是系统已经封装好的代码，用户可以选择想要应用的模型，然后用鼠标拖拉拽到右侧的画布区域，只要将数据输入进去，并配置调整几个关键参数，模型就能跑出结果。如何将数据输入到模型呢？单击画布区域上方的"数据导入"按钮，会弹出相关引导界面，可以选择一个事先已在该平台创建好的数据集，也可以选择通过连接某个数据仓库来读取某个数据表。

　　这个平台不仅有表层的机器学习组件拖拉拽界面，更深层的功能是数据的接入、存储、管理及机器学习算法组件库，还有更上一层的功能是模型的线上调度和部署，训练好的模型直接上线服务于某个业务。如果这个平台是冰山，那么图2-2所示的界面则是冰山在水面上的一角，还有更多功能在水面以下。该平台的完整功能结构如图 2-3 所示，机器学习拖拉拽界面对应图中蓝色的部分。

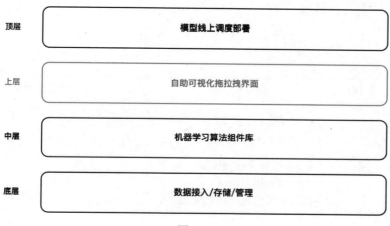

图 2-3

　　至此，读者可能会觉得这个数据产品未来可期，既有硬核技术又能支持业务，既能降本增效又能带来营收，简直就是完美的数据产品。但事与愿违，我刚体验完就随即向同事打听关于这个平台的情况，得到的回复是：它已经"荒废"一段时间了。我当时内心的小惊讶，估计不亚于读到此处的读者。

　　这个平台的目标**定位**是面向数据工程师、算法工程师、数据分析师等**专业人员**，以及产品、运营等**非专业人员**，通过可视化界面和傻瓜化的交互，降低机器学习模型训练的门槛，让更多的用户可以灵活训练配置自己的模型并上线业务，从而缩短模型开发到上线应用的周期，让模型尽快落地生效。

　　上述目标定位设想是好的，但平台上线后用户实际的体验反馈并不好。

- 专业人员：认为平台为了让产品、运营人员也能使用，将很多数据抽取、清洗，以及模型训练的过程都界面化，却损失了灵活性。很多模型训练的细节，在平台上要么无法完成，要么没有直接编写代码快捷方便。因此，使用一段时间之后，专业人员基本就会弃用该平台，编写代码实现功能。

- 非专业人员：认为平台很好很强大，可问题是他们没有太多数据分析、统计模型、机器学习算法的基础知识，导致并不敢动手操作。比如，在面对一个具体的业务问题时，他们并不知道该如何选模型，以及选择的模型中每个参数都是什么意思、该怎么微调参数。

总结一下，这个平台最后的处境有点"里外不是人"，专业人员和非专业人员都不爱用，导致耗费了极大人力物力却最终无人问津。细心的读者可能会有疑问：这个平台跟第 1 章介绍的独角兽产品 Databricks 类似，但为什么 Databricks 大获成功，而这个平台却失败呢？我们通过下面的表格进行简单对比（表 2-1）。

表 2-1

核心维度 / 数据产品	Databricks	可视化机器学习平台
面向对象	• 数据分析、数据工程、算法工程等专业人员	• 数据分析、数据工程、算法工程等专业人员 • 产品经理、产品运营等非专业人员
解决痛点	• PB 级别大数据处理 • 数据操作可视化、产品化 • 数据工作流一体化集成	• 数据操作可视化产品化 • 数据工作流一体化集成

答案呼之欲出，本章的可视化机器学习平台，**面向的用户不聚焦、更分散**（包含非专业人员），同时又**不能解决用户的真实痛点**（如 PB 级别数据处理），**仅仅解决了一些自认为的表面痛点**（如可视化机器学习等）。总结成一句话，**没有考虑清楚到底要解决谁的什么问题**。

这里说句题外话，面对专业人员抱怨的不灵活问题，Databricks 也遇到了，它的解决方案就是提供一个可以直接编写代码的界面。只不过在这个界面上编写的代码，可以处理 PB 级数据，不是那种普通的单机写代码界面。

案例 2：微信订阅号助手分析看板

作为一个资深的公众号创作者，在使用微信官方提供的运营分析类数据产品时，总会代入数据产品经理的视角。比如，订阅号助手里的数据统计功能，作为一个移动端的小型数据产品，它不像本章案例 1 那样无人问津（相反使用者肯定不少），但不论从个人用户视角还是企业视角，它都不能算成功。

对没用过这款数据产品的同学，笔者整理了它的功能的结构图（见图 2-4）。

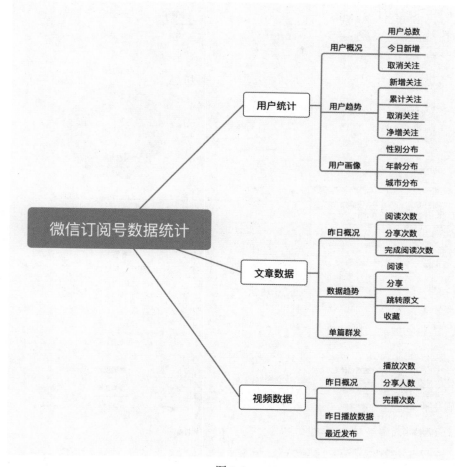

图 2-4

　　再补充几个重点界面的截图（见图 2-5～图 2-8），把对于这款产品抽象的认知具象化一些。这 4 个界面分别对应了上面功能结构图中的用户统计 - 用户概况、用户统计 - 用户趋势、用户统计 - 用户画像、文章数据 - 昨日概况、文章数据 - 数据趋势。

　　很多数据产品的初学者认为这个看板还不错。因为它结构清晰，数据图表的选用展示也比较合理，指标也基本覆盖了一个公众号创作者会关心的内容。但作为使用者我必须说一句，它没什么用。

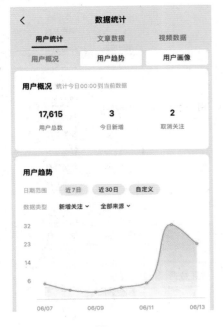

图 2-5

图 2-6

图 2-7

图 2-8

笔者的评价是基于对它的预期。现有的这些界面和指标只反映现状，但现状下隐含着什么问题？如果有问题该怎么解决？比如对比同类型的账号，我的文章从数据反馈表现上是相对较好、还是相对较差？如果是相对较差，那么问题出在哪里？是写的东西质量不行，还是读者定位的问题？我猜测，如果我这个从事数据工作将近10年的人看不懂、用不会该产品的话，能挖掘这个看板价值的人也应该不会很多。

抛开上面这些问题，假如这个数据产品仅仅提供展示数据的功能，则请思考几个问题：在企业内部这个数据产品的 KPI 或者 OKR（Objectives and Key Results，目标与关键成果法）该怎么定？作为该产品的数据产品经理，需要考虑它到底有什么价值，以及它的价值跟投入的人力物力相比（ROI），是否划算？

尤其是 ROI（投入产出比）的问题，众多不再扩张的互联网公司都应该认真思考下。支持这个数据统计模块的产品、研发、机器资源，一年的成本是多少，同时这个功能一年又能带来什么价值？

总而言之，订阅号助手里的这个小型数据产品，相比上一个案例中的可视化机器学习平台要好很多，**它有使用人群。但使用之后带来的价值是什么，似乎不论是站在用户视角还是企业视角，都很难回答清楚。它更像是一个数据分析师，将一些指标做了结构化、可视化的展示，缺乏用户视角和产品经理视角。**

案例 3：内部数据运营分析看板

在前面两个"失败"的案例中，我要么是旁观者、要么是使用者，多少有点"站着说话不腰疼"的感觉。而本章的第三个案例中，我则是亲历者。

这个案例很常见，与案例 2 类似，同属于数据运营分析类的产品，但应用场景不是移动端而是 PC 端。这类数据产品大家都习惯称之为 BI 看板。当时我刚加入一个新部门，独立负责研发部门级的 BI 看板，其目标定位是监控部门孵化的 10 余个产品的数据表现。监控的很多数据指标不能单纯靠前端埋点获得，需要深入到算法和数据底层，从而会触及到数据资产的保密问题，所以当时并没有考虑采购市面上的第三方 BI 产品，而是选择独立自研。

在上述背景下，初为数据产品经理的我，在充分了解业务和指标之后，"别出心裁"地设计出一个不大一样的样式，如图 2-9 所示。

图 2-9

这个样式的设计初衷如下。

● **分析体系结构化**：把指标按照不同业务维度进行归类，而非简单地堆放在一起。

● **指标卡片化**：一段时间范围内的总量、日均值、波动率等指标都以卡片形式展示。

● **卡片可点击**：点击每个指标卡片后可与下方联动展示指标的趋势和异动分析归因。

● **指标异动分析归因**：联动卡片，通过时间的对比和多维度的下钻，量化定位指标波动的原因。

上线不到一周，大家对这个样式反馈激烈，反馈的负面体验整理完成后，主要有如下几点。

● 针对分析体系结构化：指标分散，无法一次性找到所有想看的指标。

● 针对指标卡片化：卡片太大占空间，还不如做成表格能一眼看到更多指标。

● 针对卡片可点击：能意识到可以点击卡片，但点击后因为 PC 端页面高度的限制，只能看到下方的趋势图跟着变动，根本注意不到更下方的指标异动分析表格也随点击卡片联动。

● 针对指标异动分析归因：经介绍说明后能理解异动分析对指标波动的解释，但表格的形式使理解有门槛。

结合用户反馈进行反思，发现问题还是出在太注重数据分析逻辑的展示，未考虑用户对产品的体验。而 BI 看板的受众往往都是一些对数据分析、数据指标没有太多概念和基础的人，他们不可能理所当然地理解一个数据专业方向的逻辑。因此，**需要去理解用户的逻辑，顺应用户的逻辑**。

秉承这个改进思路推出的新版本如图 2-10、图 2-11 所示。

图 2-10

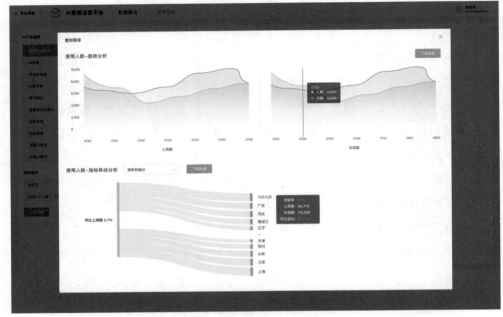

图 2-11

改动如下。

● 用完整的业务流程串联起零散的指标，而不是用数据分析的视角将指标分类
展示。

● 点击指标卡片直接唤起浮层，所有分析结果在一屏内展示，不用担心被遮挡
忽略。

● 原有顶部筛选控件位置优化，放置左侧导航栏，释放屏幕纵向空间。

● 把异动分析归因从数据表格变成更易理解的图形，让用户先领会大概意思再
去细看数据。

此番改动后，用户开始接纳并使用这个内部 BI 看板，使用人数和频次都稳
步提升。虽然笔者在样式设计以外还做了很多数据方面的工作，比如分析每个产
品到底要看哪些指标、每个指标的意义和计算逻辑、怎么自动化地归因指标的波
动……但现实场景总是会教育我，只有这些数据分析的视角并不能让用户满意，
甚至会让用户产生极大的抵触情绪而影响数据产品的价值发挥。

回顾这次失败，作为数据产品经理，**开始时太强调数据分析视角，缺乏产品
的视角和思维**。从这个案例笔者开始意识到，**数据产品并不是简单的数据和产品，
它的重心还是在产品**。

2.3　经验教训

希望上文中的这 3 个案例让读者意识到：**只懂数据不懂产品，只能做出无人问津、无实用性的数据产品**。其实市面上还有一种常见的误解，认为数据产品经理门槛不高，只要具备数据分析师、数据工程师的工作经历就能很容易胜任数据产品经理的职位。这确实是过去一段时间的现状，设置新兴岗位时，先从内部熟悉业务的合作方中找人快速实现，是互联网常见的办事风格。但不能认为数据产品就该是如此，对过去这种模式的路径依赖，已经带来了很多问题。

本章开头提到，目前"失败"的数据产品是普遍现象而非偶发个例，这也不难理解。因为早期的数据产品经理多是技术背景出身（数据工程、数据分析等），**不少人都会带有技术思维的惯性，而且这种惯性短时间不容易改变**。不过话又说回来，把"打击"面从数据产品扩大到所有类型产品，市面上成功的产品又有多少呢？如果产品大概率都是"失败"的，那么数据产品作为一种特定类型的产品，又怎么会独善其身呢？

说了这么多，就是想让读者能意识到：**数据产品的本质是产品，数据产品经理的本质是产品经理**。不要被数据的表象迷惑，陷入技术的乱花丛中迷了眼。把握最本质的东西，才能站得更高，走得更远。如果你确实已经领悟了做数据产品的"心法"，那我们就快马加鞭进入第 3 章，第 3 章将全面地介绍数据产品经理的核心能力。

第 3 章
数据产品经理的核心能力

3.1 本章概述

第 2 章通过 3 个案例和 1 个总结，明确了数据产品经理**最重要的核心能力：首先得是一名合格的产品经理**。但具体而言，需要具备产品经理的哪些能力呢？除此之外，还需要哪些核心能力组合搭配，才能在数据产品经理中脱颖而出呢？这些都会在本章进行全面介绍。

本书不希望像传统教科书一样先给概念定义、然后再让读者慢慢领悟。所以本章先通过一个案例来展示**数据产品经理的日常工作内容**，它涵盖产品调研、产品设计、需求评审、数据验证、上线评估的全过程；然后通过总结数据产品经理的**工作流程**归纳出数据产品经理需要具备的核心能力。

这些核心能力包含**产品能力、沟通表达、商业变现、项目管理、统计算法、数据分析、技术理解**共 7 项。针对每一项能力，本章将进行逐一解释；针对部分核心能力，本章也将进行简单探讨如何培养提升。本章也将简单盘点**不同阶段数据产品经理的能力现状**，以及努力提升的目标。最后，与其他相关的岗位进行对比，比如产品经理和数据分析师，很多人都觉得**数据产品经理 = 数据分析师 + 产品经理，事实果真如此吗？** 虽然三个岗位在能力维度上所有重叠，比如数据产品经理和数据分析师都要求数据分析能力，但针对相同能力，不同岗位需要掌握的程度和实践的方式有所不同。可以说**是一种有机的融合，而非简单的叠加**。正好通过这种对比，也能让读者对数据产品经理的核心能力有更进一步的了解。

综上所述，本章的结构如图 3-1 所示。

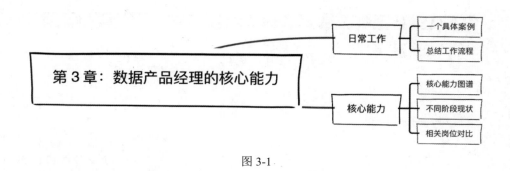

图 3-1

3.2 日常工作

数据产品经理所需的核心能力，需要在实战中一点一滴积累培养。结合第 2 章中对数据产品的定义，本章将以分析应用环节的数据产品为例，方便大家直观感受数据产品经理的日常工作内容。同时也会对比其他环节的数据产品，以便总结出一个相对通用的数据产品经理工作流程，避免以偏概全。

3.2.1 一个具体案例

分析应用环节的数据产品，并非只有简单的 BI 报表，还有其他很多类型的产品，但大多都优先诞生于**电商、游戏、广告业务**。因为这 3 个业务是国内互联网行业的主要盈利来源，大家在其中投入的程度更深，行业演进的速度更快，对数据产品这种更先进的生产力工具也探索得更早。

例如，比较早也比较广为人知的**淘宝生意参谋**是广大淘宝商家数据化运营店铺的工具，它可以从流量、商品、转化、用户等多个维度诊断当前的现状、发现问题并进一步给出建议，帮助淘宝商家提升店铺运营效率和经营收入。这里简单放几个产品界面截图（图 3-2 ～图 3-7），有淘宝账号的朋友都可以自行注册体验，除部分功能需要付费解锁外，大部分功能都是免费的。

淘宝生意参谋的功能特别丰富，上面展示的只是一些重点功能界面的截图，它的完整功能结构如图 3-8 所示。历经多年发展，淘宝生意参谋已经非常"枝繁叶茂"。在仅列举二级分析模块的情况下，就已经有 53 个模块，如果再把三级分析模块展开，就会超过 120 个模块。

图 3-2

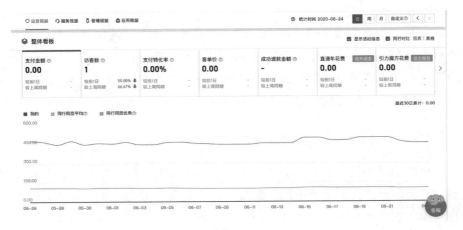

图 3-3

图 3-4

图 3-5

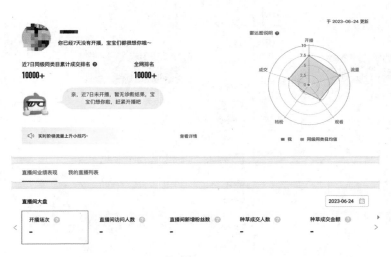

图 3-6

图 3-7

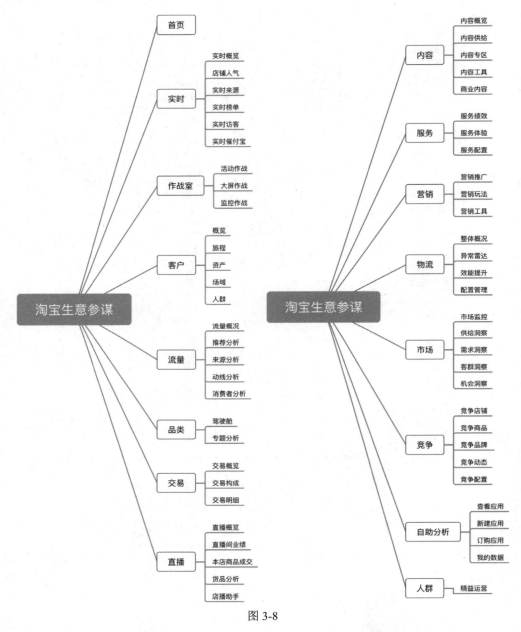

图 3-8

　　现在并不是要重新推导一遍它是如何研发的，而是考虑换个流量场景开发一个对标的数据产品。比如说微信流量场景，就有各个品牌自己的小程序商城（见图 3-9、图 3-10），如果把它们类比成一个个淘宝店铺（当然这种类比很粗暴，因为微信不是中心化平台电商），则微信商家也需要一个类似淘宝生意参谋的数据产品。

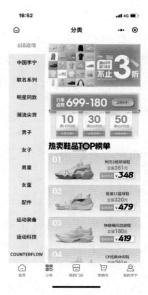

图 3-9   图 3-10

如果考虑上线这个数据产品，问题将接踵而来，需要数据产品经理一一思考解决。

（1）产品调研。

虽说是对标淘宝生意参谋，可淘宝生意参谋的功能非常多，就算是"抄袭"也不是短期就能"抄"完的。如果要进行优先级排序的话，哪些功能才是最应该优先考虑设计开发的呢？或者在微信流量生态场景做一个支持电商运营分析的数据产品，应该具备哪些功能？又有哪些功能是这个场景独有的？

我们可以从不同的角度解决上面的问题，比如可以自己作为用户深度体验竞品，并给出体验报告；比如可以调研访谈电商行业的运营人员，收集他们的反馈尤其是淘宝的代运营公司人员，他们才是一线实战人员，他们对产品的反馈总是最直截了当的；甚至可以通过咨询淘宝生意参谋的产品经理，从产品设计者的角度了解该数据产品的难点和遗憾。

但其实这些都不是最好的方法，因为靠借鉴很可能会被别人的经验带着走，很难消化形成自己的认知理解。我个人最喜欢的方式是**先独立思考，构建出一个相对完整、体系化的认知**。比如想清楚：这个数据产品到底是要解决谁的什么问题？**然后以此为主干，再去调研了解，不断地丰富主干，给想法添砖加瓦**。

（2）产品设计。

厘清核心问题，接下来就需要考虑具体功能层面的问题了。设想中要开发的所有功能，相互之间应该是怎样的关系？还是每个功能都是独立的、相互之间没有任何往来配合？具体的功能界面的交互是什么形式的？对应的数据计算逻辑到底是什么？

这里有些问题比较偏产品，比如功能之间的配合关系、功能里的交互逻辑。毕竟是面向企业外部用户的产品，而且还有可能收费，因此必须打磨精细，让用户的使用体验感好。

而功能对应的数据计算逻辑，既包含了数据指标体系的设计，也包含了某些类似策略模型的设计。前者比如，如果想给店铺运营人员在最短时间内、最直接地量化描绘店铺全貌，该选用哪些数据指标？进一步，如果想全面展示店铺的流量现状、并能发现问题，又该选用哪些指标？这些指标又该以什么分类、什么顺序排列并展现给用户，才能更符合用户的关注重点和应用习惯？这就有点偏数据分析师的能力范畴了。

但数据计算逻辑不止如此，比如一个服饰类的商家需要了解哪些服饰近期突然被消费者追捧购买，这就需要数据产品的热榜功能。如果单纯地计算销量环比然后排序能实现吗？这可能就会导致一个原本销量是 1、后来变成 3 的商品，其近期涨幅是 200%，看起来比一个原本销量是 100、后来变成 250 的商品涨幅要高，所以排序更高。因此，单纯按照环比涨幅来排序并不太科学，如何设计数据计算逻辑才能显得更合情合理一些呢？

再比如一个卖女装的商家，它并没有自己的女装品牌，而是从 1688 等上游生产源头进货直接上架售卖，相当于这家店铺就是个不知名的小买手店。这类店铺的商家经常不具备选择潜力爆款商品的经验，如果任其自生自灭，整个生态也会逐渐凋零暗淡。毕竟森林的茂盛不是仅仅靠参天大树，各种低矮不起眼的草本植物和细菌才是生态基石。作为生态的建构者，我们完全可以结合自身积累的数据优势，给这些非品牌类的中小店主一些选品的建议，并把这个功能做到数据产品上。扩展到其他商品类目，要给不同店铺推荐适合他们售卖的商品，可不仅仅是简单的数据指标计算，但也并不是类似直接 toC 端用户的那种千人千面的商品推荐。千人千面是要在海量商品中找到适合具体某一个人的商品，商家的选品是要从海量商品中圈定一个小范围，这个小范围需要符合商家利益诉求、也符合对应用户的喜好，所以这里的核心问题是圈定一个小范围。

数据计算逻辑并没有想象的那么简单。**数据计算逻辑就是在数据产品的设计中，比普通产品多出来的一些更有意思的内容**，需要数据产品经理独立决策思考。

（3）需求评审。

产品设计方案都完成之后，就要面对与研发们的需求沟通和评审了。数据产品经理需要写出一份尽量清晰完备的产品需求文档，并且召集对应的研发进行需求评审。需求文档的撰写如何才能既详尽又易懂？在评审中，如何才能让所有研发高效地理解功能的价值和细节逻辑？如何才能避免大家表面上听懂，但后续一开发就问题不断或者干脆就理解错了开发出个错误的功能？这些都是数据产品经理需要考虑的问题。

我们还需要面对一些特殊情况。有时候参与评审的研发人员职位种类会更加丰富，就拿上文举例的数据计算逻辑来说，就需要**卷入数据分析师甚至算法工程师参加**。有可能数据产品经理苦思冥想设计出来的计算逻辑在专业人士看来漏洞百出，需要优化需求。

归根结底，我们组织需求评审的目标并不是走流程，而是需要引入更多视角把问题讨论清楚后，尽快进入开发阶段。

（4）数据实验。

在产品设计环节，我们提到了数据计算逻辑的设计。尤其是遇到类似给中小店铺主推荐选品这种功能点时，就需要提前准备数据、按照设计好的思路训练模型并且进行离线数据测算来验证设计思路。这个阶段我们可以模拟几个不同行业的中小店铺，然后离线算好推荐商品的结果，以 Excel 形式导出。

这里可没有 toC 商品推荐场景下的大量正负样本，要么依靠资深运营的经验判断，要么依靠事先设计好的一套评估指标体系。这个环节可能会反复迭代，直到达到预期的效果，才能安排开发部署到数据产品中。

（5）开发上线。

完成以上步骤后，就是开发阶段了。这个时候数据产品经理没法当甩手掌柜，因为经常会有意外发生。比如临时被插入了某个更重要的需求，这会影响原本评估好的排期，这个时候怎么办？是灵活地调整原本的节奏，还是将原计划的需求砍一刀？

在开发后期、正式上线前，往往需要在测试环境测试并修复 bug，有时数据产品缺少测试资源，只能依靠产品和研发自测，作为产品经理能否守住最后一关，保证产品按期高质量地上线，也是一种考验。尤其当产品涉及数据指标和复杂的数据计算逻辑时，非常考验数据产品经理。

　　上线之后，需要收集用户反馈，以及评估功能效果是否达到预期。我们可以先安排一些面向商家的功能上线演示、介绍答疑，然后在他们使用一段时间后，问问其真实感受。此时，不要害怕用户抱怨，抱怨说明有在使用、对数据产品有期待，最怕的是根本不抱怨，懒得用，这才是最大的麻烦！**开发上线既是进行时，也是收尾，同时还是下一个迭代的开端。**

3.2.2　工作流程总结

　　结合上面的例子，我们稍微提炼总结成如图 3-11 所示的数据产品经理工作流程图。

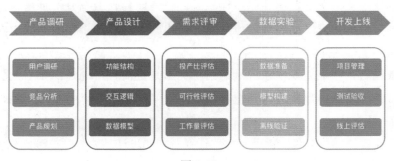

图 3-11

　　除了案例中出现的 5 个主干环节，每个主干环节可拆分出 3 个细项，详细解释如下。

- 产品调研 - 用户调研。不论是一个全新的产品，还是一个已有产品的重要功能，都需要做好用户调研。有时可能需求直接来自对接的合作方，没有办法直接与最原始的需求方沟通，但也要在接收需求的同时确认清楚，核心还是**"到底解决谁的什么问题"**。关于如何了解用户真正需求，已经有非常多产品经理的书籍论述过，此处不做赘述。如有兴趣深入了解，可参见附录的推荐阅读书单。

- 产品调研 - 竞品分析。这里可以结合用户调研，如果能找到原始用户，可以直接询问其对现有竞品的使用感受。不要直接去抄竞品的功能，即便看起来是完全相同的业务，在不同的公司一定会有其独特性，不能完全复制。**数据产品正处于一个混沌初开的阶段**，即便是很早投产使用的淘宝生意参谋，也仍然存在不少问题，直接套用不一定能取到精华，反而有可能不适用。

- 产品调研 - 产品规划。调研环节的理想产出汇总后就是产品规划，尤其是一个全新的数据产品，需要通过用户调研、竞品分析等描绘清楚这个新产品**是什么，它的价值又是什么**。同时要思考完成这个新的产品需要**什么节奏**，每个步骤耗时多久，每个**阶段性的目标是什么**，以及如何**衡量它的价值等**。如果是一个已有产品的新功能，则可以思考这个功能后续还有没有改进的空间。这里也要注意避免教条主义的过度规划，未来是充满变数的，产品规划只是类似人生规划或者职业规划，不是说定好了就必须一板一眼不能改了。规划只是为了让数据产品有一个相对清晰的主干，后续可以不断调整优化，而不是把自己的双手双脚都束缚住。

- 产品设计 - 功能结构。有了产品规划之后，紧接着就是很现实的落地环节，需要明确第一个版本要开发的功能都有哪些。对于类似淘宝生意参谋这种复杂的数据产品，早期的数据产品经理往往习惯按照搭建数据分析指标体系那样分配功能，不同功能模块之间分割得比较清晰，但在现实中这些功能模块往往是相互融合的，因此可以在功能结构的设计上更大胆一些，**以解决某些具体问题为出发点，以终为始地组织功能。帮用户解决问题，真的好过帮用户分析问题**。

- 产品设计 - 交互逻辑。在功能结构的下一个层级，是某个具体功能结构界面的交互设计。对于非数据产品，完全可以交由设计师去发挥；但对于数据产品，其交互逻辑的设计略有难度，需要双方一起磨合。因为数据产品常会涉及数据的展示和解读，尤其是数据可视化部分，而设计师擅长的是从用户体验的视角看通用的功能和呈现，对于数据，尤其是一组数据怎么搭配去呈现出一个完整的信息和故事，则需要具备专业数据背景的产品来帮忙。

- 产品设计 - 数据模型。在上面的案例中，我们已经发现有些数据产品并不是简单地完成数据指标的体系搭建，还会涉及相对复杂的策略、模型甚至算法。当然也有人认为用一套数据指标体系刻画一个业务，也算是一种数据模型。总之，这个环节是数据产品独有的，也是数据产品中"数据"那部分的具象体现之一。

- 需求评审 - 投产比评估。很多人认为产品经理跟研发是相爱相杀的关系，确有其事，但核心是大家争论的内容，是"要不要做"，还是"怎么做"？前者相对更有必要但沟通方式可以是讨论，而不是争论。笔者跟研发人员的关系一直还算比较融洽，因为我习惯在讲解需求的时候，把背景价值说得很详细，甚至我会阶段性地请一线的用户、需求方参加我组织的评审会。在评审之前先反馈一线的声音，尤其是对产品价值的认可。大家都需要被认可，研发尤其是，他们长期远离一线需求和业务，时间久了很容易丧失工作的意义感。当产品把需求和价值传递清晰，很多时候研发和产品的目标是一致的，都是为了数据产品的效果考虑，在此情况下投产比评估就非常关键，产品经理可以把这个环节当成对自己理解和思考需求的考察，让价值越辩越明。

- 需求评审 - 可行性评估。当讨论清楚这件事情需要做、值得做之后，将进行可行性评估，即该以什么方式让它落地。这更多是研发同学的职责，但数据产品经理也需要全程参与把控。有些技术性问题，虽然不需要产品亲自开发实施，但需要把握方向不跑偏，让研发充分了解技术问题背后的业务场景，以便选择合适的方法。

- 需求评审 - 工作量评估。当大家一致认可某个需求时，就需要评估清楚工作量。有时解决一个问题的方法有很多，有临时方案和系统性的方案，但时间成本是不同的，可以结合当前业务需求的节奏来做权衡。

- 数据实验 - 数据准备。针对含有复杂数据模型的数据产品，需要像策略产品经理的工作流程一样，提前准备好训练模型所需的数据。即便是看似简单的数据指标统计，也需要事先调研并沟通引入其背后的依赖数据。如果数据口径出了问题，将会影响后续所有指标的计算，必须认真对待。

- 数据实验 - 模型构建。数据准备好之后，就可以按照产品设计环节的数据模型设计方案，联合数据分析师、算法工程师一起讨论如何实现。这里需要注意的细节是，对模型不要贪求复杂和高级，深度学习不一定优于统计模型，**有时候解释性更强的业务模型效果更好**。这里可以跟研发背景的工程师讨论，可以对比多个模型的效果如果差异不大，优先选择用户好理解、可解释性强的方案。

- 数据实验 - 离线验证。在初始阶段为了快速验证效果，只需要做离线的数据实验，但需要在实验开始前界定好评估方法。这个环节完成后，需要引入研发中工程侧的工程师，将一个单机离线的模型部署上线。针对算法类的模型，单机和线上版本的实施，差异很大。

- 开发上线 - 项目管理。来到这一步并不意味着后面就轻松了，因为开发过程中随时会有突发情况。比如，随着开发工作的进行，研发工程师发现之前评估需求时没有考虑清楚的一些问题，完成的时间将延后，这会导致交付时间不符合用户的预期，怎么办？加班或是砍需求，需要产品经理当机立断；有时候随着开发的深入，研发工程师会发现一些事先大家都没考虑到的盲区，很可能是一个功能设计的问题或者是一个数据模型的缺陷。这时需要产品经理和研发工程师一起想办法解决，在原有需求上追加一些补丁，优化需求。

- 开发上线 - 测试验收。临近开发完成时，不论是否有配备测试工程师，产品经理都需要亲自查看验证。尤其是数据产品中有很多数据指标以及数据效果，非常依赖业务场景，测试和研发同学并不能准确判断计算结果是否符合实际情况。

- 开发上线 - 线上评估。上线之后，用户可能会遇到各种问题，随之而来的是问题反馈。不仅可以从这个角度衡量产品的效果，还可以结合之前制定好的指标，观察上线一段时间后是否达到预期。线上评估同时也是下一个版本迭代的开启，让产品走上不断优化的道路。

上述类似淘宝生意参谋的具体案例是一个比较典型的分析 / 应用环节数据产品。稍做对比其他环节的数据产品，则会发现我们总结的工作流程依然适用。比如对于数据获取 / 存储环节的数据产品，可能只会减少数据实验这个环节，因为不大需要数据产品经理亲自设计复杂的、面向业务的数据模型；而对于数据管理 / 加工环节的数据产品，可能因为很多产品属于面向企业内部用户的中台类产品，对产品设计环节的交互逻辑不那么看重。但是，这个工作流程基本可以涵盖我们在第 1 章总结的各种数据产品。

3.3 核心能力

我们从具体的案例中体会了数据产品经理的日常工作，也总结出了相对通用的工作流程，以此为基础则能概括出数据产品经理的核心能力。下面将详细描述这些能力的具体内容，并绘制一个数据产品经理在不同发展阶段的能力现状图，最后再与能力要求看起来高度重合的两个岗位进行对比，帮助大家加深认知和理解。

3.3.1　核心能力图谱

直接用图表达数据产品经理的核心能力，图 3-12 中内环代表的两种能力是笔者认为所有职场人都应该具备的底层基础能力，当然也是数据产品经理这个岗位的核心；外环代表的 7 种能力则是数据产品经理这个岗位应该具备的能力，需要通过专项训练提升。下面我们逐一解释。

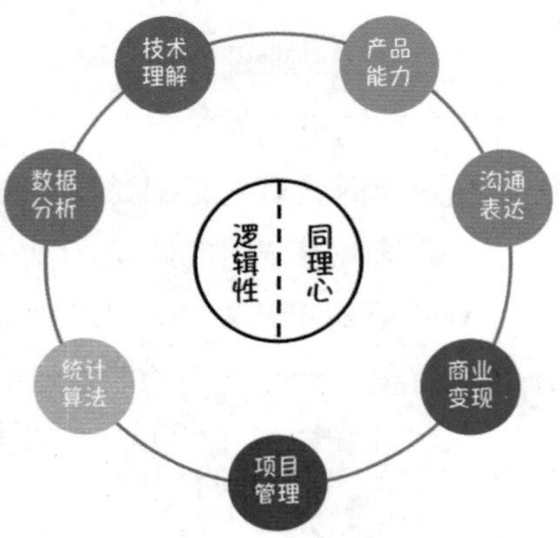

图 3-12

（1）逻辑性 - 同理心。

如果非要简洁定义职场人士的基础素养，逻辑性和同理心就是不二选择。它俩**一个偏定量、一个偏定性，一个偏理性、一个偏感性**；它俩都属于水下的冰山，核心、重要、通用，却很难在短期快速提升。而且这两种能力不像数据分析能力，可能换个行业、公司就用不上了，它们是在任何行业、公司都一定会依赖的能力。

以日常的沟通为例，缺乏逻辑会让表达混乱不堪，难以理解；而缺乏同理心，即便表达严丝合缝缜密科学，但对方从情感上也将难以接受，导致沟通失败。而且根据观察，50% 以上的工作者，不论线下沟通还是线上沟通，都存在比较多的问题，尤其是线上沟通。**对于年轻的工作者，问题往往在逻辑性，但越到后续阶段，同理心的瓶颈越明显。**

这里有个插曲，大家或多或少都会听过互联网"大佬们"标榜自己具备一种"超能力"——可以丝毫不掺杂个人情感地考虑问题、做出选择，听起来很厉害，但很可能是自欺欺人。根据已有的脑科学研究成果，人类的理性思维很大程度上就是依赖情绪。在《笛卡尔的错误》一书中有具体的案例，大脑中主管情绪的区域受到不可逆损伤后，病人无法进行任何逻辑性的思考和工作，陷入了永无止境的纯理性计算。因此，情绪一直是理性思考的关键依赖项，类似统计学中的先验知识。

上面这个小插曲，说明了情感的价值，也就是同理心的作用。你无法单纯地"以理服人"，必须也要"以情动人"。

逻辑性和同理心并不是数据产品经理的专属，那么该如何修炼和提升呢？

首先要承认它俩都会被天赋影响，在此前提下，我们的目标不是要超越天赋，而是要力争从不及格变成及格甚至良好。抛开其他专业书籍都有论述的方法，我想说些个人经验：**唯有不断地给自己创造被评审检阅的机会，在反复的练习中改正，才能逐步提升。**而经营一个自己的自媒体账号，尤其是以文字为主（比如公众号），就是这样的机会。

这里重点解释与之相关的 3 个问题：为什么一定要写作并输出，只阅读不行吗？为什么一定要发布，自己写文档不好吗？锻炼逻辑性和同理心的原理是什么？

为什么一定要写作并输出，只看书不行吗？因为如果不输出，就没法将逻辑性和同理心问题暴露出来。当然也可以通过说话来暴露问题，但这个交互方式并不友好。而且，用输出带动输入，也已经成为无数前辈们的共识。

为什么一定要发，自己写文档不好吗？如果只写给自己看，那就丧失了制造反馈的机会。只有发表出去，让大家看到，才会带来阅读、点赞、收藏等正向反馈，以及意见、批评等负向反馈。不要小看这些反馈，缺少正反馈将很难坚持下去、容易半途而废。而且我比较推荐文字为主的媒介形态，因为图片或视频形态的都有各自的问题：图片为主的形态会侧重封面；视频尤其是短视频会则更侧重激发大众的情绪共鸣，对同理心的锻炼足够，但逻辑性偏弱；而长视频制作门槛太高，不适合大部分人，因此，文字为生的媒介形态最合适。

经营文字形态的自媒体，为什么能锻炼逻辑性和同理心？文字是一种表述形式，跟说话类似，为了让对方好理解，需要不断打磨叙事逻辑性；同时，为了避免对方不好理解，也需要考虑怎么表述才能让对方更好理解更容易接受。

这种表述不仅仅在于遣词造句的粒度，也在文章的段落结构、话题的选择甚至自媒体账号本身的定位调性上。从细节微观粒度，到调性宏观尺度，这跟做一个小的产品没多大区别了。产品不就是需要基于对用户的理解，再把逻辑融入功能中。而且公众号这个小产品，是你自己完全可控的、零成本的。

（2）产品能力。

产品能力是数据产品经理的第一个核心素养，本书我们在第 2 章已经介绍过该能力，只不过当时更多指出了其重要性，对其做了一个概念上的定性介绍，并没有详细的拆解。对照早期腾讯对产品经理的能力要求（见表 3-1），这里说的产品能力对应其中 19 个专项中的 2 项，分别是已标记颜色的**产品规划和产品设计**，这就是数据产品经理最需要重点掌握的产品能力。

表 3-1

能力框架	序号	能力项目	能力定义
通用能力	1	学习能力(基本素质)	通过计划、任务和资源的整合运用，顺利达成工作目标
	2	执行力(基本素质)	完成预定目标及任务的能力，包含完成任务的意愿，完成任务的方式方法，完成任务的程度
	3	沟通能力(基本素质)	有效传达思想、观念、信息，把握对方意图，说服别人，让他人接受自己的观点或做法
	4	行业融入感+主人翁精神(关键素质)	热爱互联网行业，"把产品当作自己的孩子"
	5	心态和情商(关键素质)	积极主动面对困难及压力，以开放的心态迎接变化和挑战，并推动问题的最终解决
专业知识	6	技术知识(关联知识)	了解与产品相关的技术实现原理及其表现形式，能够就技术方案与技术人员有效沟通，具备技术实现的成本观念
	7	项目管理(关联知识)	通过流程规划、时程安排、任务和人员的管理以及资源的整合运用，顺利达成项目目标
	8	其他知识：财务、心理学、美学、办公技能等(关联知识)	能综合考虑并有效应用相关知识为产品服务
专业技能	9	产品规划：版本计划/节奏(产品能力)	准确把握用户需求，进行优先级排序，明确版本规划，通过迭代实现产品目标
	10	专业设计能力(产品能力)	依据用户使用场景，使用相关专业领域的知识、工具和技巧，设计出满足甚至超出用户预期的功能特性
	11	市场分析能力/前瞻性(市场能力)	对行业情报、竞争对手动态和用户变化进行掌握和分析，确定产品的市场地位，掌握竞争格局，预测市场变化，确定战略战术
	12	对外商务沟通(BD/P3以上)(市场能力)	理解合作方的利益点和自己可提供的资源，通过一定的谈判技巧，形成共赢的成交方案
	13	运营数据分析(运营能力)	通过设计数据指标体系，进行数据的收集和分析，挖掘潜在规律和问题，以优化产品和支撑决策
	14	市场营销：品牌/公关/推广(运营能力)	根据目标用户、产品特点及品牌塑造需要，进行营销及公关策略的制定和执行，以实现有效传播、危机化解、产品目标达成
	15	渠道管理(运营能力)	开拓和维护用户或内容的来源渠道，优化渠道结构，形成渠道合力并规避风险，建设利于产品发展的优质渠道体系
	16	市场/用户的调研和分析(客户导向)	主动通过各种渠道了解用户反馈，掌握一定的调研方法论，持续优化产品
组织影响力	17	方法论建设(领导力)	从工作积累中不断总结提炼，形成普遍性解决方案等，起到指导及示范性作用，并加以推广应用
	18	知识传承(领导力)	主动将自己所掌握的知识信息、资源信息，能通过交流、培训等形式分享，以期共同提高
	19	人才培养(领导力)	在工作中主动帮助他人提升专业能力或者提供发展机会，帮助他人的学习与进步

产品规划有点**类似讲故事的能力**，需要努力让自己站得更高、看得更远，只有将这个产品的终局，以及产品发展的每个阶段都思考得尽量清楚，才能让故事生动、具体、引人入胜。但有了这个故事之后并不见得就要亦步亦趋地执行，就好像人生规划或者职业规划一样，很多时候它仅仅是一个北极星，是一个方向性的指引，朝着它走的时候我们可以结合实际情况不断调整。第 2 章的案例就是由于数据产品经理一开始在产品规划时没想清楚，导致最后一群人的努力全都白费。另外也要谨防产品规划闭门造车，要多与真正的用户沟通交流。比如很多技术氛围浓郁的部门，就容易基于手头掌握的先进技术，认为应该让这个技术产品化，只要产品化让技术具象可见，就一定能成功。这就是典型的"拿着锤子找钉子"，以为自己和身边的人就是全部用户，这里就非常有必要通过工作流程图中提到的用户调研和竞品分析来帮助产品做规划。

产品设计属于比产品规划更微观一些的能力，会具体到界面、功能、交互。这个能力也很重要，因为未来会有越来越多的数据产品开始从企业内部走出去，开始考虑商业化变现，产品设计相关的功能之间的组织排布、功能自身的计算逻辑、交互操作方式等，都会直接影响用户体验和对数据的理解应用。

最后，笔者曾经看过一段话并深以为然：**初级产品理解技术、中级产品理解行业、高级产品理解人性**。只懂技术并不会帮助我们提升产品能力，它只能帮助我们快速适应并入门，保障了下限；如果要更进一步，就需要知道行业整体的发展动向，对行业有自己的认知理解，这样就能追赶行业的一波波浪潮；而最好的产品经理，则需要理解用户理解人性。因为产品是解决人的需求和问题，而人类社会向来以复杂性著称，情感无时无刻不支配着我们的决策，无数个体的人性汇总起来，就是行业的发展，所以理解人性是做好产品的最佳法门。做产品如此，做数据产品亦是如此。

（3）沟通表达。

本章在讨论逻辑性和同理心时提到过沟通表达能力，这里单独拎出来讨论，是因为很多数据产品经理也相对缺乏这项能力。沟通表达不仅仅是一个单向输出的过程，也是一个接收信息、理解信息的过程，这一出一进都不容易。

比如对于输出信息，在需求评审的时候，我们并不是简单地照着文档念就行。要知道很多时候虽然大家都坐在一起，表面上听别人讲话，但很可能都在各自做各自的事情。这里你需要准确地把握哪些内容是本次需求的重点，不容理解有失，并在讲解完这个需求点的时候，主动地点名一下对应的研发同事，确认下他到底有没有理解；如果发现他没有听懂，或者干脆走神了，那就要换个方式再阐述一次。类比能让对方很快地理解一个陌生的概念，但进入细节就不能靠类比，需要详细的案例。这就要求在输出信息时既要有逻辑和条理，又要考虑到对方的状态、情绪等，以对方能接受的方式、高效低损耗地将信息传递给他。

而在输入信息时，需要能真正用心听取对方的本意、挖掘出背后的问题和价值。职场上从来不缺少表面上的沟通表达高手，但其实他们只是在用职业化欺骗自己和他人。我见过太多的资深职场人士，表面上很会倾听，不断地点头示意以及眼神交流，还会复述对方的语言以表示已领会到精髓。但他们只是在表演倾听，其实内心早就有自己的想法和答案，沟通只是一个形式和流程。**很多时候我们缺的不仅是技巧，而是一个包容开放平等的心态。**

（4）商业变现。

这里把商业变现**泛化一些，不一定要挣钱，但要考虑好投入产出比，能计算清楚数据产品的价值**。数据产品起步较晚，又恰逢互联网行业风光不再，作为数据产品经理，需要有一定商业化思维，才能为自己的数据产品找到一条自负盈亏的路，毕竟窝在企业内部靠不断输血过活风险太大了。

　　这里想起一个糗事，我曾经在一次求职面试的大 Boss 面环节，自认为天衣无缝地介绍了自己在数据产品上的某个创新落地项目。当我讲完之后，大 Boss 问我：如果需要你把这个产品单独拿出来面向市场售卖，你打算用什么方案、卖给谁、怎么定价？这个问题一下让我哑口无言，差点挂在当轮面试。当时我只能尽量编几句，事后很久跟大 Boss 聊天获知，当时他认为我在这点是缺失的，也犹豫了要不要放我进来，还好那个创新落地还算有意思。这个创新落地我会在后面的章节单独详述，这里先不展开细节。

　　商业变现能力可能看起来仅分析 / 应用环节的数据产品需要具备，但其实很多企业内部的、其他环节的数据产品也同样面临价值拷问：这个数据产品降了多少本、增了多少效？带来的价值能打平机器和人力成本投入吗？**很多时候做好一个数据产品，也需要像经营一家小公司一样，从商业视角衡量是不是真的物有所值**。毕竟持续亏损还能不断发展壮大的时代，可能很长时间都不会再光顾我们的职业生涯了。

　　（5）项目管理。

　　在越来越多的纯互联网公司（指产品一般都是软件而非硬件），项目经理的岗位变得越来越稀少，往往是一个 50 ～ 100 人的团队才配置 1 个项目经理，这就使得产品经理不得不亲自进行项目管理。而很多数据产品已成为企业内部的降本增效工具，享受不到资源配置的倾斜，因此，数据产品经理只能靠自己来管理好项目。一个项目上线前的评审排期、中期开发、后期测试上线等诸多环节，随时都会面对内外部影响导致不得不做出临时的变更优化。项目管理是一门专业学科，我会在第二部分的案例解析中将有少量的介绍，但不会讨论专门的细节。对此感兴趣的读者可以参考附录中的推荐书籍自行深入阅读。我就不班门弄斧了。

　　（6）统计算法。

　　以上介绍并讨论的 5 种能力都是比较偏产品经理的能力维度的，现在开始介绍的能力则更偏数据维度。首先是统计算法，正如本章案例里所展示，很多分析 / 应用环节的数据产品，不仅仅要负责数据指标的统计计算，也要负责一些复杂策略模型的设计工作，所以需要掌握概率统计基础和常见算法原理。而且，掌握这些知识后与数据分析师、算法工程师的沟通交流将变得更高效。

　　本书不打算重复大学课本上的统计学基础知识，只想从近 10 年的数据从业经历中，回忆下哪些统计算法知识是日常工作中真的会用到的，本书将这些知识分成概率统计和模型算法两部分来讨论。

在概率统计部分，最基础的对数据的描述性统计度量肯定需要了解，比如分位数、中位数、均值等概念。尤其是后两者，需要结合实际场景选择指标；然后就是假设检验，在 A/Btest 中比较常见，当两组数据指标差异并不明显的时候，就需要靠科学来给出结论；相关性和因果推断是个很实在也很热门的领域，在大环境下行阶段，各位花钱的用户都很看重归因分析。提到相关性自然也就少不了统计学领域经典的回归分析，除此之外还有一些零零碎碎的知识也可能会用到，比如在做业绩预测时，除了回归分析，有时也要"祭出"时间序列分析这种"老古董"。

针对算法部分，可以主要了解常见的算法模型，比如分类、聚类，然后有余力可以再了解深度学习的基础原理，就可以了。**从一个数据产品经理的视角来看，理解这些原理，知道它们在不同场景的应用优势、限制和前提条件，基本就够用了**。让专业的人做专业的事，没必要自己写代码和训练模型。掌握这些，为的是能够把控好方向，让算法模型不至于跑偏。

比如，已知一个商品，要找到与它相似的商品，可以使用多种算法实现该需求：既可以单纯地把商品数据映射到高维向量空间然后计算相似性，也可以基于商品在具体业务场景的表现数据（比如投放后的点击转化等用户行为数据）计算相似性。最终选用哪种方式，取决于数据产品经理对需求和业务场景的理解，而并不是简单地将需求丢给研发。如果数据产品经理了解计算相似算法的大概原理，就能在过程中给出一些建议，比如选用单纯计算商品数据的相似性的方法，就是将商品数据映射到向量空间之后计算向量相似性，对于商品原本的不同维度信息，是等权重地对待还是对某些维度进行加权处理，这些都是基于对算法的基础认识才能提出来的问题，而这也正是一个业务侧算法模型能够落地发挥效果的重要因素。

再说句题外话，我走出校园之后回看学校里的课本，经常感觉校园与职场的脱节，要是当初我能知道这些知识都是如何在实际工作中应用的，我学起来也会更有目标感和动力。此处希望在统计算法背景更扎实的资深数据从业者中，能够有人站出来为在校的学生反向编辑一本统计算法辅助教材，**更从实际工作应用出发，倒推出哪些知识点是更重要的，以及该怎么理解应用。为校园和职场搭建起一个更直接、高效的桥梁。我理解这不同于功利主义，它仅仅就是给在校学生一些更明确的意义感。**

最后，在 AI 时代，学有余力的读者也可以在上述概率统计、算法模型的基础上，自行了解一些大模型的知识。比如神经网络中的 CNN、RNN、LSTM、强化学习、Transformer、Prompting 甚至 Bert。当然学习时，以理解原理、使用方法、使用条件为主，不必过度执着于细节和实现。

（7）数据分析。

数据产品经理常常被误解为就是数据分析师和产品经理的合体。其实数据分析确实也是数据产品经理需要具备的能力之一，毕竟数据产品处理的就是数据，不论是功能上的指标分析、还是效果评测，都离不开数据分析。

但这里必须说明，数据分析是数据分析，统计算法是统计算法，工作上的东西跟学校里学的东西，有重叠但本质不同，不能混为一谈。统计算法等都是数据分析的工具手段，但不是全部。**数据产品经理既要掌握一些基本的数据分析工具，也需要具备数据分析思维，而后者才是更重要的。**

先说工具，包括 Excel、SQL、Python、R、Tableau、PowerBI 等，最好都能掌握，如果精力有限至少要掌握 Excel+SQL+Tableau/PowerBI，既能完成简单的数据提取和处理，又能实现可视化展示方便阅读（Tableau 和 PowerBI 只是举例，也可挑选国内数据可视化工具产品，整体差异并不大）。掌握这些工具可以提升工作效率，在研发实在忙不开的时候产品可以编写简单的逻辑自行处理数据。

而数据分析思维，可以理解为一种分析思路，数据产品经理最重要的使命是给大家指明道路，该分析哪些问题、从什么角度切入分析问题才是数据产品经理的本职工作。比如在淘宝生意参谋这种偏电商运营分析的数据产品中，指标其实就是那些指标，但怎么组织这些指标、怎么让这些指标引导用户发现问题、解决问题，这些是需要数据产品经理来决策的。

市面上关于数据分析思维这个概念的探讨特别多，但有价值的很少。笔者见过把一些咨询方法论工具拿来当数据分析思维的，比如 5W2H、SWOT。坦白说，**数据分析是一门实践科目，很多知识和经验都类似以前的手工艺者，需要在企业的实际工作中不断传帮带式地积累，并不能通过读本书和报个培训班快速掌握。**如果想提升数据分析思维，需要多练习，多尝试从业务的视角分析问题。因为本书不是专门讨论数据分析的，所以仅作为曾经的数据分析师，说一个自己的感悟：**提升数据分析思维，关键还是要转变思维模式，不能太拘泥于严密的数据分析视角，要更多从业务的视角、产品的视角看待问题，抱着解决问题而非分析问题的目标。**希望这点建议能对大家有所启发，也欢迎交流讨论。

（8）技术理解。

在第 1 章的结尾处曾提到：越是靠近数据上游链路的数据产品，对技术理解的要求越高（见图 3-13）。理解技术，是为了更好地跟技术同学交流沟通需求，并不需要本末倒置地钻研技术细节以及如何实现，了解技术的作用及优缺点在大部分场景下已经够用了。

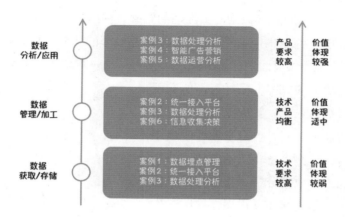

图 3-13

这里仅列举数据产品经理需要了解的知识内容，不作过多展开。首先是数据平台的基础架构相关的知识内容，包含数据采集、数据清洗和预处理（ETL 过程，现在比较流行 ELT）、数据存储、数据离线和实时计算、输出方式、系统的性能和稳定性、数据安全和权限管理等一系列重要功能，对应的一些技术名词可能会有 HDFS、Hbase、Hadoop、MR、DAG、SPark、Hive、Pig 等，感兴趣的读者可以自行上网查询。

然后是数据采集过程，对于 PC 端、App、H5 页面、小程序等的数据采集上报方式，也都可稍作了解，包括但不限于服务器日志、URL 解析、JavaScript 回传、SDK 采集。还有数据同步和接入过程，比如 API 同步、文件传输、协议传输等，具体实现中还会有增量同步与全量同步比较，实时同步与离线同步比较。

最后是一些数据仓库的基础知识，可以把数据仓库类比成图书馆，核心是对数据进行分类。分类的方式方法可以有很多种，整体来看包括横向的分层和纵向的分主题两大类。

以上都是一些浮光掠影，后面将有专门的案例讨论技术理解在数据产品经理的实际工作中发挥着哪些价值，以及不理解技术会出现什么问题。但正如前言介绍，本书会更多从产品视角讲述和思考，对同类书籍中已较多关注的纯技术内容做适当的淡化处理，所以后续涉及技术理解的内容不会太多，也请读者把控好预期，多多理解。

3.3.2 不同阶段现状

有了这个核心能力图谱，就能相对全面细致地评估一个数据产品经理的能力水平，进而勾勒出不同阶段数据产品经理的轮廓，并能指出当前阶段的问题，给未来发展指出方向。如图 3-14 所示，将数据产品经理的 7 个核心能力以雷达图的形式呈现，每个能力维度的满分是 5 分。

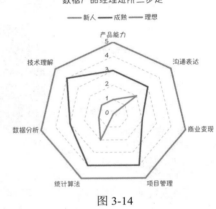

图 3-14

对于新人阶段的数据产品经理，他们既然能通过层层筛选入职，就应该具备比较基础的沟通表达能力，同时自身专业背景也还算相关，所以应该都具备相应的统计算法基础。但产品能力、数据分析、技术理解就很难得到保证了，因为这 3 项需要在实际工作中积累，如果过往的实习经历并不充实丰富，则会缺失比较明显；在项目管理维度，同样因为缺乏经验和历练，导致能力储备基本为零。而最后在商业变现维度，考虑到大部分成熟的数据产品经理都比较缺失该项能力，更别提新人。

大部分成熟的数据产品经理，我观察可能在技术理解、统计算法上有更多的积累，具体的体现就是日常跟研发的沟通很顺畅，也经常关注一些国内外业界的数据产品技术创新实践，比较热衷于发挥新技术的价值。同时实战经验丰富，项目管理也相对得心应手；但在产品能力、商业变现和数据分析上，往往表现得相对普通，这将限制数据产品经理的进阶发展。在过去可能这两点不算什么致命的问题，但随着行业对数据产品"有用"的诉求越来越强，以及开始考虑投入产出比，产品能力和商业变现，也将变得越来越重要。

理想状态的数据产品经理，那就是七边形战士了。虽然太稀缺、不现实，但依然可以通过对比成熟数据产品经理的能力模型来鞭策自己。比如在产品能力、商业变现、数据分析这 3 个维度上多努力，别老把全部精力都盯着硅谷搞了个什么新技术、落地了个什么新数据产品，**国内有国内的情况，因地制宜、回归本质，解决真实用户的真正需求，才是最好的修炼路径。**

3.3.3　相关岗位对比

我经常会看到这么一种对数据产品经理的理解，认为数据产品经理 = 数据分析 + 产品经理吗？正好本章介绍了数据产品经理的核心能力，现在可以尝试来回答这个问题。这不仅可以进一步厘清数据产品经理的定位，也可以结合相关岗位的对比深入理解本章的内容。如图 3-15 所示，将数据产品经理的核心能力做一个简单的划分，左边 3 个能力项与数据分析师重叠最多，右边 4 个能力项与产品经理重叠最多。

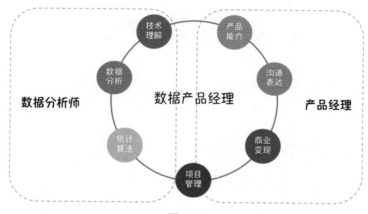

图 3-15

先来看数据产品经理与产品经理的对比，我个人理解在产品能力、沟通表达、商业变现和项目管理这 4 个维度上，两个岗位的要求是**高度一致**。这一点从上面每项能力的解析介绍中应该能有所感受，而且与第 2 章的核心观点也是自洽的，毕竟**数据产品经理的本质是产品经理**。

再来看数据产品经理与数据分析师的对比，数据产品经理在统计算法、数据分析和技术理解这 3 个维度**并不需要跟数据分析师对齐**。因为数据分析师需要的不仅是思路、思维，更需要落地实现层面的工具、技术。数据产品经理只需要把有限的精力分配到宏观而非微观、方向而非细节上就好。**让专业的人做专业的事，但你需要对事情有足够的把控力和判断力**。作为数据产品经理并不需要像数据分析师一样完成从数据清洗到入库加工到统计分析到报告产出的所有工作，但需要清楚地知道应该分析什么、该以什么逻辑和体系开展分析，分析的思维和思路更关键。因此，数据产品经理核心能力中数据的部分，与数据分析师也只是形似，并没有神似。

经过上述对比分析，数据产品经理并不是简单的数据分析师＋产品经理，它**更像是站在产品经理一方，从数据分析师的技能中抽出一些实际需要的、偏宏观层面的技能为我所用**。

至此，我们已经详细了解数据产品经理的核心能力，加上第 1 章数据产品定义和第 2 章强调产品能力的重要性，本书第一部分关于数据产品经理的背景知识已介绍完毕。下一个部分我们将围绕 8 个不同的案例展开讨论，如何做好一个数据产品、如何让数据产品经理的核心能力在实战中得到提升。

第二部分 案例解析

本书在第一部分介绍了几个重点概念,包括什么是数据产品、数据产品的重心在数据还是在产品、数据产品经理的核心能力有哪些。为了更好地帮助读者理解这些概念,以及切实地提升数据产品经理的几项核心能力,从第二部分开始将详细拆解并分析 8 个不同的案例。为了让案例更具普适性,本书尽量避开了一些所谓的"成功"案例,因为成功的背后总离不开天时地利人和,往往"失败"的案例更适合学习借鉴。

本章将按照第 1 章数据产品定义中的分类方式,让案例尽可能覆盖数据获取、存储、管理、加工、分析、应用这 6 个环节;同时,这些案例有些是本人亲身实践经历过的,有些会则是以旁观者视角研究分析拆解的。总之,**覆盖每个环节、切换两种视角,尽量避免对数据产品以偏概全**。

同时也会围绕第 3 章数据产品经理的 7 个核心能力,对每个案例的介绍都将有所侧重,尽量通过 8 个案例将这些核心能力都分析到。有一点要特别事先声明,第二部分不会有过多体系化的方法论,而更多会是结合具体场景具体问题的分析、并做适度的扩展延伸。**方法论与其说是给新人的事先指导建议,不如说是成功者事后对自己的总结表彰。成功的产品实践和创新需要天时地利人和,不必过度迷恋方法论。为什么越是大佬越爱强调一些我们普通人眼中正确的废话?因为放之四海皆准的方法论本就如此。**

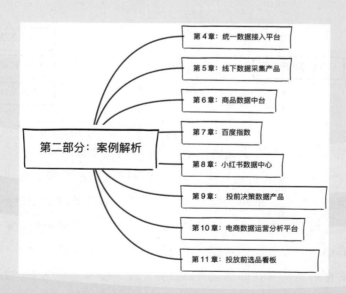

第 4 章
统一数据接入平台

4.1　本章概述

进入第二部分，我们要开始具体案例的解析了。按照数据产品定义中数据链路的顺序，本章先从获取 / 存储环节开始，选用的案例在第 1 章曾作为案例出现，本章将会从旁观者视角继续观察研究拆解这个统一数据接入平台。该案例在第二部分中的位置如图 4-1 所示。

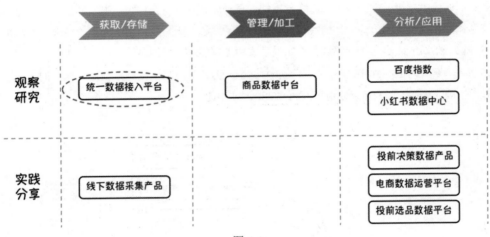

图 4-1

统一数据接入平台处在数据链路中的上游，结合在第 1 章中的介绍，这类数据产品对技术理解的要求更高，因此本章也会围绕该核心能力项进行举例和讨论；尽管远离业务场景，但也需要衡量自身价值，对应的商业变现能力项也会在本章进行讨论；最后，作为一个数据产品，也可以从旁观者视角讨论统一数据接入平台有没有必要，以及我们看到的功能结构是否合理？这都属于产品能力，因此，本章的案例解析将会在产品能力、商业变现、技术理解这 3 项上进行深入探讨（见图 4-2）。

针对这些案例，讨论将从 4 个角度展开。首先讨论该数据产品的定位合理性，介绍设想中的定位与现实的差距；当梳理清楚定位后，基于定位分析其功能，先讨论现有功能结构是否符合定位，再探讨其中重点功能的技术细节；紧接着我们一起讨论该如何衡量这个数据产品的价值，有很多种考核指标，关键在于采取何种视角；最后引申讨论一个问题，常听说数据产品经理要懂技术，但需要懂多少、懂了之后又有什么好处呢？综上，本章的内容框架结构如图 4-3 所示。

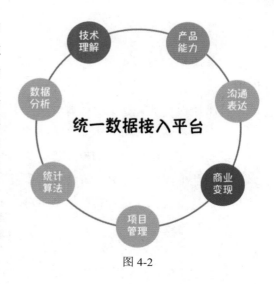

图 4-2

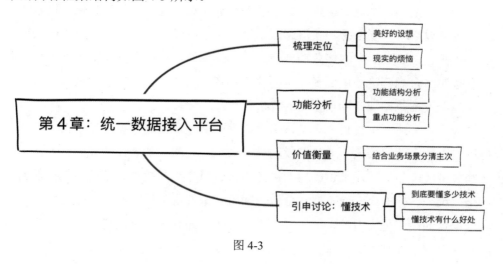

图 4-3

4.2 梳理定位

我们在第 2 章的案例中曾提到，如果一个数据产品在开始时定位就出现了问题，那不论后续功能做得多好，可能结局也是暗淡的，所以对统一数据接入平台的观察研究，第一步就少不了探究其定位。针对这点，本节先回顾其规划设想，再结合实际进行对比讨论，最后得出结论。

4.2.1 美好的设想

先从用户视角和平台视角两个维度，对统一数据接入平台的价值进行简单回顾。

- 从用户视角来看，用户已通过自己的线上渠道积累了一些数据，但希望通过平台型互联网公司（比如字节跳动、阿里巴巴、腾讯、百度等）进一步扩大经营、促进销售（比如投广告、卖商品），则需要把自己的这些数据积蓄以脱敏的形式分享出来，好让平台型互联网公司能更了解用户，进而更好地帮用户达成目标。这种将脱敏数据分享的行为属于共享一部分资源，以便达到1+1>2 的效果。

- 从平台视角来看，公司有各种不同的 toB 业务场景，B 端用户想要获得1+1>2 的价值效果，势必要将自己的数据接入进来。如果不同业务场景都有各自的一套接入要求和标准，B 端用户则需要将数据接入很多次。这里最好的方案是将多个业务场景的数据接入标准和流程统一，并产品化。接入之后也需要给用户安全感和获得感，让他们知道自己到底有多少数据资产提供给了平台，这些资产的接入额外带来了多少价值，这样用户才更有动力和信心按照平台规范、提供更多优质的数据资产。当公司拥有的这类资产越多，就越能发挥数据规模和丰富度的价值优势。

如果说上述两个视角还只是该平台数据产品经理的美好设想，那么**"多个业务场景，统一数据接入"**就是老板的另一个美好设想。从老板的视角来看，需要一些关键的产品组件，来帮助他们讲出更大、更完美的故事。因此他们**自然希望规整、统一、标准化，而不喜欢分散、随机、个性化**。这与曾经一度各大公司对数据中台的迷恋是类似的，但过度追求这种规范、统一、标准化，往往会给一线的具体工作增加难度。

4.2.2 现实的烦恼

在统一数据接入平台中，老板们希望能用一套统一的标准兼容不同业务场景的数据使用需求，如果场景间有差异则就在通用标准基础上叠加部分额外要求，并以此设计出一套数据接入规范流程，这样 B 端用户也能实现一次接入，多场景数据复用。但这有可能只是一厢情愿和纸上谈兵，因为实际情况远比这个要复杂。

如果"多个业务场景"是在一个大业务背景下的多个细分，那这么设计规划是合理的，因为方向一致的情况下，细节的差异不会过于离谱；但如果"多个业务场景"并不在一个大业务背景下，链路和流程就没有那么容易规整。比如同样都在广告场景下做归因、投放等，统一数据接入流程很容易，但如果既有广告场景、又有电商场景，还有游戏场景，本来不同的流程非要强行归纳整合成一个流程，只会让这个新流程变得臃肿复杂，老板的故事确实能实现，但 B 端商家的体验也会受到不同程度的损害。

而且从实际的接触来看，B 端商家的开发人员并不在意多次接入，只需要每个场景的说明文档足够清晰。因为对他们来说一次接入对应一次开发工作且效率并不低，反而是整合成一个完整大流程之后，原本只需要理解一个目标很明确的、小场景的接入流程，结果却需要通过一个完整视图，了解宏观之后再做微观，确实给一线的数据接入的开发人员增加了工作难度。

这么看来，统一接入平台**更合理的应用范围应该不是公司级，而是具体某个业务范畴**，比如服务广告业务的统一接入、服务电商业务的统一接入等。按照这个缩减的范畴，统一数据接入的命题就还是成立的，也能帮助 B 端用户进行数据的高效接入、管理，并利用互联网平台公司的数据服务自身经营销售。

4.3　功能分析

在明确了产品定位后，我们可以在此定位下拆解其功能结构，并思考现有功能是否能支撑其定位；同时再针对其中的重点功能做研究，思考数据产品经理应该如何理解技术、应用技术。

4.3.1　功能结构分析

首先可以通过图 4-4 对统一数据接入平台的整体功能结构做一个全局了解：

平台按照数据接入的流程分成了两大块，因为接入前和接入中耦合比较多，所以没有单独拆开；接入后的一些功能算是这个统一接入平台的"增值"部分，可以帮助平台把故事讲得更圆满。

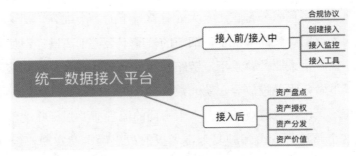

图 4-4

统一数据接入平台的功能结构如图 4-4 所示，对应这些功能结构，我们再重温一下每个结构的功能界面示意图如图 4-5 ～图 4-11 所示。其中部分功能如合规协议、接入监控、接入工具不是讲述的重点，所以此处省略。

创建接入

接入项目列表   新建接入

| 接入状态筛选 | 接入方式筛选 | 应用场景筛选 | 数据源类型筛选 |

接入项目ID	接入方式	应用场景	数据源类型	接入状态	任务进度	操作
123456	xxx	广告归因	A	接入中	1/5	查看 删除
123457	xxx	广告归因	B	接入中	2/5	查看 删除
123458	xxx	广告归因	C	接入中	1/5	查看 删除
123459	xxx	DMP	A	未接入	0/3	查看 删除
123450	xxx	广告投放	B	已接入	4/4	查看 删除

图 4-5

新建接入

接入选择   接入文档

| 应用场景选择 | 应用目的选择 |

广告归因	广告投放	模型优化
场景简介+场景价值 ☐	场景简介+场景价值 √	场景简介+场景价值 √
DMP	应用场景 5	应用场景 6
场景简介+场景价值 √	场景简介+场景价值 ☐	场景简介+场景价值 ☐

图 4-6

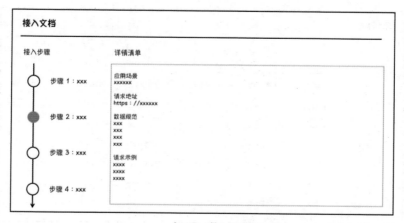

接入文档

接入步骤

详情清单

- 步骤 1：xxx
- 步骤 2：xxx
- 步骤 3：xxx
- 步骤 4：xxx

应用场景
xxxxxx

请求地址
https：//xxxxxx

数据规范
xxx
xxx
xxx
xxx

请求示例
xxxx
xxxx
xxxx

图 4-7

资产盘点　2023-05-30 至 2023-06-06

用户数据	订单数据	商品数据
上报pv总量：xxx	订单总量：xxx	商品spu量：xxx
有效pv总量：xxx	订单总金额：xxx	商品sku量：xxx
行为数据量：xxx	下单人数：xxx	所属品类量：xxx
有效行为量：xxx	客单价：xxx	……
……	……	

＞

图 4-8

资产授权

应用场景 [　　　]　数据来源 [　　　]　　　　　　　　　　　　查询　＋ 新增事件

数据源名称	数据源ID	应用场景	Appid	创建时间	数据来源	操作
xxx	123456	广告归因	1101	2023/01/01	授权	查看 授权
xxx	123457	广告归因	1102	2023/01/02	自建	查看 授权
xxx	123458	广告归因	1103	2023/01/02	自建	查看 授权
xxx	123459	商品分发	1104	2023/01/03	自建	查看 授权
xxx	123450	商品分发	1105	2023/01/03	自建	查看 授权
xxx	123451	行为分析	1106	2023/01/04	自建	查看 授权

图 4-9

资产分发

| 数据源类型筛选 | | 应用场景筛选 | | 应用目的筛选 | | 分发操作筛选 | |

数据源名称	数据源ID	应用场景	应用目的	操作时间	数据来源	操作
xxx	123456	广告归因	1101	2023/01/01	授权	分发 关闭
xxx	123457	广告归因	1102	2023/01/02	自建	分发 关闭
xxx	123458	广告归因	1103	2023/01/02	自建	分发 关闭
xxx	123459	商品分发	1104	2023/01/03	自建	分发 关闭
xxx	123450	商品分发	1105	2023/01/03	自建	分发 关闭
xxx	123451	行为分析	1106	2023/01/04	自建	分发 关闭

图 4-10

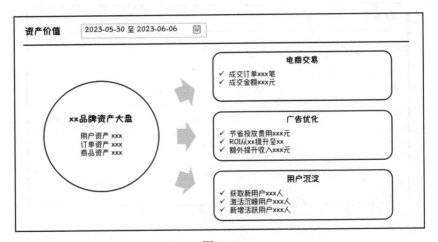

图 4-11

基于对产品定位的梳理，可以初步判断上述功能界面都较为合理。重点需要关注的是场景的聚焦，不要太过发散。比如在图 4-12 所示的"新建接入"界面中，只需剔除不在同一个大业务范畴下的场景即可。再比如在选择了应用场景之后，对应的接入文档指引也可以更加聚焦，这样接入步骤和接入要求的详情清单也会更容易规范统一，让 B 端商家阅读起来不会感觉那么庞杂难理解（见图 4-13）。

综合来看，统一数据接入平台的功能结构没有明显问题。但对处在数据获取 / 存储环节的数据产品而言，其重点和难点从来就不是表面上的功能界面，而是冰山在水面以下的部分——接入过程中的技术活。

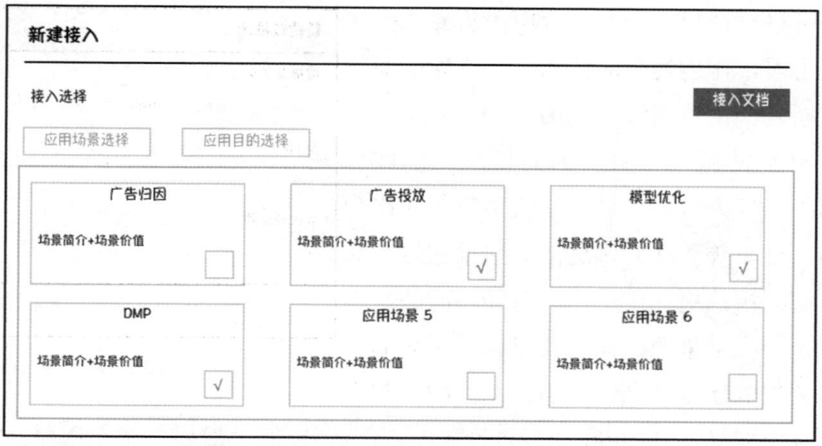

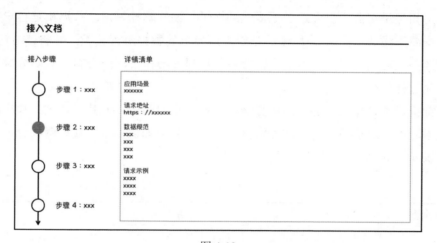

图 4-12

图 4-13

4.3.2 重点功能分析

对统一数据接入平台而言，最重要的工作往往在产品功能界面之下，这里以"数据源"这个概念的产品化实现为例，说明数据产品经理核心能力中的技术理解，是如何在实际工作中发挥作用的。

在上述统一数据接入平台的框架中，"数据源"是贯穿整个框架的隐藏线索，该功能的定位就是数据的收纳盒，并在盒子上记录了来源信息。可以理解为：数据源是按照行为数据发生的位置（App/ 小程序 / 网页等），为对应位置生成一个 ID，以提供给客户作为数据标记的来源。数据源的存在，方便客户对部分数据按

照其来源进行授权、分发、应用。从界面操
作流程上看，在创建新的接入时，首先就要
为数据新建一个数据源（见图 4-14）。

　　仅有数据源还不够，因为要统一的数
据范围除了行为数据，还包括实体数据（比
如商品、订单等数据），这部分数据的特点
是：比起来源，更注重用途。例如，商品数
据虽然也会标记来源，但主要目标是区分品
牌，更关注的还是商品的用途。A 品牌一共

包含 100 个商品，其中 50 个需要投放广告，另外 50 个需要上架小程序，将被放
入不同商品库。根据上述特点，统一数据接入平台需在每个数据源下新增数据集
概念，相当于在盒子里又拆了很多收纳格子。展开解释就是：数据集是客户在某
个数据源下注册一个 ID，用于给按数据源接入的数据进行分类，并将该 ID 与下
游的业务 ID 进行关联（如商品库 ID）。数据集的存在，便于客户对部分数据按
照用途进行授权、分发和应用。

　　数据源和数据集功能模块的界面操作看起来很简单，但其设计过程却比较依
赖技术理解，这里可以将技术理解具体拆分成数据知识和技术知识两部分，具体
参见表 4-1。

表 4-1

知识类型	说明
数据知识	需要理解各种类型的数据结构，特别是统一接入涉及行为数据、订单数据、商品数据，不理解数据结构，无法设计出通用的数据源功能
技术知识	需要理解统一数据接入平台各种维度的库表结构，了解各系统之间的交互关系，才能设计数据源功能需要的各种表单字段，满足各个功能的要求

　　下面针对表 4-1 中的内容将分别展开介绍，先介绍「数据」知识。作为统一
数据接入平台，会对业务方用到的全部数据进行分类，并对各分类数据的接入协
议和规范进行统一，避免客户接入相同类型的数据时还需要理解多套规范。数据
分类的例子如下。

● 用户：主要指用户的行为数据，需要上报行为五要素（行为时间、行为类型、
　用户标识、行为地点、行为对象）。

● 订单：指客户订单后台的业务数据，需要上报订单基础信息（ID、创建时间、

类型等）和订单商品信息（ID、件数、金额等）。

- 商品：指客户商品后台的业务数据，需要上报商品基础信息（SPUID、SKUID、类目等）和商品销售信息（销售价、现价等）。

我们以用户行为数据为例，标准的数据结构如图 4-15 所示。

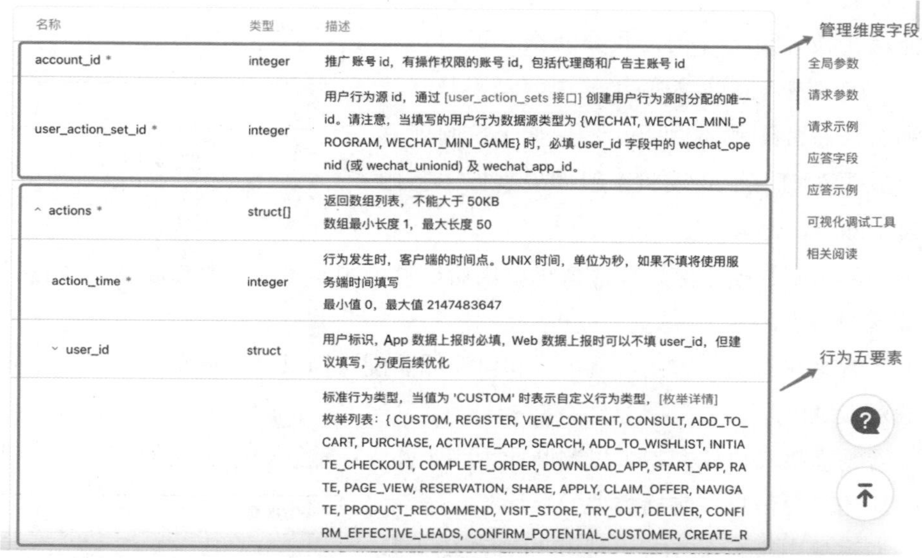

名称	类型	描述	管理维度字段
account_id *	integer	推广账号 id，有操作权限的账号 id，包括代理商和广告主账号 id	全局参数
user_action_set_id *	integer	用户行为源 id，通过 [user_action_sets 接口] 创建用户行为源时分配的唯一 id。请注意，当填写的用户行为数据源类型为 {WECHAT, WECHAT_MINI_PROGRAM, WECHAT_MINI_GAME} 时，必填 user_id 字段中的 wechat_openid (或 wechat_unionid) 及 wechat_app_id。	请求参数 请求示例 应答字段
^ actions *	struct[]	返回数组列表，不能大于 50KB 数组最小长度 1，最大长度 50	应答示例 可视化调试工具
action_time *	integer	行为发生时，客户端的时间点。UNIX 时间，单位为秒，如果不填将使用服务端时间填写 最小值 0，最大值 2147483647	相关阅读
⌄ user_id	struct	用户标识，App 数据上报时必填，Web 数据上报时可以不填 user_id，但建议填写，方便后续优化	
		标准行为类型，当值为 'CUSTOM' 时表示自定义行为类型，[枚举详情] 枚举列表：{ CUSTOM, REGISTER, VIEW_CONTENT, CONSULT, ADD_TO_CART, PURCHASE, ACTIVATE_APP, SEARCH, ADD_TO_WISHLIST, INITIATE_CHECKOUT, COMPLETE_ORDER, DOWNLOAD_APP, START_APP, RATE, PAGE_VIEW, RESERVATION, SHARE, APPLY, CLAIM_OFFER, NAVIGATE, PRODUCT_RECOMMEND, VISIT_STORE, TRY_OUT, DELIVER, CONFIRM_EFFECTIVE_LEADS, CONFIRM_POTENTIAL_CUSTOMER, CREATE_R	行为五要素

图 4-15

整体数据格式由管理维度字段和行为五要素构成，后者主要是规范客户如何接入行为数据的内容，而前者则会影响客户能以什么维度去管理接入的行为数据。如果对数据结构的相关技术知识不了解，就无法将数据源和数据集功能与客户实际上报的数据关联起来，导致上线的功能无法达到预期效果。

- 数据格式缺失数据源 ID 字段：客户创建了数据源，上报了数据，却无法按照数据源对数据进行筛选和管理（查看数据源的接入数据量、通过数据源对数据进行授权）。

- 数据格式缺失数据信息字段：客户创建了数据源，并填写了应用 / 小程序的 AppID，上报了数据，却无法分辨数据属于哪个 AppID，导致下游使用数据时，无法获取行为位置的信息，从而无法识别用户 ID（有些用户 ID 是在 AppID 下固定生成的）。

上面介绍了数据知识，接下来介绍技术知识。是否掌握数据知识，会影响数据源功能能否在数据中生效；而是否掌握技术知识，会影响对数据源功能设计时，功能能否实现、能否找到正确的实现团队。例如设计数据源的创建窗口时，即使不知道技术知识，也可以画一个原型图，如图4-16所示。

　　并提出如下需求：创建数据源时，需要选择平台类型，填写AppID，校验AppID是否正确。可能就会被开发同学问：我要怎么知道用户填的AppID对不对，只校验填的内容是不是字符串和有没有乱码就可以吗？最后这个校验就真的变成了对内容格式校验。但如果掌握了基础的技术知识，例如：

图 4-16

- 了解基础数据存储原理，就可以推断出哪个团队可能有"AppID是否正确"这个信息；
- 了解系统间交互方式，就可以和对应团队确认提供这些信息的方式，即使用对应API；
- 看得懂接口协议，就可以判断能否满足需求：输入一个AppID，可以返回对应的平台信息（包括类型）；
- 通过接口返回的信息，就可以判断需求是否有优化空间：接口返回了平台类型，就不需要客户自己填写，可以少一个步骤。

图 4-17

　　有了上面的补充信息，就能画出一个用户操作成本更低的原型图（见图4-17），同时也能提出更加具体可行的需求。例如：

- 创建数据源时，用户直接填写AppID，调用内部对应团队提供的XX接口；
- 如接口返回具体平台类型，则说明AppID正确，自动填充平台类型信息，无须客户填写；
- 如接口返回错误信息，则输入框为报错样式，提示文案为×××。

　　这样提的需求，功能边界十分明确，未来出现相关线上问题时，排查链路也很清晰，知道该找哪个团队处理。希望通过这个小例子，可以让大家感觉到，技术理解在数据产品经理日常工作中俯拾皆是，而且懂技术，确实可以简化需求、减少开发和交互操作。

4.4 价值衡量

在产品功能搭建之初，就可以开始考虑如何衡量其价值，这点在大公司尤其重要。这里的统一数据接入平台，上报的量化衡量指标如表 4-2 所示。

表 4-2

指标	指标说明
客户覆盖率	使用统一数据接入平台的客户数 / 总客户数，主要衡量平台是否覆盖全部有数据接入需求的客户
平均接入耗时	接入项目总耗时 / 结项项目数，用于和客户历史接入耗时做对比，判断效率是否明显提升

这两个指标乍一看没问题，但仔细想想就会觉得有点问题。覆盖率就是看有多少人用，属于基础性指标，没什么问题但价值体现不大；但平均接入耗时既没法客观地量化并监控，也不具备业务合理性。一个数据接入项目的耗时从什么时候开始算起点、什么时候算终点，这本来就有些模糊地带。比如一开始的各种咨询介绍、背景了解，算不算接入耗时呢？再比如最后数据都接入进来了，才发现在应用时有些问题，不得不进行小修小补甚至部分返工，这样算接入完成了么？所以很多时候耗时需要对接的运营人员人工评估并填写，只要有人参与其中就会影响其客观性。而在业务合理性层面，不得不拷问一个核心问题，"多快好省"是一个理想化的目标，但真到实践就必须分清主要矛盾和次要矛盾，数据接入的核心目标之一真的就是缩短耗时么？如果时间长了一些，但接入数据的质量好了不少，应用方用起来更放心了，是不是也挺好？所以综合来看，量化考核指标可以修改为表 4-3 所示。

表 4-3

指标	指标说明
客户覆盖率	使用统一接入平台的客户数 / 总客户数，主要衡量平台是否覆盖全部接数客户
数据合格率	基于每个业务的质量标准（例如归因的要求是接入优化目标对应的数据且归因成功），计算对应业务下接入数据中符合要求的占比

这里用数据合格率代替了原本的耗时，如果细究的话，检测合格率还需要配

套一个验收环节，即在数据接入项目的最后，插入一个联调环节，通过最后的联调来验证数据质量，联调不通过就不能算接入完成，这样可以避免数据质量统计只靠后验的人工抽检。

当然上述考核指标的选择，也只是从旁观者视角提出的另一种方案。同样也存在其他方案，比如针对"多快好省"这四个字，单拎出来每个字都能作为一个考核指标，我们现在是从"快"变成了"好"，同样其实也可以选择用"多"或者"省"。这就取决于业务当前发展情况，到底哪个才是最关键的。比如当前业务就是在飞速发展，大家都追求先有数据再说，那考核指标专注"快"，继续沿用平均接入耗时就没问题；如果已经到了存量阶段，更看重接入数据的质量，那就专注"好"，采用数据合格率。要真是四个字都想兼顾，也不是不行，每个字都可以对应一个指标，最后把四个指标做一个加权汇总，形成一个总指标即可。**关键还是看我们对业务当前的判断，分清主次。**

4.5　引申讨论：懂技术

统一数据接入平台的案例介绍完了，它包含了一名数据产品经理需要面对的各种问题。本节将继续展开探讨——数据产品经理到底需不需要懂技术？如果需要，要懂多少、懂到什么程度？以及懂技术到底有什么好处？

4.5.1　到底要懂多少技术

上面的案例相当于对这个问题给了一个回答，数据产品经理需要懂技术，尤其针对处在数据获取/存储环节的数据产品。不仅是这个环节，其他环节的数据产品经理也需要懂技术，比如常见的负责 BI 看板的，因为这类数据产品经理需要经常思考如下几个问题。

● 　什么样的数据源可以高度复用？

● 　不同可视化工具对数据底层的要求一致么？

● 　如果要实现多个图表的联动，数据源必须具备哪些特征？

● 　什么样的计算放在前端比放在后端（数据仓库）更适合？

基于这两个案例，可以进一步归纳总结，数据产品经理要懂的技术都有哪些。先回顾数据产品经理的核心能力图谱（见图 4-18），这里的**技术理解、数**

据分析、统计算法，都是广义上数据产品经理需要懂的技术。其中的数据分析和统计算法，我们在第 3 章已经有过简单的介绍，而且在后续章节还会单独展开，因此这里只重点讨论技术理解，也算是狭义的懂技术。

数据产品经理要理解的技术不需要太多，贵在理解原理、合理应用、掌握简单工具提升工作效率即可。笔者多方参考，总结见表 4-4。

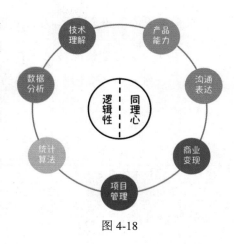

图 4-18

表 4-4

序号	门类	内容	价值示例
1	基本技术知识体系	理解一门编程语言	理解程序设计的基本逻辑，例如什么是函数、返回值、循环、编译、发布等。学习的重点不是编写出能执行的程序，而是理解程序设计的基本原理
2		网络通信等计算机知识	网络与通信原理、操作系统原理、微机原理等，至少要理解 TCP/IP 协议、UDP 协议分别是什么，二进制、十六进制的运算法则，字节和字的长度概念，对称密钥密码体系和非对称密钥密码体系的区别
3	程序设计MVC 模式	前端交互层	JavaScript、HTML5、PHP 是基础
4		业务逻辑层	研发人员应该尽量将复杂的校验、判断、业务规则都封装在业务逻辑层，这样可以让前端交互层的负担更轻，也更容易扩展
5		数据层	与业务逻辑层共同组成服务端，前端交互层是客户端
6	接口与调用模式	同步调用	下载数据中，点击下载马上就下载成功
7		异步调用	下载数据中，因为数据量较大、后台需要复杂处理逻辑，所以先提交任务，等任务完成后通知用户自己再来触发下载
8	工程搭积木设计		其实就是类似中台的组件化、模块化，可以灵活拼装组合成更复杂的功能
9	松耦合高内聚		跟上面的搭积木是关联的，就是要求有足够抽象能力能把相似的合并在一起，不相关的组件化模块化处理
10	掌握数据库和 SQL	数据库表结构设计	涉及一些数据分发需求，比如拓品拓客的选品汇总看板给渠道
11		SQL 查询语句	可以不靠别人自己查数据做分析

4.5.2   懂技术有什么好处？

收获了这么多要懂的技术，有个功利性的潜在问题也需要讨论：懂技术对数据产品经理到底有什么用？从上面的例子里能感受到，不懂技术似乎没法写好一些需求，但其实懂技术不仅仅有这一个作用。通过收集各方说法，懂技术的其他好处汇总见表4-5。

表 4-5

序号	懂技术的好处	解释
1	避免产品过度设计	一些价值不是很高但实现起来很复杂的需求，很占用研发精力
2	避免技术过度开发	由于研发不懂业务造成的，提前考虑一些灵活性、扩展性，而导致代码复杂度提升，占用研发时间
3	与研发沟通顺畅	通过懂技术获取研发信任，这样研发为了项目整体利益就能帮助产品补位甚至额外付出一些
4	预判需求可行性	在承接需求的时候就判断出这个需求的合理性，避免后续反复讨论浪费时间
5	评估工时合理性	避免被研发用一个夸张的开发周期忽悠，或者因为研发评估不准确造成的排期延后

上面这 5 个好处，有几个跟信任非常相关，比如 3 和 5。与研发沟通，只要能让研发感受到做的东西有价值、对他们自身有收获，自然就能沟通顺畅；反之，如果沟通不畅，再怎么懂技术，也只能是在初期沟通的时候可以建立起一些信任，但并不牢靠。在评估工时合理性时同样如此，如果双方是互信的，也并不要求产品经理自己能够精准判断开发工时，在原本时间上略微延后也是可以被理解的；而如果双方已经丧失了信任，即便产品经理再懂技术，能精准预估出开发耗时，研发也会有其他借口或者在其他地方拖延时间。因此，**懂技术对于缺乏信任的合作，是不太解渴的**。

好处 1、2 和 4，与效率非常相关。这 3 个都挺有必要的，尤其是好处 4，研发最希望能有大块完整的时间安静专注地编写代码，如果频繁地在需求讨论阶段被产品打扰，的确会占据他们大量时间；而好处 1 和 2，都属于避免做得过多，前者是需要产品自己做减法，后者是需要辅助研发做减法。

至此，可以确定，**数据产品经理要懂技术，但并不需要像研发一样那么懂，毕竟术业有专攻，让专业的人做专业的事才是最有效率的模式。数据产品经理需要懂技术，更多的是理解原理、合理应用、提升效率即可；而且懂技术虽然并不能影响产品与研发合作的本质，但可以在早期增进信任，并且可以提升项目效率、避免浪费人力资源**。

第 5 章
线下数据采集产品

5.1　本章概述

本章将继续分享一个数据获取 / 存储环节的数据产品（见图 5-1），不同于上一章案例的旁观研究，本章则是我的亲身实践分享。本章的案例来自非互联网行业，是保险行业数字化转型的一次探索尝试，它试图解决保险公司长期以来缺少保险代理人线下销售行为数据的行业级难题。

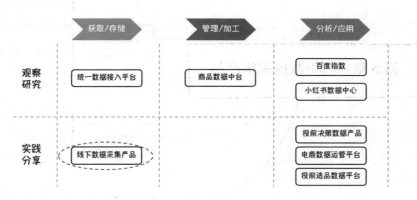

图 5-1

针对这个案例，本章会重点围绕产品能力、沟通表达、统计算法等数据产品经理的核心能力展开（见图 5-2）。其中产品能力会重点讨论如何在调研中获取用户真正的需求，沟通表达会侧重与线下用户的沟通和产品地推宣讲，统计算法会介绍对话式的 AI 能力如何在数据获取中发挥作用。

作为一个亲身经历的案例，本章先介绍这个致力于解决保险行业线下数据获取

图 5-2

的数据产品，各方都有什么需求痛点，过往有什么解决方案，现在可复用的资源有哪些；然后再重点讨论产品功能设计过程中的思考与难点，如何倾听用户的故事，从而进一步把故事转化成需求，并结合对竞品的合理学习，得到一个完整的产品规划方案；紧接着是在运营推广中不断发现问题、解决问题、优化产品并笑对结果，期间有地推运营的经验，有用户的奇思妙想；最后我们还将由这个案例引申出去，讨论下传统行业数字化转型的核心难点、toB/toC 产品的划分。本章的内容框架结构如图 5-3 所示。

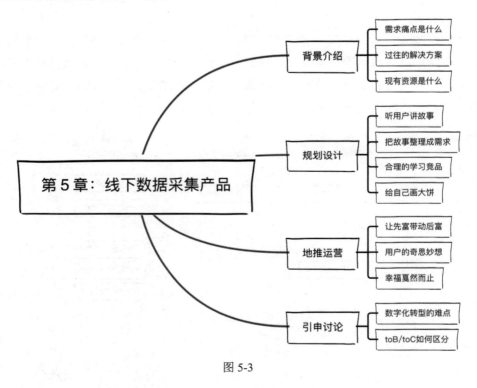

图 5-3

5.2 背景介绍

为方便下文介绍讨论，我们给本章的案例起个名称，即 AI 记事本。它是笔者在保险行业的一次数据产品实践，而且借用了 AI 能力，主要解决的问题是将保险公司代理人的线下销售活动数据收集上来。为了能让大家更好地理解数据产品的必要性和难点，以及传统行业数字化转型的具体现状，先从以下 3 个角度介绍背景情况。

- 解决谁的什么问题——这里不仅仅有代理人的问题，也是保险公司的管理痛点。
- 过往方案怎么做的——展示公司过往解决该问题的方案为何不奏效，这也是推出新方案的基石，而且也能借此展示出传统行业数字化转型过程中的问题。
- 当前具备的资源——全新的方案并不是平地起高楼，也要基于现有资源做规划设计，因此需要了解现有资源。

5.2.1　需求痛点是什么

案例发生在国内保险行业，公司是典型的"总部＋地方分支机构"的架构模式，营收主要靠保险代理人的线下销售。数字化和科技化浪潮来袭，总部将自身定位成中枢大脑，希望通过中台建设，远程精准遥控各个地方分公司，最好能将指令下达给每个一线代理人，以便更好地发挥公司最大的优势：一线执行力强。

然而，一线的分支机构运行了这么多年，总部的老板们基本没法了解每个代理人每天的工作，只能了解到这个代理人哪天入职了，哪天卖出了几单保险，但其过程完全是黑盒。

代理人日常的工作安排，并不是像外卖小哥那样被系统派单规划好的，而是各显神通全靠自觉。公司一周只有几天会要求代理人来部门的线下门店开早会，剩下的时间自由支配，反正最后卖不出保险就没有绩效，长期没有绩效，就该走人了。

这种只看结果不看过程的方式，在市场高速野蛮增长期是没问题的。但随着竞争不断加剧，降本增效、提高产能迫在眉睫，过程管理频繁被提上日程。在这方面，一些机构分公司早就尝试行动起来了。方法在统一印刷标准格式的记事本上，让代理人记录自己每天都做了哪些跟销售保险相关的工作都规范、格式化地记录下来。包括但不限于以下内容：

- 今天是否约到客户，并了解情况，介绍保险？
- 约到机会后，实际有没有跟客户聊成？是通过线上微信聊的，还是线下聊的？
- 聊的过程中，具体都聊了哪些有价值的信息？尤其是客户的家庭保障情况？

明眼人一看便知，上面描述的其实就是销售转化漏斗中的前几步，没有这个过程就遑论销售结果。有了这个记事本后（见图5-4～图5-6），以小组为单位，每周由负责人督促大家填写，然后收集上来由专人手动录入到Excel表格中，再一层层汇总上报。这个方法效率低、门槛高，最后的结果就是代理人配合度低，很难推广落实。

图 5-4

图 5-5

图 5-6

　　下面介绍下代理人团队的构成，基本都是自下而上自发组成的。比如原本一个人在某家公司卖保险，当其业绩达到一定水平之后，如果想更上一层楼，就可以招揽人才组建自己的团队，新来的代理人理论上都是其徒弟，师父负责教会他们怎么卖保险，同时也是这个团队的负责人。作为这个小团队的负责人，既有团队管理和培养的责任，同时收入会有一部分来自团队成员销售的抽成，这是一个相当大的激励点。而且随着徒弟们也可以带徒弟时，团队层级就增长了一层，保险销售的金字塔组织也越搭越高。

　　作为团队的负责人，自然也想要了解徒弟们的销售过程及表现，这样可以知道一个人到底是不擅长电话邀约、还是不擅长见面后的深度交流，进而我才能帮助其提升销售技巧，毕竟在上述保险销售的团队结构下，利他就是最大的利己。而且这些表格其实就是优秀代理人的自我管理和记录方式，大家可以理解为自己列一个每日计划，然后做个日报总结。这种优秀代理人的经验，并非纸上谈兵凭空而来，也很值得推广复刻。

　　把以上背景信息总结一下，就有了初始的需求痛点，有公司和代理人两个视角。

● 公司角度，需要打破过往的销售过程黑盒，掌控其中的具体过程，这样才能找到问题、对症下药，提升保险销售业绩。

● 代理人角度，小团队的负责人想要更好地了解下属的表现以便指导其提升；优秀的代理人本身也一直有这种记录计划的习惯，只是苦于没有好的工具提升效率。

5.2.2 过往的解决方案

其实为了解决这个问题，公司层面也做过一些探索尝试。宗旨就是：让代理人原有的、低效率的、不透明的线下行为，尽量都线上化。

比如，之前线下那些笔记本写完填完还得专门录入 Excel 并上报，非常麻烦，如果开发一个小程序，则只需按时在 App 上自动填写上报。公司总部拿到数据之后也会进一步加工分析，洞察各个地区代理人的销售行为和模式差异，然后动态地调整所要下达的销售指标，以及配置不同的学习培训资源。具象化的功能示意图如图 5-7 所示。

图 5-7

是不是看起来有点简单？是要求代理人在手机把原本在纸质笔记本上填写的东西重新填写一遍。这个小程序开发出来之后，自然也少不了公司总部自上而下的全力推广，并针对每个代理人进行数据填报的考核，没填报就给予一定惩罚措施。然而实际效果是怎样的呢？笔者在线下调研访谈的时候问过几个不同地区的代理人，他们一致的应对办法就是：会按照公司总部的要求，每周专门找时间随便填一下，因为公司总部只能考核有多少人填了、填没填完整，但填得准不准就只有代理人自己知道了。

然而，实际效果很一般。因为这个小程序实在不好用，而且给代理人的感觉纯粹就是费时费力给公司总部做数据统计用的，对自己没什么帮助。后来公司总部也发现了问题，不过最终的归因比较简单粗暴——**代理人不认真填写是他们素质和态度的问题，不是我们产品设计的问题，很可能这些线下数据就是没法收集到的，各位老板们要多多理解体谅。**

代理人们的素质是不是不大行？如果仅从学历来看，绝大部分代理人是大专及以下；态度是不是也不端正？从实际走访来看，确实也不怎么积极，因为大家认为数据填报费劲又跟钱没关系，有时都懒得敷衍。但产品推广不利的锅，也绝对不应该这么简简单单就甩给代理人，毕竟产品要解决的不就是数据收集不上来的问题吗？**这种居高临下、简单粗暴的态度，并不是偶发的，它弥漫在传统行业的数字化转型过程中**。往往具有高大上背景履历的互联网专家、咨询顾问，与传统行业线下业态或多或少存在这种矛盾和不理解。

5.2.3　现有资源是什么

既然过往的方案不行，那就需要重新想办法。不过也不建议平地起高楼，有能借用的资源要尽量借用，尤其是代理人习惯的工具或流量入口，利用好可以事半功倍。作为一家大型保险公司，肯定很早就有为代理人开发的 App 工具，上面介绍的老方案也是在这个 App 里增加模块入口和界面实现；但同时这个 App 里也有一个对话式机器人的主控入口，它支持代理人以人机对话的方式（尤其是支持语音输入）查询一些必知必会的知识内容，以及作为类似 iPhone 里 Siri 的中控角色、调用 App 里的其他子模块和功能，使用率相当高，基本可以覆盖 85% 以上的代理人。

公司给代理人开发的 App 中的主控对话式机器人，就是一个比较好的可用资源，它有比较好的流量入口位置、它的交互形式相对传统 App 界面的点击填写要更友好，我们完全可以把新方案当成这个对话机器人的一个子任务，让代理人以语音对话输入的形式录入他们认为有必要记录的，同时也是公司认为有价值的信息。

5.3　规划设计

我们大致清楚了问题的背景、过往方案以及盘点了手头的资源后，就可以开始这个致力于获取代理人日常行动计划数据的数据产品的设计了。在整体的设计中，少不了继续对目标用户展开调研访谈，以便深入理解他们的需求；进而将大家的需求做一个整理汇总，以便形成一个粗粒度的产品框架；同时还可以参考市面上的其他同类产品，在大方向既定的情况下优化一些交互体验的细节；最后完成一个中短期的立项规划，不仅能解决眼下的局部问题，还能提供一些长期的、全局的价值。下面将按照这 4 个步骤展开，回顾这个针对数据获取 / 存储环节的微创新数据产品——AI 记事本的产品规划和设计全过程。

5.3.1　听用户讲故事

需求的收集来自于一线用户，虽然公司和代理人都有需求，但 AI 记事本主要解决的难点还是代理人数据收集困难，所以核心是代理人。但代理人也是一个抽象的概念，这个群体中不同个体的水平、诉求大不相同，到底该倾听哪些代理人用户的故事是首要问题。

在背景问题介绍里曾提到过，AI 记事本想解决的是代理人日常工作计划的记录和上传，但现实情况是，并不是每个代理人都有这种好习惯。其实道理很简单，除了天才型同学，剩下优秀同学的学习经验和习惯，本来就不是大多数同学都知道并掌握的。我们想要提升整体的学习氛围和成绩时，也经常会首选让非天赋型的优秀同学分享他们的经验。我们期待的是人人都能复刻这些经验和习惯，这样整体水平就能提升了。

在代理人群体中也确实存在这类情况，业绩优秀的代理人是有自驱力的、也乐于学习的，而业绩平平甚至较差的代理人，他们相对心态上更加封闭、更倾向于被动地完成指标和任务。而且最重要的一点，**大部分人对无法带来短期利益的事情，都是持冷漠和观望态度的**，除非告诉他们这个知识、方法，全国销售冠军团队也在使用，他们才会想要尝试。

基于上述情况，**调研访谈的代理人用户，首选全国范围内的优秀团队**，并且将他们的优秀经验和习惯抽象总结之后，层层递进地推广到全国范围，形成一种"先富带动后富"的示范效应。

5.3.2　把故事整理成需求

当明确了核心目标用户之后，就能把他们讲述的内容整理成需求了。这个过程有或简洁或严密的理论方法，辅助产品经理校正收集到的需求是否是真需求，尤其是避免需求扭曲。关于**需求扭曲**，有一段话说得很好，分享如下：

"原始需求描述的通常只是一种现象，这种现象被各种你没有参与过的讨论'变形'。那么我们工作的一项重要内容，就是识别这些以各种各样面目出现的需求背后的本质问题。"

这里我想分享 3 个避免需求扭曲的方法，一个是需求沟通时的框架公式

SPIN；另一个是《决胜 B 端》一书中提到的**十三要素五步法**；还有一个是在学习李想的产品实战 16 讲中学到的，**少做一对一访谈、多做多人共创**。先来看 SPIN，它是 4 个英文短语的缩写：

- S=Situation Question，背景问题；
- P=Problem Question，难点问题；
- I=Implication Question，暗示询问；
- N=Need-pay off Question，需求确认询问。

  将 SPIN 应用到这个场景，其过程如下。
- S= 月业绩怎么样？还是 xx 地区的第一名么？是不是日常有什么好的方法呀？
- P= 我看你们每周组会的时候主管都要要求大家上交一个记事本，这个上面记录的是什么呢？你觉得记录这些有用吗？
- I= 日常使用纸质的记事本，会不会觉得有点麻烦啊？感觉有点像是梦回学生时代交作业？而且是不是后续翻看起来也挺麻烦的？
- N= 你觉得做一个电子化的记事本会有用吗？尤其是如果就跟用微信发语音一样方便地将你语音输出的内容记录下来，并且存储好方便你查看历史记录，这个你觉得有必要吗？

上面只是一个很简化且理想化的过程示意，真实的需求沟通可能需要反复多次，但上述框架可以在你没有头绪的时候做一个辅助参考，也可以在你头脑发热沉迷于自己创造出来的需求之时，给用户一个警醒你的机会。

下面介绍十三要素五步法，它可以在需求沟通之后，帮我们规范化地梳理需求、形成一个初步的产品需求。我们直接把 AI 记事本的需求内容，按照十三要素五步法拆解后填写在下方表 5-1 内，方便大家对照理解。

表 5-1

序号	五个步骤	十三个要素及注解	AI 记事本内容
1	分析相关角色	提出人（警惕可能不是使用人，会传递错误需求）	在前方第一轮收集需求的项目经理将需求带回公司内部并提出

续表

序号	五个步骤	十三个要素及注解	AI 记事本内容
2	分析相关角色	使用人	业绩优秀的代理人及其主管
3		受影响人（也可以当成是用户）	同使用人，还有总部管理者也会受益于代理人数据的收集
4	了解基本场景	基础场景（人物＋时间＋地点＋起因＋经过＋结果）	业绩优秀的代理人在每天发生销售动作时（比如与潜在保险客户电话约访、面对面沟通等），将作为工作日志记录该动作计划发生的时间、客户称呼、联系方式，以及要沟通的内容，以便提醒自己，便于事后自我复盘 代理人的主管会在每周例会的时候，根据代理人填写记录的销售动作，发现其销售环节存在的问题（比如不擅长电话邀约等），并针对该环节对其团队成员定向辅导以提升其销售技巧
5		发生频次	业绩优秀的代理人几乎每天记录工作日志，次数取决于当天的行动和计划 主管大概每周记录 1～2 次工作日志
6		核心痛点（解决谁的什么问题，关注原因而不关注内容和如何实现）	记录自己日常保险销售动作、并按期复盘的优秀代理人和主管，缺少高效的保险场景的电子化记事本工具，记录之后能否自动归档对应到保险销售的不同环节 保险公司总部目前完全无法收集到代理人日常保险销售动作数据，无法获知代理人常在哪个环节出现问题，导致无法提供资源和能力改善该环节以提升公司营收
7	发掘真实动机	强烈程度（不做会发生什么状况，现在有替代办法吗）	过往保险营收靠发展代理人规模不断提升，但目前规模遇到瓶颈，必须通过提升效率和质量才能提升整体营收。否则整体营收将会持续遇到瓶颈，并被其他同业竞争者蚕食 现有替代方案有如下 3 个，但存在不同程度难以解决的问题，导致不可行： （1）收集各区域代理人团队的人工预估经验数据，比如保险销售转化漏斗几个环节之间的转化率。但该方案粒度较粗，无法精细化指导基层代理人团队和个体 （2）推广部分地区团队正在使用的纸质记事本，要求每个代理人填写后团队专人通过 Excel 或 OCR 等其他技术扫描数字化录入上传。但该方案实践操作成本高，普遍反馈纸质记事本效率低，推广难度大 （3）市面上存在部分记事本功能的 App，如滴答清单，该 App 录入交互较为友好。但该方案数据无法上传到公司总部，同时作为通用记事本不能支持将录入内容按照保险销售场景进行自动化标签识别标记，影响信息识别存储效率和后续查询统计

续表

序号	五个步骤	十三个要素及注解	AI 记事本内容
8	发掘真实动机	实际价值	可以提升代理人日常保险销售动作录入的友好性和效率，帮助其个人和团队复盘定位销售技巧问题 数据上收后，公司总部通过了解各团队保险销售漏斗现状，可定向提供资源支持，提升对应环节效率，提升单代理人的产能、进而提升整体公司营收业绩
9		横向替代（多想几个不同的解决方案比较）	从代理人交互体验和公司上收数据两个目标交叉来看，目前没有其他可行方案
10	发散更多场景	纵向互补（向上向下一个环节考虑综合解决问题）	因为该数据产品解决数据获取，已经是比较靠上的环节，无法更向上 向下一个环节就是收集到数据之后，不仅可以支持代理人翻阅历史记录，还可以按照记录内容对应的保险销售环节标签，进行漏斗统计。用个人的漏斗对比所在团队，甚至更大范围的漏斗数据，以发现自身问题。这个环节是团队主管需要的，也是公司总部希望保险销售过程精细化运营所必须的
11	设计产品方案	已有方案（能复用就复用，已有方案验证过）	能尽量复用的方案有两个，但需要在它们的基础上进行功能增减和优化： （1）针对部分优秀代理人团队线下自行印发的纸质记事本，可以总结其记录事项，挑选优先级最高的内容，以产品化功能支持 （2）目前超过 85% 的代理人都在使用一个内部 App 中的中控＋知识库定位的对话机器人，可以借助其多轮对话能力，将记事本功能作为一个任务植入对话机器人，不必另起炉灶单独做一个
12		功能需求	AI 记事本的核心功能有如下几个： （1）通过特定"暗号"可以在对话机器人中唤起记事本功能（类似"嘿 siri"这种） （2）唤起后，支持语音和文字形式录入保险销售动作，录入后支持文字编辑修改 （3）录入完毕时，系统支持毫秒级自动提取时间、对象、动作 3 要素，并结构化展示，支持修改三要素 （4）支持按日期、按对象两个维度，查看所有历史录入的保险销售动作内容 （5）系统按固定周期自动统计使用者的保险销售漏斗数据，并以图表形式呈现。支持所在团队、区域的排名情况对比

序号	五个步骤	十三个要素及注解	AI 记事本内容
13	设计产品方案	非功能需求（界面功能以外的性能安全权限等）	性能层面，初期仅在部分地区推广，覆盖代理人用户规模在万级别，需支持对话机器人万级别的调出 AI 记事本功能，和其中的语音转文字和自动抽取结构化标签功能 安全层面，代理人录入数据属于公司核心数据资产，需高安全级别存储 权限层面，需考虑不同职级的代理人可看到的数据范围不同，主管可看到下属的所有漏斗统计数据，但不可看到其录入明细内容

最后说下多人共创，其实这谈不上是一个方法，更像是一个小提示，但却非常关键。原意大概是说，一对一访谈的时候，很多用户其实都具有"表演"的本能。本质就是因为在乎面子，说话的时候会不自觉地去想怎么才能把问题描述得高级、有水平。用户的这种"表演"其实就是对需求的一种扭曲。为了规避这种扭曲，可以安排更多用户线下坐在一起，以一种讨论的形式，在互相交流中自然而然地把需求吐露出来。随着群体交流讨论的深入，大家就会逐渐卸下表演包袱，而且还能把真实的需求引导深入、把虚假的需求证伪摒弃。产品经理在此过程中做好旁观记录，把用户讨论的需求记录清楚，再进一步梳理与判断。

综合上述 3 种方案，很快就能总结出 AI 记事本的粗粒度需求，剩下的就是产品细节交互层面的问题，可以重点参考市面上优秀的同类工具型产品。

5.3.3 合理的学习竞品

我们已经获取了用户需求并梳理成一个粗粒度的功能需求，剩下的就是把主干上的枝叶描绘得细致一些。这里再次建议，大家在做竞品分析时，最好不要脑袋空空就去学习借鉴，而是要先形成一些自己的主干认知，让竞品做枝叶的补充，当然也可以做调整，但切记直接照搬竞品，而要通过竞品分析建构你的主干认知。

AI 记事本的几个核心功能，分别如下：

- 唤起记事本功能
- 语音和文字录入，且支持编辑修改
- 对录入信息自动提取时间、对象、动作
- 可按照日期、对象查阅历史记录

● 数据图表化统计展示销售漏斗

　　但作为数据产品经理，如果是技术背景出身，在产品交互细节体验上可能经验不足，尤其是面向 C 端用户的数据产品，这时就可以在一些很影响交互的细节上借鉴竞品。AI 记事本其实不存在竞品，因为其他保险公司并没有公开大规模投产过类似的产品，但还是有同类的工具型 App 可以参考，比如滴答清单。而且在产品规划设计的早期阶段，没必要穷尽市面上所有同类产品做参考，集中精力研究好头部的一两款即可。我们聚焦在滴答清单上，重点参考的是下列几个交互操作设计：

● 初始界面怎么引导用户录入？

● 对录入信息提取时间、对象、动作等关键要素。

● 录入后对信息的编辑、删除等交互操作。

● 查看历史录入的信息。

　　带着上述明确的目标，参考滴答清单 App 的具体界面，就会事半功倍。可以看到，初始界面会在页面中心通过文案提示，引导用户寻找 "+" 按钮来录入信息（见图 5-8）。

　　在录入过程中，可以实时地识别时间，还可以给录入的信息添加标签，方便管理。当录入的时间不够精确时，系统会自动填充一个具体到小时的时间，比如下面截图示例中录入的原始信息是"明天下午"，将被自

图 5-8

动转义成"明天 13 点"；但如果录入的是"今天"或者"明天"这个粒度的时间词汇，系统就不会贸然转义到小时。因为与日历提示功能联动，在记录的具体事件发生前将触发强提醒（见图 5-9 和图 5-10）。

图 5-9　　　　　　　　　　　　　图 5-10

　　当录入完成之后，信息会分条呈现，且向左滑动信息会出现删除 icon（左数第二个 icon）和编辑时间 icon（左数第三个 icon）。如果想重新编辑该信息，点击该条内容就可进入编辑界面。而点击编辑时间 icon 则可以快捷重置时间，可见时间是记录的信息中更为重要的一个要素（见图 5-11 ～图 5-13）。

图 5-11　　　　　　　　　图 5-12　　　　　　　　　图 5-13

最后点击界面下方的日历 icon，可以进入日历列表页。默认选中的日期是当日，且放置在最后一个空位，如果在此之前没有录入任何信息，日历列表页也支持引导用户录入信息；右滑日历日期栏，可以查看到后续不同日期的信息记录，且记录会在下方分行呈现（见图 5-14 和图 5-15）。

图 5-14

图 5-15

在填补完上述细节之后，可以着手细化 AI 记事本了。

5.3.4　给自己画"大饼"

打工人最讨厌的事情之一，可能就是被老板画大饼了，但如果换个思路，**我们自己给自己画大饼激励自己，是不是工作就能稍微不那么痛苦呢？** 当准备工作完成之后，就可以让 AI 记事本变成自制大饼了。这个大饼既有近期的具体功能，又有长远的一些规划价值，远近结合虚实呼应。

先看近期的具体功能，这个功能按照原计划是安插在超过 85% 的代理人日常都会使用的对话机器人内，为了贴合代理人的措辞用语，宣传时统一称呼为"展业记事本"。在对话机器人中可以通过输入指令"展业日志"调出该模块的已有记录内容，并且呈现的是一个日历形式的记事本（见图 5-16）。如果没有录入任何内容，当天内容就是空的，中心位置有文案提示引导代理人按照标准形式录入（当然也会有大规模的地推宣导介绍怎么唤起这个功能）。

而当代理人需要录入内容的时候，通过预设好的任务触发词"帮我记"来唤起这个特殊的"展业日志"录入功能。"展业日志"支持代理人语音录入，也支持纯文字录入，只要一句话中包含"帮我记"这个短语即可，并不要求短语出现的位置（见图 5-17）。

图 5-16

录入后，随即生成一张便签卡片，供代理人确认信息。便签自动结构化提取出时间、对象、动作 3 个要素。这里时间支持多个粒度，可以是今天明天后天，也可以是 ×× 月 ×× 日 ×× 时 ×× 分；对象可以是客户的具体名称，也可以是一个简称，比如杨先生；动作是事先在调研代理人时总结提炼好的十余个常用的保险销售漏斗环节（见图 5-18）。

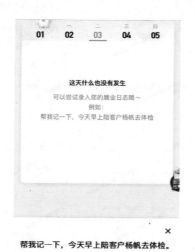

图 5-17

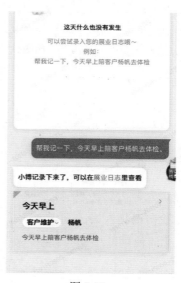

图 5-18

如果需要修改录入的信息，可以直接点击便签卡片，就会触发编辑状态。在编辑状态下可以通过文字直接修改或添加内容。对动作的修改被限定在下拉选项菜单中选中一个即可，这里不支持自定义动作，避免保险销售漏斗中的漏斗环节被千奇百怪的定义名称发散（见图 5-19 和图 5-20）。

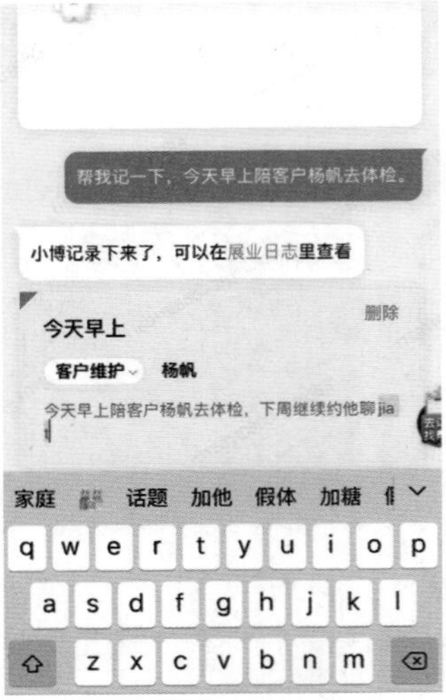

图 5-19

图 5-20

这样当代理人再次通过"展业日志"指令唤起记事本功能时，就会发现日志已经被记录在对应的日期下。而且日历控件的右上角有搜索入口，可以查询客户称呼，调出该客户相关的所有展业日志，达到既可以按日期汇总信息，又可以按客户汇总信息的双重检索，方便代理人查阅（见图 5-21 和图 5-22）。

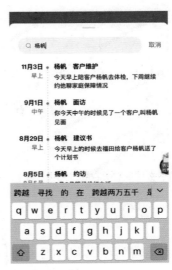

图 5-21

图 5-22

同时展业日志的录入是支持补录过往内容的，上面的示例其实都是补录的范例；当代理人录入了一个未来将要发生的日志后，机器人就会自动触发备忘提醒功能，会在事件发生前提醒代理人不要错过（见图5-23）。

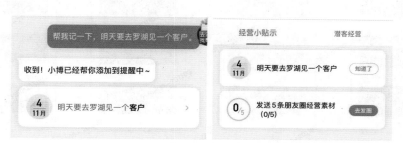

图 5-23

最后，为了便于代理人和其主管复盘提升，还支持通过"我的活动量"和"团队活动量"指令唤起数据图表统计功能，这里展示的是我的活动量，时间逻辑是本月截止今日的累计数据。以漏斗形式呈现核心的 5 个环节数据，并在每个环节旁边标记出在对应小团队和大团队的排名情况。"团队活动量"功能需要添加权限控制，只有主管层级的代理人才能使用（见图5-24）。

好了，至此一个简易的 AI 记事本已初具雏形，这里要特别重申，大家**不要被过往已有的形态限制了对数据产品的定义**。回顾我们在第 1 章给出的定义，只要是在数据链路上，以产品形态，解决了效率或者营收问题，就都算是数据产品。那么对照定义，**AI 记事本是在数据获取环节，以 toC 的嵌入在对话机器人内的形态，解决了代理人保险销售过程数据无法获取的问题，可以间接促进公司整体营收。**它就是一款数据产品。

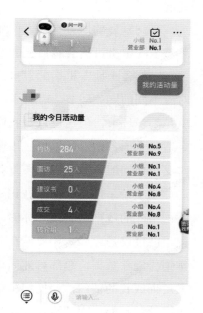

图 5-24

有了上述这个具象的内容之后，自己给自己画的大饼还没结束，还需要一些宏观的架构规划，把这个故事讲得"又大又圆"。如图 5-25 所示。

对话机器人里的功能只是完整"大饼"中最重要的一部分，但横向和纵向都有很多可以延展的功能。比如单看对话机器人自身，要是有些机构习惯了用纸质

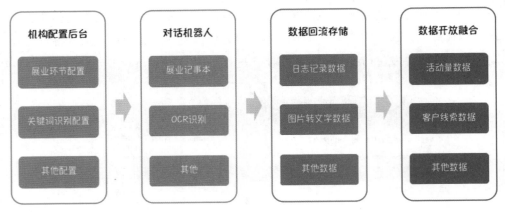

图 5-25

的记事本，不愿意使用 AI 记事本怎么办？这种情况则可以先内置提供一个 OCR 图片识别能力，通过拍照识别出记事本上的数据并结构化存储，这是纵向功能的延展。

横向延展的地方更多，比如中国很大，不同地区对保险销售漏斗环节（展业环节）的定义可能会有自己的特点，我们应该求同存异，在核心环节统一的前提下，支持各个地方机构配置自己的展业环节，这就需要开发一个配置后台。而且对应不同的展业环节，初期都是通过关键词对应识别出来的，比如"约 xxx 见面"就是约访环节，但这也只是我们从少数几个地区的代理人那里总结归纳的，不一定适用全国各地。所以也应该像支持各个地方机构配置自己的展业环节那样，同时支持他们配置每个展业环节对应的关键词。

当支持了地方机构个性化配置，对话机器人内置功能也齐备之后，就要考虑不同格式的数据怎么统一存储，这里不作过多展开。还有最后一个环节，这些数据不能仅仅是存储，还要能在公司内部开放出来供其他业务使用。比如代理人日常销售漏斗数据，总部可能简称为活动量数据，这些就可以开放给总部针对代理人培训成长的部门，让他们精细化地挖掘不同地区机构代理人的技能欠缺，设计更因地制宜的培训课程和知识教学；同时代理人也会在记录展业日志时，录入大量客户的称呼，甚至联系方式等其他信息，这些都是宝贵的客户资产数据，是保险的销售线索，在保护客户隐私的情况下如何好好利用，也可以集思广益。

总之，这个"大饼"至此才算是相对完整，下一步将进入地推环节，宣传功能并查看代理人的使用情况以便进一步迭代升级。

5.4　地推运营

万事俱备只欠东风，现在该去试验推广看看反馈了。不同于互联网 toC 产品的推广模式，在公司内服务企业员工的产品功能，自然可以依靠公司内部的宣传渠道，同时也可以直接去一线进行讲解宣传，这样可以更好地收集一线用户的反馈，而且一旦推广之后，用户如果有一些建议和实用的使用方法，可以为 AI 记事本带来一些新的启发。本小节将介绍 AI 记事本从 0 到 1 的过程。

5.4.1　让先富带动后富

在这次产品实践中，切实地感受到"让先富带动后富"所蕴含的示范力量。其实从用户需求调研和产品功能设计阶段，AI 记事本就已经恰好走上了这条道路。当时我们联系的是一个销售冠军团队，在找他们收集需求的同时，也尽量保持平等开放的姿态，以一种共创的方式开发产品，让用户也参与进来成为产品经理（当然也需要控制好范围和尺度）。这种模式让这些本就有迫切需求的用户，对产品更有责任心和成就感。用户不仅在产品功能细节的设计上提供很多资源和帮助，更在产品发布推广的初期，成为了第一批坚定活跃的种子用户，让整个产品运营推广的冷启动阶段更加顺畅。

具体的地推宣传情况是这样的，在产品功能刚刚上线还没宣传推广时，第一时间通知了一起共创需求的优秀代理人，他们觉得自己就是这款 AI 记事本的产品经理。由于在团队中他们本来就是业绩优秀的代理人，思维表达也相对活跃，所以他们也会自发地、带一点自豪炫耀地在团队中宣传这个功能。因此，在还没开始正式地推之前，AI 记事本就已经靠这种"自来水"流量收获了 100 多位种子用户。

而后续趁热打铁，在这 100 多位种子用户所在的大团队，利用代理人每周固定召开早会的时间，进行产品功能的介绍。这里特别强调的是在跟代理人的沟通过程中，尽量使用互联网常用术语，同时要尽量讲清楚利益点，一些复杂的功能尽量采用类比的方式，让他们少操心、快上手。

利益点就是帮助他们解决日常要使用纸质笔记本的麻烦，而且还可以很方便地复盘自己在销售技术环节的问题。如果有代理人对此并不感兴趣，那就双管齐下，一方面强调隔壁的销售冠军小团队正在积极地使用该产品，以此激发一线代理人的好奇心；另一方面，重点与团队的主管沟通，强调 AI 记事本可以掌握团队成员的销售过程表现，了解他们的问题并有的放矢地帮助其提升，最终直接受益的就是团队的整体销售业绩。一般非摆烂型代理人团队在这两板斧下，都会有所触动而开始尝试体验产品功能。

而对产品功能的介绍，直接类比代理人熟知的 App 功能就是最简单有效的方式。比如，记事本是什么？就类比成一个贴身业务助理、秘书就好，随叫随到，随时可记录可查阅；如何记录信息？则可类比成发送微信语音，AI 记事本可以自动语音转文字记录下来；怎么查阅记录？就跟翻看手机日历和手机通讯录一样。整体介绍完之后，还要专门预留时间进行现场操作答疑，争取在代理人最有积极性时，帮他们把所有疑虑都解除，避免其自行探索又搞不懂操作时中途放弃，甚至对负面看法口口相传。

这样在种子用户所在团队内的推广，效率很高，但一开始还是担心如何从种子用户拓展到更多代理人团队，毕竟不同团队之间也有直接的业绩竞争关系，那种在团队内部的口口相传可能无法跨团队复现。但后来发现，世上没有不透风的墙，当一个销售冠军团队积极使用，并且对外秘而不宣时，外界就对此越有好奇心。而有时候这种遮遮掩掩带来的用户好奇心，往往比主动大力吆喝效果来得更好。

5.4.2　用户的奇思妙想

推广之后的实际用户体验阶段，有问题也有惊喜。问题源于一开始产品功能设计的不周全，一度影响了代理人的使用体验，如果没有种子用户的耐心和帮忙，AI 记事本可能就要"出师未捷身先死了"；惊喜则是没想到代理人对产品的使用并没有那么受约束，反而录入了不少有别于行动计划的、价值更高的信息。

先说问题，一开始在设计录入功能时，为了防止录入大量的"脏数据"，实现了一个类似屏蔽阻拦的小策略。我们期待的标准录入是时间、对象、动作 3 个要素缺一不可（见图 5-26）。但实际使用中用户并不会那么听话，如果上述3 个要素缺了一两个，这条信息还能不能录入成功呢？

图 5-26

　　一开始的想法是 3 个要素缺一不可，因为 AI 记事本的一个核心目标是解决数据获取，但如果获取的都是脏数据，那就相当于没获取，不能为了获取而获取。当 3 个要素缺少任何 1 个时，机器人就会自动提示录入失败，请参考标准录入格式并重新尝试。后来在种子用户之间小范围试用体验中，大家普遍反馈内容有：

● 　为什么总是无法录入成功？

● 　没注意到一开始有给出标准的录入格式。

● 　试了好几次总是录入失败，失去耐心不想再浪费时间了。

　　……

　　于是，代理人的诉求和体验被放在了更高的位置，并马上对现有录入策略做了改进，3 个要素必须要有动作，剩下的时间和对象，二选一有一个就行。比如，代理人说"我今天上午约人线下见面，简单介绍保险的常识"和"我给杨先生详细地制订了一份家庭保障计划书"都是可以的，前者是时间和动作，后者是对象和动作。

　　经过这次优化之后，代理人上手使用 AI 记事本容易多了，用户的智慧也接踵而至。最为惊喜的是有些代理人会录入大段大段的内容（虽然我们限制了语音录入 1 分钟的时长），尤其是会涉及代理人接触到的客户的具体家庭情况，比如"我今天跟杨先生线下沟通了家庭保险计划，他跟我说因为最近太太刚怀孕，自己感觉身上责任更重，也想提前了解有哪些适合孩子的保险，以及更适合自己未来家庭情况的保险方案。"

　　很多互联网公司都讲究构建用户画像，像上述这种家庭情况的变更，就是一类很重要的用户画像。但对于大部分非平台型公司，他们能收集到的用户信息是有限的、割裂的。比如上述例子，一个用户在这家保险公司所能掌控的所有线上渠道内，都很难透露出"太太刚怀孕"这种信息，而这种信息其实又恰恰是代理人线下场景跟客户聊天沟通过程中相对容易获得的，**如果能让线下获取的信息线上化，进入用户画像标签中**，就能实现很多咨询 PPT 里提到的"线上线下数据融合"，或许能给保险公司的客户营销和运营带来更多价值。当然，这里也涉及用户隐私数据的问题，需要单独开一个话题讨论，此处暂不赘述。

　　总之，初始的推广使用虽然略有坎坷，但整体让人充满期待，笔者希望看看从百人、千人规模，逐步推广扩散至万人规模后，AI 记事本会带来什么更大的价值，以及带来哪些不同的思考和收获。

5.4.3　幸福戛然而止

这款数据产品刚刚在千人级别的用户规模下取得不错的成绩时，就赶上公司整体对数字化升级的全面调整，一声令下，这个自下而上的创新试点项目戛然而止。

大概背景是公司请了咨询公司做整体保险数字化经营的升级，一般传统企业还是更喜欢自上而下地推动计划，尤其也强调全公司"上下一盘棋"、强调基层对总部决策的执行。所以在这个背景下，不太允许有旁逸斜出的创新试点项目。基层的代理人团队虽然也向上级反映过，但因为推广时间并不长，无法说服总部决策部门，甚至可能基层的反馈还都没有到达公司总部，总之就是服从安排。

截止 AI 记事本的试点被叫停，累计覆盖了千级别的代理人，在 1 个月的时间范围内，平均每个代理人每天录入 2.4 条有效信息（三要素中满足时间和动作或对象和动作），相对过往强制要求代理人填报录入的那个类似 Excel 表格的 App 界面方案，录入的有效信息总量提升了 10 倍以上，这就是数据上的评价总结。

如果还能继续按原计划推广试点，AI 记事本也还有许多核心功能和细节需要打磨升级。比如，对于自动提取录入信息中的时间、对象、动作 3 个要素，如果文本信息较长，机器理解起来可能效果会更好；但大部分录入的信息还是 10 ~ 20 字的短句，要从中精准提取出结构化信息，难度不小。另外，初期那种预先配置好的关键词与动作的匹配关系，也会随着不同地区代理人的使用，面临极大的挑战。因为不同地区的代理人都有自己的术语习惯，而且中文博大精深，从短句中把各种不同形式的说法归一化到统一的、标准化的几个动作标签上，对 AI 能力、产品经理的策略设计，都是考验。

然而，面对传统企业数字化转型的大潮，个体只是一朵浪花，能乘风破浪时就尽力激荡。

5.5　引申讨论

虽然 AI 记事本善始但未能善终，可这次经历是宝贵的，宏观上通过深入的体验、理解了传统企业数字化转型中面临的真正难点，微观上对怎么界定数据产品是 toB 还是 toC 有了更多思考。下面我就从这两点出发，对这个案例做一些引申讨论。

5.5.1　数字化转型的难点

这几年传统行业数字化转型的呼声和行动越来越高涨和积极，对应的分析文章和书籍也越来越多，这里仅从这个案例出发介绍自己对此问题的看法。先从与AI记事本相关的两个问题开始分析。

数字化转型仅仅是把过去线下的事务搬到线上吗？——肯定不是。就拿AI记事本来说，没有什么是比一次线下一对一谈话更能了解客户的了。线上化是帮助用户更好、更全地获取信息，但绝对不是简单粗暴地扼杀原本信息量丰富且高价值的线下场景。有许多行业，撮合交易的重点就是靠个性化、专业化的线下服务，比如保险、房屋买卖、婚恋介绍，它们的共性就是产品的复杂性和非标准化。**我们更应该琢磨如何通过科技手段，提升原有线下场景的效率，而非一味地干掉它们。**

阻碍传统行业公司数字化转型的关键到底是什么？——从这个案例看，是信息流动的方向、是决策的方式，也是传统企业的组织结构和文化。如果传统企业内部信息流动依然是强调自上而下单向、决策方式依然是总部命令基层执行、企业文化依然是强调执行力，那么还会有很多源自企业内部的数字化转型创新尝试胎死腹中。**转型的关键不在于技术和工具，不是一场师夷长技以制夷的简单技术层面的模仿，而是需要关键位置的关键人物能够改变上述现状。**

相信传统行业数字化转型是一个曲折的过程，但方向是明确的，也一定会走出一片新天地。

5.5.2　toB/toC 如何区分

许多人默认数据产品都是 toB 的，很少有 toC 的。而百度指数就恰好是 toC 的，所以这个认知需要提升。从 AI 记事本这个案例来看，它是 toB 还是 toC 的呢？虽然这个问题并不影响事情的本质，但作为一个插曲，还是可以稍作讨论的。

从表面上看，AI 记事本的用户是代理人，是个体用户而非企业用户，似乎算是 toC 的数据产品。但仔细思考 toB 的数据产品，其最终的用户不也是个体吗，只是这些个体隶属于某家公司，而且 toB 的数据产品也是为了解决公司的某个业务问题，所以从这个角度看，AI 记事本更应该划归为 toB。毕竟代理人就是公司的员工，给他们用也是为了解决公司保险销售过程数据无法上收的问题。

但代理人作为个体用户，也可以下载一些市面上常见的 App 来帮助他们提升日常销售工作效率的，这时他们更多还是作为个体用户而非公司员工。毕竟你不能说滴答清单 App 是 toB 产品吧？而且 AI 记事本确实也解决了他们在保险场景的信息记录检索问题，可以说是一个保险场景定制化的滴答，所以将 AI 记事本划归为 toC 数据产品也没错。

　　为什么一个产品既是 toB 的又是 toC 的呢？但是为什么不可以呢？**很多时候，一个定义，一种划分，只不过是为了帮助我们在缺乏基础认知的时候能够快速建立一个理解，以便后续不断在此基础上加深认知的**。至于 toB 或 toC 并不重要，重要的是清楚自己做的数据产品，究竟是解决谁的什么问题。

第 6 章
商品数据中台

6.1 本章概述

本章讨论数据链路的管理 / 加工环节，以旁观者的视角解析一个商品数据中台的案例（见图 6-1）。商品数据中台从概念上也属于数据中台的一种垂直细分，其特点是聚焦在商品数据的管理和加工，尤其是生成商品标签，以供后续不同业务场景应用。

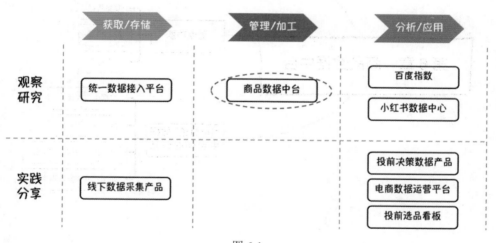

图 6-1

针对这个案例，我们会重点讨论数据产品经理核心能力中的产品能力、商业变现和数据分析（见图 6-2）。其中产品能力涉及商品数据中台的规划能力；商业变现会讨论中台怎么衡量自身价值，以及数据中台的命运；数据分析部分则讨论商品标签建设等主要功能的处理方法。

本章虽然同样为旁观研究，但**区别于第 4 章的"指指点点"，本章更多以学习记录的形式论述商品数据中台的一些行业通用做法**（见图 6-3）：我们首先简单介绍数据中台的概念和主要功能；其次陈述商品数据中台的背景，阐释

它产生的原因，并围绕背景及需求，概要性
地介绍商品数据中台有哪些功能；然后围绕
其中的 1-2 个重点功能做展开详述，如商品
数据质量检测和商品静态 / 动态标签生产建
设，并简要介绍如何衡量这些功能的价值；
最后集中讨论一个更大的话题，为什么曾经
靡然成风的数据中台，如今每况愈下了呢？
**数据中台到底应如何与企业的数字化发展建
设匹配？**

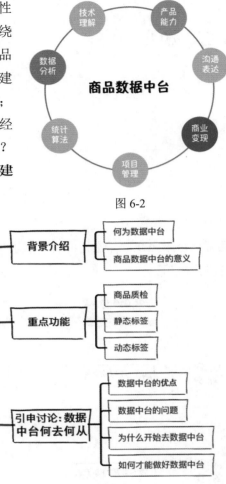

图 6-2

图 6-3

6.2　背景介绍

在介绍商品数据中台之前，可以先简单了解下何为数据中台，以及数据中台
有哪些核心能力，再审视商品数据中台，讨论该案例的诞生背景是否也符合数据
中台的一般规律。

6.2.1　何为数据中台

中台的概念，似乎业界较为公认的说法是阿里巴巴对一家芬兰的游戏公司

Supercell（其成名作品是移动端游戏《部落冲突》）考察学习而获得的先进经验。在 Supercell 内部有专门的团队作为资源中心和服务中心，集中开发可复用的能力供前台团队使用。这样可以很好地沉淀能力经验，避免重复造轮子。在中台盛行的时期 Supercell 的模式被广泛称赞，很多书籍和文章将此作为一段佳话。但其实细想想，**中台似乎不仅仅是一个产品功能，更是一种组织形态和制度，然而任何制度都有其适用的条件，不能生搬硬套。另外，我们还要搞清楚，这家公司是因为这个制度所以如此成功，还是成功之后逐步转变成了这种制度？** 邯郸学步从古至今，在各个领域都不是偶发事件。这个话题我们也将在本章最后一个小节展开讨论。

　　主题回到数据中台。当我们把中台的概念应用在数据领域，就有了数据中台。业界有一种还算共识的定义，即数据中台是一种机制。这套机制可以融合新老模式，整合分散在各个孤岛上的数据，快速形成数据服务能力，为企业经营决策、精细化运营提供支撑。如果按照这个定义，那么数据中台可以把数据变为一种服务能力，这样既能提升管理、决策水平，又能直接支撑企业业务。经过国内多年实践，大家也逐步形成了一些共识，如只有当多个业务并存，形成一定规模的时候，使用数据中台才是有必要的，对一些简单的业务场景，定制化反而是最合适的。

　　稍微具象一些，一个相对标准的数据中台，往往都会具备如下 4 个通用能力：数据加工、数据服务、数据管理和价值变现。每一项又细分为数项具体的能力，这里通过图 6-4 做统一展示，不做过多展开介绍，感兴趣的读者可以自行翻阅《数据中台：让数据用起来》一书。

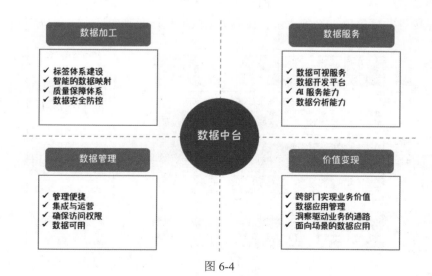

图 6-4

6.2.2　商品数据中台的意义

数据可以有很多形态类型来源，当我们聚焦在商品，需要利用数据中台的框架处理商品数据的种种应用问题时，就有了商品数据中台。至于单独聚焦在商品上的原因，就是业务需求决定的了。例如本章的案例，就面临广告、电商、搜索等多个业务的共同需要。

- 广告：很多广告直接售卖某一个或多个商品。为了提升这类广告的曝光点击转化，我们需要知道广告中的商品属于什么类目、有什么属性及特点，以便匹配有类似兴趣偏好或购买需求的用户。只有匹配得当，才有可能提升广告的转化率。

- 电商：从商户把商品分门别类上架到线上，到首页推荐信息流中向客户推荐商品，以及商品详情页、搜索结果页等多种页面上商品信息和标签的展示，每一环节都深度依赖商品数据的结构化管理和加工。

- 搜索：当用户输入具体的搜索词查询某个商品时，搜索引擎需先对搜索词进行理解（即 Query 理解），判断这个搜索词指向的类目、品牌、产品、属性；同步在召回排序等环节，也需要基于对商品的理解，找到与搜索词匹配的商品。例如，搜索"蒙牛草莓味酸奶"，就需要将搜索词和商品在类目（牛乳制品）、品牌（蒙牛）、属性（口味 = 草莓味）上进行理解和匹配，这样返回的搜索结果才尽可能满足用户的预期。

当多个业务场景有类似的需求时，与其造三个轮子，不如聚焦于商品，建立一个商品数据中台，统一地解决商品数据的管理、加工和服务，以便使商品数据在上述场景发挥价值。这种定位在图 6-5 中具象化地呈现。

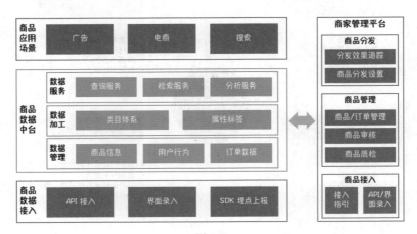

图 6-5

从图 6-5 中可以看出，商品数据中台是数据接入和应用场景之间的桥梁，它内含对商品数据的管理、加工和服务。同时我们也可以用对内的商品数据中台形成商家管理平台，可以让商家自主实现商品的接入、管理和应用场景分发，其中还可增设商品质检、审核等功能模块。因此商家管理平台相当于商品数据中台的对外版本。商品数据中台可以同时实现对内对外输出，自身价值相对增加。

6.3　重点功能

商品数据中台的功能很多，除覆盖数据管理、数据加工和数据服务 3 个环节外，同时又有对内对外两种能力输出形态。这里为了避免与其他章节重复，重点阐述商品质检和属性标签。其中，属性标签可细分为商品自带的、偏静态的标签，以及应用于运营与营销等活动的、偏动态的标签。

6.3.1　商品质检

商品质检功能衔接于商品数据接入和商品数据管理之间，目的是把控入库商品的数据质量。那么核心就是先定义什么是质量好，这可以从如下角度考量。

- 字段是否为空？比如商品的标题、图片、价格、上下架状态、类目属性等核心信息是否已填写？这是第一步要衡量的。如果必填项为空，那么质量肯定不过关。
- 填写内容是否规范？若上述字段均已填写，则需检查是否填写正确。有一种很初级的校验方法，就是检查所填内容是否符合对应字段的填写规范。比如标题要在规定字符数范围内，且不能出现特殊字符；图片里面填的内容要能解析出一个图来，无论图片是否美观、合理，必须是图片，不能上传网页地址敷衍了事。
- 填写内容是否有意义？最后尽量查看字段内容的正确性。上文说得更多的是通用格式上的校验，但很多字段有明确业务意义，如商品价格，通常一双袜子不超过 1 万元，这种判断规则属于业务规则，可尽量整理落实以供校验。

除上述内容，还可区分必填和选填字段。对于一个商品，标题、头图、价格、上下架状态等是必不可少的；但如商品详情页的副图、视频等字段，填写会更有利于平台和用户了解商品购买商品，不填也不妨碍商品的上架售卖。

建立质量评价体系之后，可搭建一套初级的自动化商品质检流程，如图 6-6 所示。获得商品数据之后，可以先将数据分类到不同的业务场景，如广告、电商、搜索等，不同场景可能要求会有差异，但这些差异都在上述质量评价体系内。在更复杂的情况下，还可以支持在一个业务场景下不同行业有不同的细分差异。总之就是要先把商品分类到不同的"质检流水线"上。而当数据进入对应的流水线之后，就可以按照统一的框架进行评估打分。

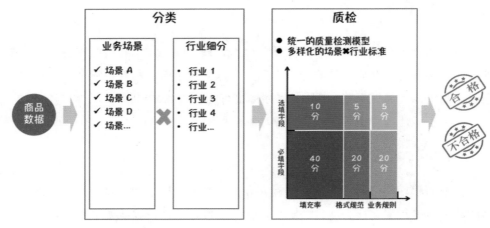

图 6-6

统一的框架意味着，所有商品都会从这 6 个维度（2×3）进行评估。首先会分成必填字段和选填字段，必填字段的分数权重更高；其次会查看字段的填充率、格式规范和业务规则，这对应着我们上文介绍的质量定义。但在统一的框架下，也会根据业务场景或行业细分进行微调，如在搜索场景下，对商品标题的要求就与在电商场景下有所差异，这在业务规则的配置上可能就会多增加几条规则，如不能堆叠关键词等。这些可以简单理解为不同的业务场景、不同的行业细分一下都可以有自己的商品质检规则配置表，表内打分的维度固定，每个维度的总分固定，但每个字段的具体评价规则可以根据业务场景和行业细分变动调整，这样最终输出的评价结果也就可比较了。

有了这套自动化商品质检流程，不但对内可以为商品数据中台把控入库商品的数据质量，对外也可以开放给商家管理平台，让商家知道自己上传的商品为何不能上架售卖或被搜索，可以让商家高效地、有的放矢地优化其商品信息。除了强质检，还可以在选填字段上做文章，结合平台运营激励措施，让商家上传更多信息，或者更好地维护字段信息质量。如商品类目属性信息，虽然商家不上传字段信息平台也可根据商品标题图片等自动分类识别，但总归识别并非绝对准确。如果商家愿意主动提供字段且保障质量，那么对平台提升类目属性识别准确率也有帮助。平台也可以将商品质检得分作为一个特征，增加到流量分配的模型中，让商家切实地感受到好处，形成一个良性的数据循环。

在有对商品数据质量的把控后，平台对商品进行理解并生成标签，才会更加可信可靠，这也是接下来要介绍的内容。

6.3.2　静态标签

常规意义上理解的标签大多对应的是商品的类目和属性，除非有版本上的大修改，否则标签很少变更，这属于静态标签；还有一部分标签例如活动标签、营销卖点标签等会经常变动，这属于动态标签。先来介绍静态标签的加工生成过程，动态标签在下一个小节讨论。

首先介绍商品的类目和属性，类目可以简单理解为对应商品所属的行业分类，属性为描述商品的具体特征维度。以手机为例，参考图 6-7，它的类目体现为电商网站的首页购物导航；属性可以在商品详情页中看到，对应图 6-8 ～图 6-10。

图 6-7

图 6-8

图 6-9

图 6-10 中，用户可见的类目体系若为三级结构，则属于前台类目，它可以根据营销运营的需要做灵活的调整。同时平台还存在后台类目，它往往是四级结构主要供平台内部的产品运营研发使用，同时卖家在发布商品时也会使用，相比前台类目它更稳定、更专业。这里讨论的商品类目是后台类目，以与手机高度相关的商品为例，对应的后台类目体系如图 6-11 所示。

而前台和后台一般共用一套属性，用户在前台商品详情页看到的属性、基本也是后台的属性。那么问题来了，类目和属性是怎么生成的？一般来说可以分成如图 6-12 中所示的 5 步。

对照图 6-12，我们详细拆解每一步。

- 数据获取：商品类目属性体系本身非常庞大，单靠人工从零开始梳理构建不太现实，往往都需要以大量商品数据为基础，叠加机器和人工处理才能生成。所以生成类目和属性第一步是商品数据的获取。

图 6-10

一级类目名称	二级类目名称	三级类目名称	四级类目名称
手机通讯	手机		
手机通讯	对讲机	民用对讲机	
手机通讯	对讲机	儿童对讲机	
手机通讯	对讲机	专用对讲机	
手机通讯	对讲机	对讲机配件	
手机通讯	手机配件	车载配件	车载充电器
手机通讯	手机配件	车载配件	车载支架
手机通讯	手机配件	手机充电	手机充电线/数据线
手机通讯	手机配件	手机充电	手机充电头
手机通讯	手机配件	手机充电	手机充电座/架
手机通讯	手机配件	手机充电	移动电源
手机通讯	手机配件	手机耳机	手机蓝牙耳机
手机通讯	手机配件	手机耳机	手机线控耳机
手机通讯	手机配件	手机耳机	手机耳机配件
手机通讯	手机配件	保护壳/套	手机保护壳/套
手机通讯	手机配件	保护壳/套	耳机保护壳/套
手机通讯	手机配件	手机贴膜	前屏膜
手机通讯	手机配件	手机贴膜	后盖膜
手机通讯	手机配件	手机贴膜	镜头膜
手机通讯	手机配件	手机饰品	手机装饰贴
手机通讯	手机配件	手机饰品	手机挂绳
手机通讯	手机配件	手机饰品	手机支架
手机通讯	手机配件	手机零部件	手机电池
手机通讯	手机配件	手机零部件	手机屏幕
手机通讯	手机配件	手机零部件	手机主板
手机通讯	手机配件	手机零部件	手机卡槽
手机通讯	手机配件	手机零部件	其他
手机通讯	手机配件	手机收纳整理	手机收纳包
手机通讯	手机配件	手机收纳整理	手机防尘塞
手机通讯	手机配件	手机收纳整理	取卡针
手机通讯	手机配件	手机外设	手机拍照配件
手机通讯	手机配件	手机外设	手写笔
手机通讯	手机配件	手机外设	手机键盘/鼠标
手机通讯	手机配件	手机外设	手机散热器
手机通讯	手机配件	手机外设	手机游戏手柄
手机通讯	手机配件	手机维修	维修工具
手机通讯	手机配件	手机维修	维修服务
手机通讯	手机配件	手机清洁	清洁套装
手机通讯	手机配件	手机清洁	清洁剂

图 6-11

数据获取 → **标签定义** → **标签挖掘** → **标签评测** → **应用反馈**

数据获取	标签定义	标签挖掘	标签评测	应用反馈
一方面搭建界面鼓励商家自助录入完整结构化商品信息；一方面通过爬虫爬取主流电商平台的商品数据入库，供后续标签挖掘	结合爬虫数据，由运营主导搭建所需的商品类目属性体系	结合运营定义好的类目属性体系，基于上一步数据进行标签挖掘	针对标签的准确率、覆盖率进行多轮人工评测	将标签数据分发至多个应用场景，并收集应用反馈效果数据

图 6-12

商品数据一般可以通过两种途径获得，一种依靠商家录入，一种依靠爬虫从同类平台获取。若要让商家主动录入高质量的商品数据，往往需要平台自身有足够的价值。类似淘宝、天猫等大型主流电商平台，往往会开放给商家产品界面（图 6-13、图 6-14），供商家自助填写商品信息；而作为商家的主要线上销售渠道，商家也有足够的动力自己保证填写信息的准确性，因为一旦信息有误，销售损失也基本都会由商家自己承担。当然，平台也会提供一些用于便捷录入的工具，以及一些运营激励措施，以鼓励商家精准填写。这两点基本可以保障商家录入商品数据的质量。

* 选择商品类目
请按照商品类别谨慎选择对应类目，若错放类目将会导致商品封禁或扣除保证金。

智能推荐 ⓘ　储物瓶罐/厨房储物器皿　水桶

🔍 请输入商品名/类目关键词搜索		
厨房/烹饪用具 ＞	搜索二级类目	储物瓶罐/厨房储物器皿
商业/办公家具 ＞	厨用小工具/厨房储物 ＞	厨用取毛/取刷用具
家庭/个人清洁工具 ＞	烹饪用具 ＞	厨用取碗/盘夹
餐饮具 ＞	烧烤/烘焙用具 ＞	导热板
摩托车/装备/配件 ＞		调料瓶
住宅家具 ＞		调味球
全屋定制 ＞		定时器/计时器/提醒器
厨房电器 ＞		DIY 模具
基础建材 ＞		多功能切菜器
家居饰品 ＞		防烫碗碟夹

已选 厨房/烹饪用具 ＞厨用小工具/厨房储物 ＞储物瓶罐/厨房储物器皿
所选类目中部分商品创建需要满足行业资质要求，了解详情可以点击查看规则

图 6-13

基础信息

* 商品标题 ⓘ

请输入 15~60 个字符（8~30 个汉字）	0/60

热搜词推荐 ⓘ：　+绿色　+茶杯　+家用　+陶瓷　+茶叶罐　+茶道　+密封　+茶罐　⟳ 换一换　一键全选

热词为算法推荐热搜词，经验证能带来更好的转化效果，平台仅提供商品优化建议，请各位商家按照商品实际情况进行优化，并对最终商品优化结果负责。标题不规范会引起商品下架，影响您的正常销售，请点击学习 商品发布规范 认真填写

重要属性 0/1 ⓘ　错误填写属性，会引起商品下架，请认真准确填写。

品牌 ⓘ

请输入需要关联的品牌　∨

商品无品牌时可选择"无品牌"选项，若未找到您需要的品牌，点此 申请新品牌

其他属性 0/4

材质	包装尺寸	包装方式 ⓘ
请输入	请输入	请输入

展开更多 ∨

导购短标题

建议填写简明准确的标题内容，避免重复表达	0/20

一键智能生成

短标题可用于物流打单与商品搜索场景，若未填写，则系统将智能生成最优短标题在商详购买页展示 点击了解

图 6-14

如果平台在商家看来价值有限呢？比如，一些刚刚起步的电商平台，流量小、消费者认可度低，这种情况商家录入商品数据多少有些敷衍，数据质量自然就很难保障。那么平台不得不依赖爬虫爬取友商的数据，尤其爬取那些商家认真对待的头部平台的商品数据。平台爬取数据主要来自商品详情页。市面上有不少提供该服务的第三方数据公司，可以直接从这类公司采买。

● 标签定义：目标是构建一套完整的商品类目属性标签，这个标签可拆解为 name 和 value，name 指标签名称、value 指标签具体数值。如一级类目 = 手机通讯，这里一级类目是类目的 name、手机通讯是类目的 value；操作系统 = IOS，这里操作系统是属性的 name，IOS 是该属性的 value。name 如同表格，value 是要填入的具体内容，按常理应先有表格才能往里填内容，那么"表格"是怎么来的？作为商品类目属性的 name 是怎么凭空生成的？基于第一步获得的商品数据，可以有借鉴和自建两种解决路径。

站在前人的肩膀上肯定效率更高。任何做电商的后起之秀，都可以参考阿里巴巴、京东等前辈的类目属性体系。这些类目属性体系可以通过开放平台接口查看，在平台供商家录入商品的界面也能看到，还可以直接向第三方数据供应商采购。

如果平台本身就不是后起之秀，那么就只能自建。本作者曾经阅读过一个版本久远的淘宝类目属性建设经验，提到最初的类目建立更多遵循商家上架商品时填入的信息自然生长的原则，久而久之竟然有些商品的类目层级到了 99 级。同时很多商品缺少对应的属性，需要与不同行业网站合作获取数据信息，如从中关村在线获取数码商品的属性。类目属性体系的重大调整，是向线下超市学习及从各个已有的线下行业标准取经的。人工运营参考线下的标准，不断调整优化已有的线上类目属性体系，用线下的经验帮助线上。

更常见的模式是借鉴和自建的混搭。因为很少存在业务完全相同的两家公司，所以各公司在借鉴的时候总是要有些因地制宜的优化调整。就比如盒马鲜生之于淘宝天猫，前者从后者借鉴不少商品类目属性体系，但盒马鲜生因为属于生鲜超市垂类，在生鲜类目下售卖的商品较淘宝天猫有更多细分，同时线下生鲜超市的用户对商品也有不同的关注和评价维度（对应商品属性）。因此这里既有自动化的体系借鉴与继承，也有人工运营的优化调整。

● 标签挖掘：有了标签定义之后，标签挖掘就更接近于"填空题"了。这一步主要通过机器对商品标题、图片和详情页信息进行识别，偶尔也有补充。

识别的过程如同手持一份题目表单查找对应答案的过程。类似"iPhone15的操作系统是什么？"，从商品详情页找到对应的信息，把 IOS 作为答案填空进去。当然实际执行的时候可能会稍难点，如定义的标签 name 跟爬取而来的商品详情页内的属性名称不完全一样，这样一个事物的两种叫法的情况就需要"人工智能"介入进行转译理解了。

有时候机器也会通过商品图片和详情页信息识别出不存在于已有类目属性体系内的标签，例如，若 iPhone15 的商品图片里有一个文字描述"适合时尚科技人群"，可能机器会自动提取出"适用人群＝时尚科技"这对 name 和 value，可能之前手机的属性中没有适用人群这个 name，也可能适用人群里没有时尚科技这个具体的 value，总之机器偶然发现了一个新标签，也会记录下来，等待下一步标签评测确认。

- 标签评测：对标签的评测理论上可以分两轮，一轮是标签挖掘团队自评，一轮是业务运营团队他评；评估的维度主要是准确率和覆盖率。可以简单类比成做填空题，覆盖率对应回答了题目数量、准确率对应填的具体内容正确与否。

当然评测的对象也可以是类目属性体本身，相当于检查填空题出得是否正确。比如，是否有重复的题目（对应类目、属性之间的重复冗余），是否题目本身就出错了（对应类目、属性与商品不匹配）。这个过程最好在标签定义环节前完成，若放在最后工作量会比较大，比较适合作为类目属性体系相对稳定后的流程。

- 应用反馈：最后一步就是创建数据通路，把商品对应的类目属性标签分发给下游应用场景，并且最好要建立效果数据回传通路，由此标签的应用效果数据也能被统计到。这不但可以帮助标签生产链路进行问题排查，还可以更好地量化以证明自身价值，也能让模型不断优化，提升标签挖掘的水平。

完成上述所有步骤后，商品静态标签可以在广告、电商、搜索等多个场景产生价值。建立了静态标签，商品刻画更精细了，广告投放以及人群匹配也就更精准了，最终就能提升广告的点击率。在搜索场景，静态标签的丰富和精准，也对召回阶段有利，商家可以按类目、属性等召回商品，提升搜索结果的可用性。

6.3.3 动态标签

除了上文介绍的、基于商品类目属性体系的静态标签，还有一类动态标签。它们往往更灵活，如活动标签、营销卖点标签等。这类标签往往出现在电商、搜索等场景的商品周围，要么是为商品做分类导购，要么是作为商品的附加展示标签。具体形态可以参考图 6-15 ～图 6-16。

比如，图 6-15 中顶部的"温柔风"就是一种趋势标签，表示了一种时下穿搭的新潮流；而该图下方的"新风潮"则是平台定义的一种新品标签。这两种都属于营销卖点类的标签，作为商品的附加信息使用，同时也可以引导搜索同类商品。又比如，图 6-16 中的"复古穿搭""美拉德风""多巴胺风"等，也属于营销卖点类的趋势标签，只不过变成了类似页面分类导购的应用形式。最后如图 6-17 所示，"年货节"是一种平台运营活动标签，其背后对应一套活动规则、商家报名和用户让利。总之，动态标签在电商和搜索中的应用已经比较常见，只是大家已经习以为常，没有深究其中的奥妙和意义。

图 6-15　　　　　　　　　　　　　　　图 6-16

应用样式大致介绍清楚了，接下来简单介绍这些标签的应用价值。结合业务场景来看，比较重要的价值可能有如下种类。

● 展示额外信息，提升用户转化率。如图 6-18 中的"年货节"这类运营活动标签，它可以让用户清楚地意识到这个商品正在参加促销活动，有价格让利等权益保障，有利于点击查看；如图 6-16 中的"新风潮"这种营销卖点下的新品标签，它可以让追逐潮流的用户增加对该商品的点击率。总之这些标签作为额外的信息，都能不同程度上提升用户转化率。

图 6-17

- 丰富平台的运营能力。原有的静态标签是基于商品类目体系的，很难打破原有类目的限制，但若平台想举办一场跨类目的促销活动呢？如近几年流行一时的"国潮风"，可能涵盖了服饰、鞋帽、生活用品、化妆品等多个类目，使用原有的基于类目体系构建的静态标签很难在后台"一键勾选"，但有趋势标签或者描述风格的风格标签就可以轻松囊括这类商品，节省人工成本。因此这类标签可以丰富平台运营活动的可能性，也可以如图6-17所示直接搭建特定的运营界面。当然，丰富运营能力后，依然要提升平台的变现能力。

- 增加模型对商品的理解，提升搜索效果。上文的两个价值点分别针对用户和平台，且都是可见的。但其实如趋势标签和新品标签等标签，也可作为特征加入搜索引擎，在召回和排序环节影响搜索展示结果。如用户搜索词为通用的品牌词、品类词，那么可在同等情况下优先考虑符号趋势标签的商品，因为这类商品符号当下的流行趋势，更易满足用户搜索的潜在需求，这是在排序环节影响搜索结果的表现；又如用户搜索词就是这种潮流趋势风格词的时候（"美拉德风""国潮外套"等），可以在召回环节新增一路趋势词召回索引，这样就能精准召回用户所需的商品了。

在简单了解动态标签的样式和价值后，我们以趋势标签为例，阐述这类动态标签的构建步骤。其中，核心的步骤可参照图6-18，下面我们将按照图中步骤进行简单拆解介绍。

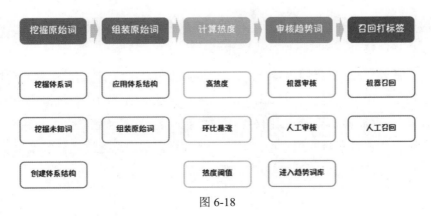

图 6-18

- 挖掘原始词：如"美拉德风"这类表达时下流行风格的趋势词，并不是直接通过人工或机器找到后应用于线上的，首先需建立一层原始词库，对这些原始词进行计算加工审核之后，这些趋势词才能成为真正的趋势词。这种"漏斗结构"的划分，也为在这一层可尽量利用机器自动化的能力，把"网"撒的足够大，然后再"捕鱼"，尽量减少趋势词的遗漏。在这个步骤中，会有两种不同的挖掘原始词的来源（体系词和未知词），基于一套体系结构。这里稍微展开描述。

  体系词是原本就属于商品类目体系内的词，如某个类目属性的具体值。如冲锋衣、高领毛衣这种类目词，也是有可能成为近期的趋势；又如保湿、防风这种属性词，也同样在一段时间内可能成为消费者关注的重点。我们可以把这类原本就在类目属性体系下的词放到词库中，作为原始词库的趋势词。

  未知词指的是不在类目属性体系内的词，比如"美拉德风""多巴胺风"这类不时新兴的时尚穿搭风格词汇需要人工或机器挖掘。人工挖掘的方式比较简单，就是从各大电商平台的对应榜单页面参考借鉴，此方式虽然收集到比较精准的趋势词，但具有时间滞后性，同时也可能会受平台之间调性差异的影响，由此就需要机器替代。

  但机器替代人工挖掘原始词，总需要有一些限定条件以便筛选。比如，"果冻海边的沙滩上有无数遮阳伞和懒散躺着的本地居民"这句话，使用机器能分出很多词，但其中的"懒散""躺着""本地""居民"等词是否要作为原始词呢？若所有词都进入原始词库，后续筛选判断的工作量过大，噪声也比较多。这里就需要划定范围，需要事先创建好体系结构，让机器在这个结构下进行定向挖掘。

  体系结构可以根据不同行业进行调整，但一般可以圈定人群、时间、事件这3个要素，其余的视情况补充。如对"春季护肤"这个原始词，时间对应春季、事件对应护肤。机器可以按照这个限定挖掘原始词，无须把一些无关的词纳入词库。至于机器怎么判断哪些词属于人群、时间、事件的范畴，就要依靠自然语言理解中的NER（命名实体识别）等技术，这里就不展开了。

- 组装原始词：当挖掘出一些原始词之后，还可以对它们进一步组装，以扩充原始词的数量。组装的必要性在于很多趋势词是对原始词的组合，而且很可能是人群、时间、事件等对应元素的组合，如"白领冬季学院风穿搭"，这类词很容易在挖掘原始词阶段被拆分；同时这类组合也比较有利于在某种时尚流行出现前判断出趋势词，减少趋势词的时间滞后性，毕竟很多时候时尚趋势就来自对已有元素的重组叠加。另外，有些趋势词无须组装，如"老钱风""学院风"等。组装只为更全、更有前瞻预测价值。

● 计算热度：在挖掘并组装出大批上述原始词之后，还需要通过数据计算出哪些原始词覆盖最有可能成为趋势词。趋势有两重含义，一是近期有很高热度，二是近期突然快速飙升、还没流行但有这种迹象。如何定义热度，以及如何按热度筛选最可能成为趋势词的原始词，下面也分别展开介绍。

　　热度的定义可以从用户视角出发。客户何时感受到某个事物热度较高？不外乎经常能看到它的相关内容，发现身边的人开始对它感兴趣，以及最终有不少人已经拥有或使用了它。这分别对应内容、搜索和电商购买这 3 个数据来源。如果拥有对应的数据源，就可以针对原始词库中的每个词，查看其在文章等内容体裁里的被提及次数、被搜索次数、被购买数量，再结合实际情况进行加权汇得到总热度即可。

　　然后设置合理的阈值，筛选出上文所述的高热度和环比暴涨两类潜在趋势词。大体可以理解为将数值按顺序排列并变成折线图后，观察图中的拐点，并以拐点为最终的阈值。该方法的图形示例可参考图 6-19，在快速启动期这不失为一种便捷易操作的方法。

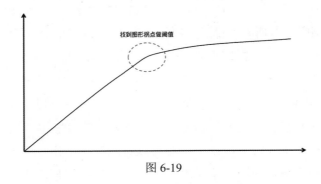

图 6-19

● 审核趋势词：当完成对趋势词的挖掘、热度计算和组装后，剩下的就是审核这些词的有意义了。因为挖掘原始词环节与组装环节可能会派生一些不合逻辑或事实的词，如婴儿足球。这些都需要最后一轮审核把关，一般审核都可以分为机器审核和人工审核两道环节。

　　机器审核可通过预先配置的规则，识别组装的趋势词是否为虚构词语，但一般这样的规则很难制定；更好的方法是利用大模型判断，把一些"离谱"的词做好标记，推送给人工审核。人工审核需安排足够的人力，对标记异常的趋势词进行逐一查看，只有符合常理的词才能成为真正的趋势词。

● 召回打标签。最后一步就是为商品打上对应的趋势标签。这需要先用趋势词召回对应的商品，可以分为人工规则召回和机器自动召回两种方法。

　　人工规则召回是针对一些全新的未知的趋势词，如"美拉德风"，只能通过人工理解将其拆解成"颜色＋类目"的组合，其中"颜色＝棕色、深棕色、褐色，类目＝毛衣、外套"。然后从商品库中调取同时命中上述颜色和类目标签的商品，并最终打上"美拉德风"作为趋势标签。

　　机器自动召回一般应用于以体系词为基础构建出的趋势词上，这些趋势词往往有对应的类目属性，可以直接按类目属性调取商品并打上趋势标签。当然也可以考虑训练大模型理解趋势词的含义，然后自动化地完成上述过程。

完成上述步骤后，趋势标签构建完毕，可以在列举过的场景中发挥作用。作为商品数据中台，可以从如下角度量化评估趋势标签。

● 原始词质量自评。趋势标签的底层是原始词的挖掘和组装，这些动作往往是在商品数据中台内部完成的，需要针对过程进行监控自评。自评可以从准确率、覆盖率和时效性3个维度评价。

　　准确率主要靠人工抽检。结合原始词挖掘组装的过程中，可人工抽样查看体系词挖掘的正确性，比如，指定的体系是颜色、挖掘的词是人群，那就是挖掘有误；对未知词的挖掘需要人工经验判断。对组装过程的评估，除使用人工经验判断，也可引入大模型，检查类似"婴儿足球"这类组合词是否现实存在。

　　覆盖率依靠"人工抽检＋统计"的方式，理论上能统计到的覆盖上限是原始词中的体系词的比例能接近100%，即每个类目属性下都能挖掘出原始词。但并不是所有类目属性都适合做潜在的趋势标签，所以这个统计数据仅仅作为监控了解。而对未知词和组装出来的原始词，可以结合友商平台相关趋势词界面做对比，以了解其覆盖率。

　　时效性也依靠人工对比友商平台的趋势词，尤其对比近期新增上榜的趋势词是否及时覆盖，也可以理解为对覆盖率的进一步考察。

● 趋势标签质量自评：趋势标签的自评主要分为两部分，一是趋势词的热度计算是否合理，二是生成趋势标签后与商品的关联是否准确完备。

热度计算的检验核心在于阈值设定是否合理，以及通过结果反查热度计算的数值是否合理，两者都以拿友商平台的已有趋势词做参照。针对热度阈值，可以查看是否因为设置得过高或过低，导致很多趋势标签最终没有产生或生成了非趋势标签的内容。针对热度计算结果，可以对比不同趋势词热度值的相对排序，如某个趋势词热度没有一个不知名的词语高，就很值得追溯计算源头了。

标签与商品的关联度，主要在于准确率和覆盖率。即打上标签的商品需检查其标签是否合理，不应该出现"手机"被打上"美拉德风"这种情况；同时，也可重点关注热度较高的趋势标签是否匹配到足够的商品。比如"美拉德风"这类棕色系的穿搭风格，是否囊括了服装品类下的对应商品。

● 业务应用价值他评。这要结合趋势标签具体应用场景制定评价指标和评价方法。例如，如果希望通过趋势标签展示提升大家对商品的点击率，那么可以设置 AB 实验，对比查看增加了趋势标签的商品是否点击率有显著的提升。其他场景暂不一一举例。总之，业务应用价值他评需要中台团队与业务团队进行合理的沟通讨论。

通过趋势标签案例可知，动态标签能支持更灵活的电商运营需求，与静态标签同为商品数据中台的产出核心。虽然上文中数据中台的应用一派蒸蒸日上的景象，但近些年行业内却掀起了拆解数据中台的风潮，这部分内容在本章最后做引申讨论，一探究竟。

6.4 引申讨论：数据中台何去何从

已经研究学习了商品数据中台的一些核心能力，现在可以再从具象的事物中抽离出来，讨论眼下的新趋势——去中台化。这里不仅指数据中台，还包含业务中台等其他中台。但本部分仅针对与本书相关的数据中台进行讨论，分别阐述数据中台的优缺点、失势的原因以及如何才能做好一个数据中台。

6.4.1 数据中台的优点

在本章第一小节介绍何为数据中台时，已经提到一些中台的优点，这里列举市面上一些普遍意义的共识：

- 减少不同部门之间的重复造轮子；
- 有利于培养和沉淀专业数据方向的人才和技术；
- 有利于将先进的技术复用给更多业务部门，达到技术上"普惠扶贫"的效果；
- 大型公司全业务场景领域数据的融合贯通，有利于沉淀出企业级数据资产。

6.4.2　数据中台的问题

但事物总是一体两面的，存在优点必定也存在一些问题，数据中台也不例外。随着资源的统一整合，在大型企业中数据中台也会逐渐面临如下问题。

- 响应效率低。对接业务越多，中台接收的需求越多，所以出现排期。长此以往出现至少一个月的排期周期，任何业务都难以接受这一点。于是数据中台成为众矢之的，令人心生不满。

- 抽掉人力影响其他业务部分。从 0-1 搭建数据中台的时候，不论从外部招聘还是从其他业务部门抽掉人力，都不免对其他部门造成影响。一旦没有达到预期目标，责难和抱怨就会接踵而至。这从一开始就有打逆风局的架势。

- 人力成本逐步增高，但自身价值难以核算。数据中台作为一个庞大的技术组织，又吸收不少优秀的专业人才之后，随着早期"从零到一"阶段取得成果，内部大批员工晋升，薪资成本不断攀升；但于此同时，由于中台不直接作用于业务，很多价值测算难以直接归功于中台的产出，这导致自身价值一直难以核算明晰，长期作为一个成本项存在。一到了"勒紧裤腰带过日子"的时候，数据中台首当其冲。

6.4.3　为什么开始去数据中台

其实任何事物都是优点和缺点并存的，**数据中台的兴起和衰退，都分别对应着不同的时代和阶段，有时时代会放大优点，掩盖缺点**。而当时代变迁之际，敏感的用户总会率先做出选择。我们可以结合过去一段时间国内互联网企业的发展阶段，重新审视数据中台的优缺点及兴衰。

- **在高速增长期，更多共性需求，更少计较成本。**

在国内多家大厂数据中台兴起的数年，似乎都是各家业务处于高速增长的阶段。在那个阶段很多公司的业务规模和营收都有成倍的增长，而在那一时期，似乎各个业务之间的众多需求都是共性大于个性的。因为从零到一阶段，大家的目标比较明确，功能用于解决燃眉之急，规模和增速也是重中之重。在这种背景下，数据中台的成本可以被全局的高速增长覆盖，成本上问题不大。大家都大口吃肉的时候，分一些出来并不是太难的事情。

- **在低速优化期，更多个性需求，更多计较成本。**

   移动互联网红利消耗殆尽，新的技术红利尚未来临之际，以互联网行业为首的很多企业告别了高速增长期，进入了漫长的低速优化期。这个阶段各家公司其实该有的基础能力也基本具备，剩下的问题是再发展的问题。在这个背景下，各家公司及公司内部各业务之间的个性需求逐渐多于共性需求；同时大家也已不再以规模和增长为目标，更多是以盈利和效率为目标了。在这种背景下，数据中台的长排期、高成本和无法说清楚价值等缺点被无限放大，数据中台被大规模拆解也是预料之内的事情了。

这么看来，**数据中台不过也是时代大潮中的一叶扁舟，我们要做到的就是客观地看待其兴衰，既不能一哄而上跟风建设中台，也不能墙倒众人推一般地抛弃中台**，要结合自身所处的发展阶段。如果所在企业确实规模够大、业务线够多、而且还在"从零到一"高速发展阶段，整体盈利情况也比较乐观，那么建设数据中台也合情合理。只不过可以吸取友商的经验，不要过度扩张，有意识控制成本，数据中台就还是完全可用的，也有希望用好的。

6.4.4　如何才能做好数据中台

既然数据中台依然有存在的价值，那么如何才能做好它？结合日常的观察与同行的经验，总结出以下特征：

- **内部孵化有根基**。外来的和尚难念经，凭空组建的数据中台部门很难保持自信并快速获取业务团队的信任。最好的路径就是内部孵化，以一个在公司内部已验证成功并形成自己方法论的数据团队为基础，构建出数据中台团队，这样能比较好地解决信任问题。
- **具有服务奉献精神**。本身数据中台对接业务较多时，容易需要排期，如果中台部门再坚守工程技术团队的业务支撑定位，只以技术能力建设为先，那长期以社会积攒不少抱怨，阻力也会越来越大。只有秉承"先天下人之忧而忧，后天下人之乐而乐"的心态，才能做好数据中台。
- **有自己的"出海口"**[①]。我们在上文提到过，如果单纯下沉做一个技术型中台，为其他业务场景赋能，最后很难表明自身价值。那么拥有自己能自主可控的

---

① 注：出海口：技术平台的自主可控的业务场景。

业务场景，尤其可以商业化变现的场景，就如同一个内陆国家拥有自己的出海口，不会一直受制于人。有业务场景才能让数据中台先活下来。

总之，数据中台型的数据产品，依然会是一重要的类型，并在数据管理、加工等环节发挥重要作用。能否做好用好数据中台，不仅仅是建设者要考虑的问题，更是所有入局者都需要正视的问题。

第 7 章
百度指数

7.1 本章概述

本章进入数据分析 / 应用环节，首先从观察研究的视角分析百度指数（见图 7-1）。该数据产品历史悠久且具备一定知名度，大部分功能对普通 C 端用户开放，感兴趣的读者可先在搜索引擎自行检索体验产品功能，然后再深入阅读本章内容，可让收获最大化。

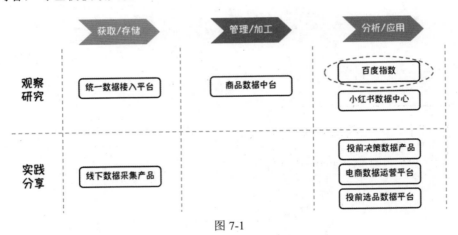

图 7-1

本章着重从产品能力、商业变现、统计算法、数据分析这 4 个数据产品经理的核心能力展开观察研究百度指数（见图 7-2）。其中产品能力部分从讨论百度指数的功能结构是否符合其产品价值定位展开；商业变现部分从百度指数自身的收入来源展开，讨论不同类型的数据产品主流的变现模式；统计算法和数据分析从对百度指数部分重点功能背后计算逻辑的研究推演上展开，这是数据产品经理日常工作中比较有趣的部分。

本章按如下内容框架结构展开叙述（见图 7-3）：首先研究百度指数的产品价值定位，考察这款 C 端用户可见的数据产品，从公司视角探讨到底有何考量；

在大致厘清价值定位后，再沿这个方向审视百度指数现有功能是否合理，是否有冗余或缺失；进一步，针对其中某个重点产品功能进行推测解析，研究其数据计算逻辑；最后讨论这款数据产品的价值衡量指标，这会涉及数据产品的商业变现问题；并且在结尾进行引申讨论，展示 3 款不同类型的数据产品、商业化变现模式，使读者对数据产品的商业变现有相对完整的了解。

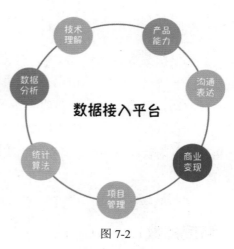

图 7-2

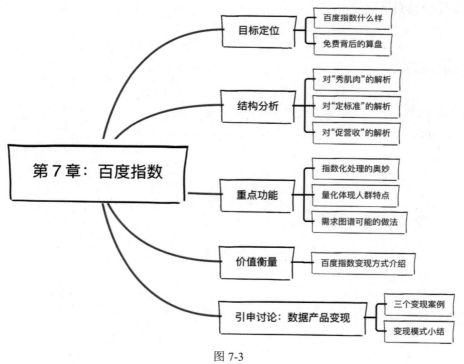

图 7-3

7.2　目标定位

下面介绍百度指数的功能，使读者对该产品有具象认知后再讨论其价值定位。

7.2.1 百度指数什么样

百度指数 2006 年上线，可称之为互联网数据产品界的"活化石"。它的核心操作方法跟百度搜索相同，输入关键词，输出这个关键词在一段时间范围内的指数波动。可通过产品线上功能界面截图（见图 7-4 ～图 7-6）对百度指数建立一个初步认知。这里需要特别提示，本章写于 2023 年 8 月，所以截图中的功能也是当时的状态，还请读者以线上实际功能为主。

图 7-4

图 7-5

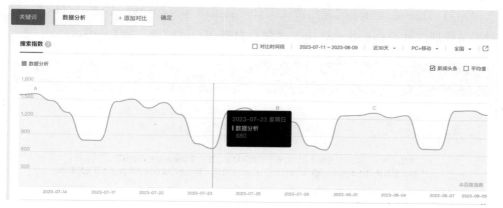

图 7-6

　　为什么了解指数波动？搜索代表了大众对事物的感兴趣程度，因此当一个关键词在短期内有较大幅度的量级变化时，可以理解大家近期都对它感兴趣。感兴趣的背后可能是一种潜移默化的社会群体概念，如"内卷"这类词；也可能是短期对某项事物的爆发性群体爱好，如"露营""飞盘"等。这个指数不直接代表搜索量，而是经过一层加密处理，避免对一些较为敏感的商业数据直接披露。

　　除了可以查看某一关键词的指数情况，还可对比两个词，这样不仅能了解趋势，还能了解两者的感兴趣程度相差多少。例如下面这个例中（见图 7-7），"数据分析师"VS（A 与 B 比较）"产品经理"，显然后者的指数更高，这说明虽然近些年各培训机构和博主鼓励大家转型数据分析师，但"老牌"的岗位产品经理，依旧是"王者"。

图 7-7

当然,也不是所有词都能免费让大众看到量级和波动趋势,如本书讨论的"数据产品经理"就没有被收录在内。"想看数据么?请付费"(见图7-8)。

关键词 数据产品经理 **未被收录,如要查看相关数据,您需要购买创建新词的权限。**
购买创建新词的权限后,您可以添加自己关注的关键词,添加后百度指数系统将在次日更新数据。

立即购买

图 7-8

除了这项最核心的功能,百度指数还延伸出了需求图谱、人群画像、行业排行榜等功能。其中,需求图谱就是展现搜索这个词的人还搜过什么词语(见图7-9);人群画像,就是分析都哪些人搜索的这个关键词(见图7-10);行业排行榜就跟单纯的搜索词没关系了,是一个更商业化的功能,直接给对应行业下的品牌排名(见图7-11)。它的商业化用途稍后阐述。

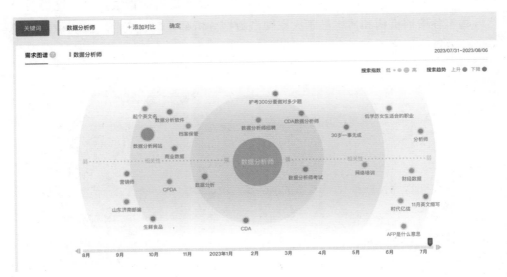

图 7-9

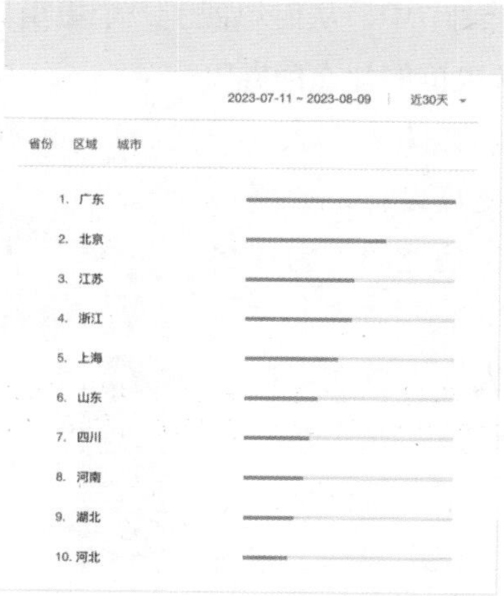

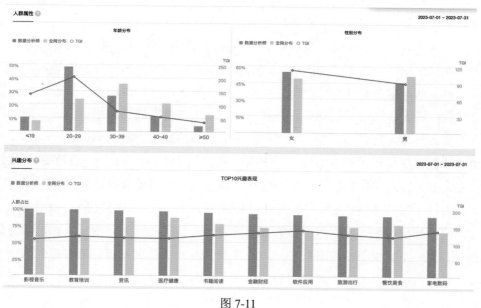

图 7-10

图 7-11

7.2.2 免费背后的"算盘"

现在大概介绍了百度指数都有哪些功能，就可以探讨这款免费 toC 开放的数据产品，到底有怎样的商业上考量？这里并非恶意揣测百度，而是因为百度作为一家商业公司，没有道理耗费人力物力免费维护某个数据产品如此之久。

而且，产品经理经常有**竞品调研**的需求，但很多时候产品经理们会迷失在对比、思考功能背后的设计细节中，从而**忽视了一个更重要的问题：这款产品的设计定位是什么，它是想解决谁的什么问题？**

如图 7-12 所示，**产品的目标定位高于一切。产品的功能首先服务于目标定位，然后才是数据、策略和交互设计，数据、策略和交互设计是服务于功能的。**为什么目标定位如此重要？举个例子，把科学家、画家、公益志愿者、商人等人放在一起，统一用挣钱多少来衡量价值，是不是有失偏颇？数据产品也一样，不分青红皂白地谈功能结构、交互设计、策略算法，很可能会因偏离方向导致事倍功半。

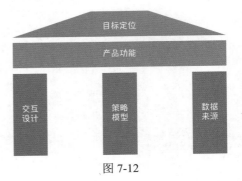

图 7-12

在明确了产品目标定位对于分析理解产品的重要性后，再将百度指数置于百度这家广告公司的大背景下理解和揣测，或许就会有一些思路。

- 百度指数首先可以是一个展示能力的窗口，告诉外界百度具备哪些数据能力，**尤其是面向广告主"秀肌肉"**。在线广告市场需要不断教育和引导，尤其在早年间，很多行业的广告主并不确认以下问题：在百度投放广告相比线下投放广告有什么明显的优势，尤其是所谓的大数据到底能帮他们解决营销中的哪些问题？这些都需要一个具象化、可体验的数据产品来承担。

- **依托**百度早年间在线广告市场中的份额优势（尤其是在阿里、字节跳动崛起之前），针对广告投放的效果好坏，**制定出一个行业标准，尤其是在品牌广告这个细分领域**。效果广告可以用 ROI 来衡量，如 1 万块钱带来了多少转化；但品牌广告很难，它更多是瞄准消费者的心智，心智如何衡量呢？消费者们看完一个高大上的汽车广告后，对这款汽车的关注度是否有显著提升？总不能每次广告之后都做调研问卷吧？一个美好的商业设想顺应而生：看百度指数，广告投放后百度指数变高就是效果好，指数涨幅越大效果越好。自己给自己做裁判，岂不美哉？

- 若大家都承认了这个标准，那就可以进一步"挥舞大棒"，**刺激各个广告主花钱**："你看看，就是因为你广告投得少，你的百度指数比隔壁竞争对手低了一倍！说明消费者心目中你不行了，还不快花钱在百度投放广告？"

以上是对百度指数这款数据产品目标定位的分析和揣测：**秀肌肉、定标准、促营收，这是一个很连贯的三部曲。**虽然无法窥探百度指数的真实商业逻辑和目标，但按照这个分析往下推演分析。这里的**重点是分析的思路框架，从目标定位开始自上而下地层层拆解，而非从功能细节开始自下而上地步步构建**。希望大家能理解这种视角研究百度指数现有功能是否合理。

7.3 结构分析

在明确了秀肌肉、定标准、促营收这 3 个层层递进的产品目标定位后，就可分别按照这 3 个定位评估现有功能哪些是冗余的、哪些是缺失的。这里依然摒弃自下而上的分析方法，这种方法会把百度指数现有的功能点都用脑图结构化梳理清楚，然后逐个功能点地品鉴优劣，但这种品鉴是脱离目标的；本书会**采用自上而下的分析方法，首先明确为了达成这个目标，应该配备哪些功能，然后再按照理想情况去对比现状**，这样更容易发现问题。

7.3.1 对"秀肌肉"的解析

按照上述思路，先针对"秀肌肉"这个目标定位进行拆解，探讨其所需功能匹配。如果把百度指数的价值明确与品牌广告、而非效果广告绑定，那么一个品牌广告的核心就是创意。这个创意并非指一个故事、一个点子，而是呈现在受众前的完整内容。创意是由视频、图片、文案、故事情节、代言人、广告呈现的媒介位置等组成，但它更本质的东西是 3 要素：**给谁、在什么时机、讲什么故事**。

举个例子，针对正值午餐时间的一个白领，在吃饭时间的写字楼电梯间广告橱窗里，强调附近某家餐厅的饭菜美味又精致，就是个不错的品牌广告（当然如果可以扫码附送优惠券就更棒了）。这里写字楼的精致白领，就是"给谁"；吃饭时间、电梯间里，就是"在什么时机"；餐厅在附近，且饭菜美味、环境又精致，就是"讲什么故事"。

不论是传统的广告创意公司，还是新兴的互联网广告巨头，都无法逃避广告主对"给谁、在什么时机、讲什么故事"这 3 个问题。要回答这 3 个问题，过去主要靠人的经验揣测，现在可以靠数据分析推演。如果百度指数能证明自己具备上述 3 个能力，哪怕只是小试牛刀、有所保留地展示一下，也算是很好地完成了"秀肌肉"的目标。按照这个框架，我们列举一下需要具备的基础能力都有哪些（图 7-13）。

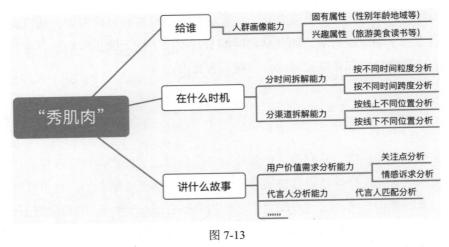

图 7-13

可以按照图 7-13 审视下百度指数是否都"秀"了这些"肌肉",先从"给谁"开始。要了解用户,就需要具备用户人群画像的能力。例如搜索"数据分析师"的人,学生居多,还是刚毕业 3 年以内的居多呢?如果是一个培训机构要针对数据分析进行广告投放,若知道对此有意愿的人的年龄段,肯定大有裨益,因为这会与后续如何展示广告内容及预判他们是否具备足够的购买力强相关。不仅仅是年龄,还有性别、地域也是基础配置。如果再能知道用户兴趣,就可以更好地了解用户。如以用户喜欢的方式切入,这就跟线下跟陌生人聊天攀谈一样。如提前知道对方喜欢海岛游、喜欢吃辣、喜欢看历史书,就可以快速地搭讪,然后再从爱好切入展开聊天。广告也是如此。这些能力似乎百度指数都具备,对应功能截图如图 7-14 ~图 7-16 所示。

所以在了解用户,解答"给谁"这个问题上,百度指数基本做到了。唯一美中不足的可能就是地域这个维度,除省份、区域、城市外,现在大家还更习惯于通过城市线级的划分(一线、新一线、二线、三线城市等)间接了解用户的消费习惯、消费能力等,如果能针对城市线级划分进行补充,就会更方便一些。

为阐述"在什么时机"这部分,还是拿搭讪举例,即便你早就有准备,知道你要搭讪对象的年龄、喜好等,但如果选择的时机不对,结果也不会好。比如当对方着急忙慌地在去上班路上,你拦下对方要介绍自己,肯定不行;当对方在早餐店喝着咖啡吃着早餐,享受他一天中难得的悠闲时光,你贸然去打扰他,也不见得好。时机既要看时间,也要看地点。这就需要能够知道对方往往什么时间、在什么场合下是最愿意听一个陌生人打招呼讲故事的。

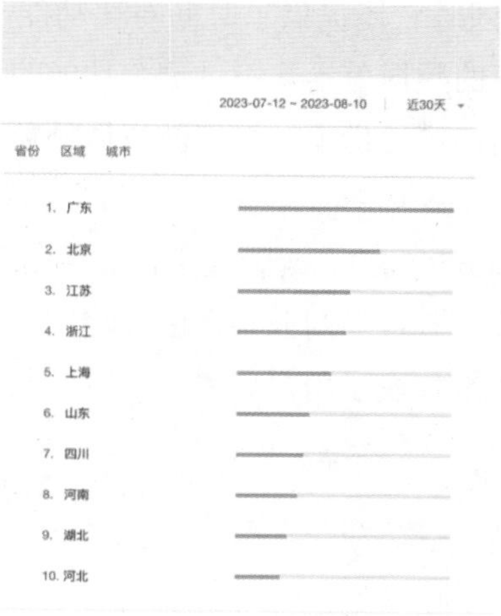

2023-07-12 ~ 2023-08-10　近30天 ▾

省份　区域　城市

1. 广东
2. 北京
3. 江苏
4. 浙江
5. 上海
6. 山东
7. 四川
8. 河南
9. 湖北
10. 河北

图 7-14

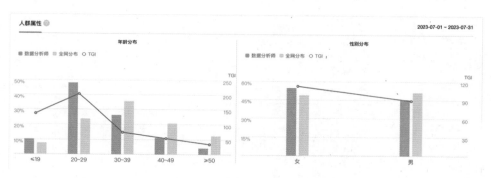

图 7-15

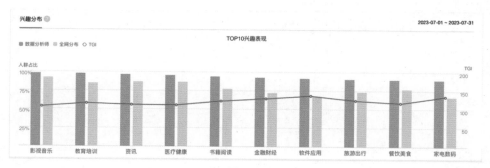

图 7-16

广告也类似，很需要百度指数能够提供不同时间与不同渠道的数据。显然在时间维度上，百度指数具有不错的能力。它提供了一个时间滑动块，可以把数据指标追溯到 10 年之前；同时它还提供了时间对比功能，可以查看选定的某时间段与最近所对应的时间段的数据差异（不过这个功能的交互存在一些问题，需要靠用户自己猜）；最后它还可提供小时级别的数据颗粒度，接近于"实时"的效果（见图 7-17 ～图 7-19）。

　　然而在时机的另一部分，地点、或者说场合上，百度指数能提供的就不多了。我们最希望它提供搜索某个有很高商业价值的关键词的人，在特定时刻，位于什么场合位置。因为高搜索量代表了用户感兴趣、有较强的主动意愿，如果能获得

图 7-17

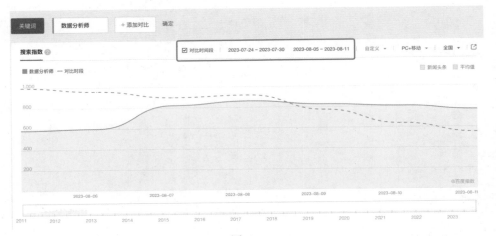

图 7-18

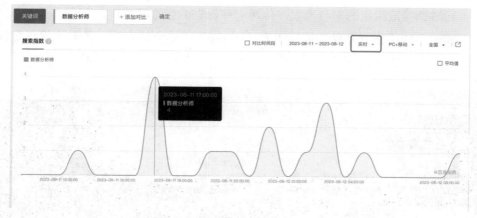

图 7-19

用户搜索时所处的位置信息，再结合时间，或许就是一个不错的"搭讪"时机。这些位置信息可能是城市中的某某商区、甚至某个街道店铺附近，也可能是某个常驻地或者某个旅游度假地点。目前从功能界面上，百度指数只提供了 PC/ 移动这种简单的渠道划分（见图 7-20），距离我们想要的相去甚远。也可能因为涉及用户隐私，百度指数并不希望以免费公开的形式提供出来，也不见得没有此项功能。

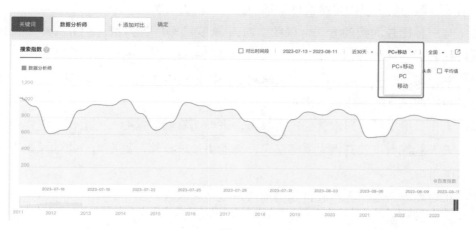

图 7-20

最后对于"讲什么故事"，对于品牌广告而言，讲一个好故事的核心，其实就是通过图片、视频、文字等给潜在用户传递怎样的概念。我们以图 7-21 中的汽车广告为例，除了价格、产品列表等常规信息外，它意图传递的信息还有如下几点。

- 通过视频最后定的车与风景，传递一种探索旷野的精神和意愿。
- 通过右侧文案"移动的家""有 AI 的家""安全的家"，传递这款车是针对家庭打造的，并且是智能的、安全的。

图 7-21

因此稍微归纳总结下，这类故事能打动人的关键在于传递的意境以及突出强调的价值点。前者更侧重撬动人的情绪，后者更侧重满足人的实际物质诉求。怎么通过数据洞察用户的情绪情感诉求和实际物质诉求呢？

有一种比较间接的方式，以图 7-21 中这款汽车广告为例，为分析汽车论坛里目标人群（比如都市中产）对"梦中情车"的文字讨论信息，并利用 NLP 技术从中切词，归纳并提取出一些情感观点，再将这些观点经由人的加工，以传达出某种精神、氛围或感觉。比如：

- 工作日很累了，周末就想逃离城市，去外面看看散散心——放松、探索；
- 天天看都市里的高楼大厦都腻了，想能更接近自然，更原始一点的风景——旷野；
- 想要周末带着家人一起自驾去周边逛逛——家人；
- 希望能开车的时候省心一些，如听歌、关车窗、控制空调温度，别都要自己亲自动手——智能；
- 毕竟是一家人出游，不希望有任何闪失，安全总是第一位的——安全。

想要传达的信息不能仅通过几个句子就得到，要通过大规模的数据清洗、解析、词典搭建、知识图谱归类、统计计算等步骤完成，这里不作展开，大部分舆情类数据产品会触及这些能力技术，这在业界已经比较普及，效果是否良好主要依赖一些"脏活累活"做得是否细致。

其实还有很多品牌广告都会请代言人，这涉及目标用户的人群画像及对明星的喜好分析，这里不展开细节。综上所述，我们大体清楚数据产品应该具备的理想功能，如果按此衡量评估百度指数，发现其提供的内容不够直接（见图7-22）。

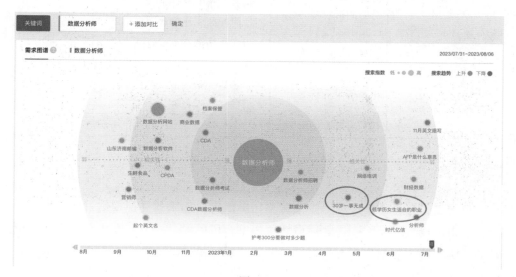

图 7-22

图7-22中百度指数展示了其需求图谱能力，体现了用户在搜索一个关键词前后还搜索过哪些词。这个功能可以帮我们把用户的诉求进行向前和向后延展，通过上下文更好地理解用户的诉求。如图中用户搜"数据分析师"的前后，还搜过"30岁一事无成""低学历女生适合的职业"等内容，连起来看就可以推测，可能想了解数据分析师岗位的人，很多是面临大龄、低学历困境想要转行的人。从商业角度来看，应该针对这些处境诉求来设计广告内容中的情感和实际诉求部分。

但这个功能只能零散、间接地满足了目标，信息聚合粒度不够，且人工解读比重过大。

好了，对"秀肌肉"做的总结如表7-1所示。可见百度指数现有功能对"给谁"提供了解决方案，对"在什么时机"还勉强支持，对"讲什么故事"暂时支持不足。这些仅是免费公开版本体现的情况，或许付费的商业版本有更多能力，然而不便展示。

表 7-1

拆解"秀肌肉"	理想功能	实际功能	满足情况
给谁	人群画像能力	搜索关键词的群体的基础属性 + 兴趣偏好	满足
在什么时机	分时间拆解能力	关键词指数的历史数据 + 对比时间段 + 小时级数据	满足
	分场景拆解能力	关键词指数的分 PC/ 移动数据	不满足
讲什么故事	用户诉求分析能力	用户搜索关键词前后的搜索内容	间接满足
	代言人推荐能力		不满足

7.3.2　对"定标准"的解析

聊完了"秀肌肉",进一步了解"定标准"。如果业界都相信百度的市场份额和能力,投放了品牌广告之后自然希望平台可以提供一个标准来衡量广告投放质量。毕竟投入的都是真金白银,能看到效果才可以。但品牌广告的效果不是立竿见影的,与效果广告投放不同,没有在广告投放的之后马上有转化成果作为评价标准,业界对此的探索也是经过了三个阶段。

● 阶段一相对漫长、成本高。如投放品牌广告之后以公众对该品牌的印象和好感作为评价标准,比如"以前没听说过、现在听说过了""以前听说过但不记得、现在能记住了""以前记得但对这个牌子没啥好感、现在有好感了""以前从没尝试购买过该品牌的产品、现在尝试购买过了"等。但这类问题似乎只能依靠调研问卷,无论线下随机调研,还是线上以各种形式发放问卷,回收结果的时间周期和处理数据的成本一般相对较高。

● 阶段二相对简化、但粗糙。如投放品牌广告之后,从公众对该品牌的主动搜索意愿或阅读相关内容的意愿变强作为衡量标准。理论上如果一个品牌广告有了比较好的效果,公众看完后就会有比较深刻的印象,进而就会对品牌以及产品感兴趣,去主动搜索和阅读信息更深入的了解,以便决策是否要购买体验。但这里也有问题,虽然该方法相对问卷调研简单不少,评价衡量指标也变得简单了,但很可能结果是有偏差的、粗糙的。例如,曾经昙花一现的互联网平台瓜子二手车,在 2015 年左右重金请数位当红一线明星代言,内容也简单粗暴，仅为纯露脸与口播品牌名称和简单标语。该广告从搜索量的角度评价是很好，投放后很长时间都在热议并搜索查看，但具体分析后发现，大家的关注点都在明星及能请如此多明星的原因等八卦周边上，并不在品牌和业务本身，相当于催生了一个泡沫，当然事后发现这家公司也确实昙花一现。

● 阶段三相对科学细致，该方法基于一套模型，把用户看到品牌广告后的行为切分成不同阶段，而每个阶段恰好又都是可以在线上被量化监控的。这既解决了阶段一时间和成本高的问题，又解决了阶段二中方法相对单一粗糙的弊端。这种科学度量的模型，目前各大互联网公司都有各自的一套称呼，我们就拿字节跳动来简单举例（见图 7-23、图 7-24）。它是品牌规模、效率、形象三者的加权汇总。品牌规模层面进行 5A 人群的划分模型，大致就是对品牌从 A1 了解（被少量广告曝光，短暂看过一些视频图文内容等）、A2 吸引（被中量广告曝光，看过更多视频图文内容、进入过品牌直播间等）、A3 问询（被大量广告曝光过，看过很多视频图文内容、进入过品牌直播间、有过主动搜索行为）、A4 行动（产生购买行为），最后到 A5 拥护（反复购买）。品牌效率侧重是为视频内容的互动数据及上述 5A 人群之间的流转效率。品牌形象可细分为口碑和客单价两部分，口碑可以通过评论等内容的情感正负向判断后统计与计算得到。各家公司都会基于自身业务的特长，做出不同的评估模型，对此有兴趣的读者可以自行搜索了解。

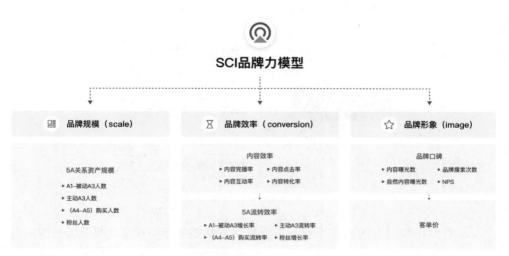

图 7-23

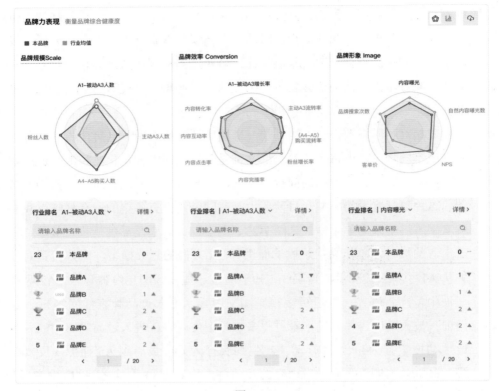

图 7-24

　　在盘点了给品牌广告"定标准"的 3 个阶段后，就可以按此框架衡量百度指数当裁判、定标准的水平，具体参考图 7-25。

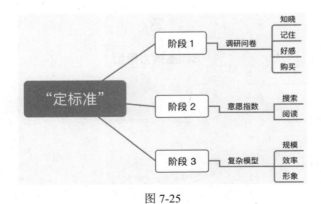

图 7-25

　　从百度指数现有的功能来看，很明显百度指数属于阶段 2，即所提及的用搜索和阅读来表达用户看到广告之后对品牌是否有意愿。上面已经比较细致地拆解过搜索指数了，这里重点介绍资讯指数。百度官方对指标的解释是公众对新闻资讯内容的阅读、评论、转发、点赞、不喜欢等行为加权汇总，它对应的是阅读行为，其内涵比阅读更丰富（见图7-26）。只不过这里有些难点，会影响指数准确性。比如，怎么判断这篇新闻资讯的主题为对应的搜索关键词呢？中文切词和语意理解是一个博大精深的事情，如"苹果降价至2块钱一斤"句中的"苹果"肯定不是苹果手机，但机器并不能分辨"1分钟教会你快手菜"里的"快手菜"我们知道是一种很方便快捷做出来的菜，但如果词库中没有这个词，会被机器识别为"快手公司"从而被当作关于一篇聊互联网公司的资讯文章。这些都需要结合AI能力需要更复杂的功能建设。

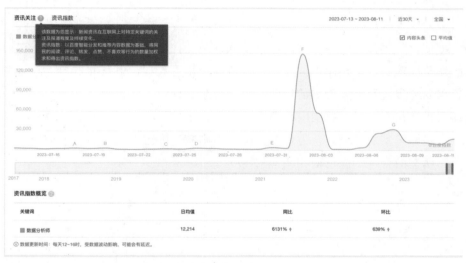

图 7-26

简单总结一下（见表7-2），在"定标准"方面，百度指数的能力还处于阶段2。它虽然可以简化调研问卷的烦琐，但无法做到科学度量。而且从大背景看，百度在整体广告市场的份额，也从2010年前后的头部地位，逐步下滑到2022年的跟随地位。即便扩充能力，平台进化到阶段3，由于失去了市场支配地位，所定的标准也只能在自身流量场景内适用，无法充当统一度量衡。

表 7-2

能力阶段	对应能力	百度指数现状
阶段1：调研问卷	线上/线下发放调研问卷，通过收集用户对品牌的知晓、记忆、好感、购买衡量效果	

能力阶段	对应能力	百度指数现状
阶段 2：单一指数	通过线上单一指标，尤其是搜索、阅读等意愿的行为数据，衡量效果	√
阶段 3：科学度量	通过构建复杂的科学度量模型，多维度多层次衡量效果	

7.3.3 对"促营收"的解析

最后解析"促营收"情况。按照上文讨论，在展现了实力，又能在一定范围内制定评价标准之后，百度指数最终的价值就该浮出水面了，那就是帮助百度获取更多的广告客户花费投入，给百度带来更多广告营收。

但促营收仍需要一定的技巧，榜单或许是一种屡试不爽的实践方式。它利用人的竞争比较心理，相比单纯看到自身数据变化更直观、更有冲击力。而这种榜单就需要能覆盖足够多用户的行业，也能覆盖到行业下的各品牌甚至各产品；同时还要支持在不同时间范围内查看排名以及变化情况，以及结合相应的模型指标，细分出足够丰富的维度，全方位多角度地"刺激"广告主。按照这个构想，"促营收"所需的合理功能结构如图 7-27 所示。

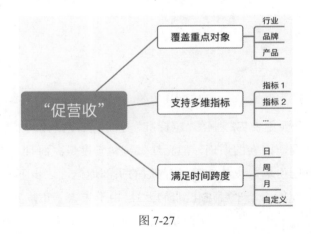

图 7-27

图 7-28、图 7-29 中可以看到，榜单功能在百度指数界面上被放在一个单独的入口，被称为行业排行。进入后就会看到几个重点行业的 top5 品牌以榜单形式直接展示。这里陈列了汽车、手机、计算机办公、家用电器、化妆品、旅游景区、家具家居、家装平台、房产企业、婴幼儿奶粉、高等院校这 11 个行业。其

中除旅游景区、高等院校等属于偏公益性质榜单外，其他行业都是投入资金的品牌广告客户，可见指数行业覆盖度较广。

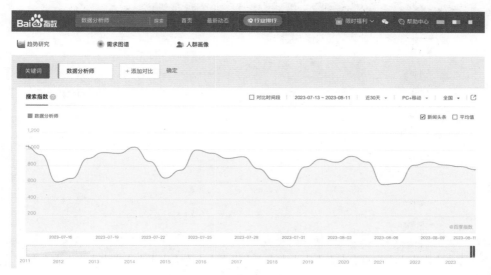

图 7-28

图 7-29

　　点击每个 top5 的榜单"更多"后，还可以看到对应行业下的 top20 品牌，以及对应产品的 top20 榜单。且不仅是品牌指数这个总指标，还有搜索指数、资讯指数、互动指数 3 个细分维度；在榜单时间的查看上，也支持日粒度和周粒度，且可以自定义，具体可参见图 7-30。

汽车行业排行 AUTOMOBILE	品牌榜　车系榜	

品牌指数　品牌搜索指数　品牌资讯指数　品牌互动指数	日榜 ｜ 周榜	2023/08/10
1　大众		18,641k ↓
2　丰田		16,838k ↓
3　奔驰		11,915k ↓
4　奥迪		9,757k ↑
5　本田		9,621k ↑
6　比亚迪		9,484k ↑
7　宝马		8,747k ↓
8　福特		6,336k ↓
9　长安汽车		5,038k ↑
10　日产		5,026k ↓

图 7-30

对"促营收"总结（表 7-3），百度指数基本达成预期，虽然在衡量品牌的模型上还停留在阶段 2，但已经将现有的素材做到了比较好的状态。

表 7-3

所需能力	对应功能点	百度指数现状
覆盖重点对象	广告主所在的重点行业、品牌、产品全覆盖	满足
支持多维指标	不仅有总指标，还能拆解出多个子维度供全方位分析比较	满足
满足时间跨度	日周月粒度时间范围查看，还可以自定义时间范围	满足

按照 3 个目标定位盘点之后发现，百度指数基本没有冗余功能，只是部分功能匹配程度较低能力缺失部分主要集中在"秀肌肉"的讲故事维度。整体情况见表 7-4。

表 7-4

目标定位	所需能力	百度指数匹配情况
秀肌肉	"给谁"：目标人群分析	匹配
	"在什么时机"：时间场景分析	部分匹配
	"讲什么故事"：用户诉求洞察	不太匹配

续表

目标定位	所需能力	百度指数匹配情况
定标准	阶段 1：调研问卷	处于阶段 2，有待提升
	阶段 2：单一指标	
	阶段 3：科学度量	
促营收	覆盖重点对象	匹配
	支持多维指标	匹配
	满足时间跨度	匹配

7.4　重点功能

功能结构框架梳理完毕后，我们就可以继续下沉一层，研究具体功能的设计细节。根据第 3 章所述，数据产品与其他产品的显著不同，是在产品功能中经常会涉及对数据的处理，尤其是对数据分析、统计模型等理解和应用。以百度指数为例，针对它的 3 个功能细节，讨论数据产品经理核心能力中的数据分析、统计算法能力。这 3 个功能细节分别为以下几点。

● 百度指数最核心的指数设计有什么奥妙？

● 在量化展示人群属性兴趣部分的 TGI 指标，是什么指标？

● 需求图谱这类看似复杂的功能如何设计？

这 3 点在篇幅上也有所侧重，前两个因为复杂度相对没那么高，所以会点到为止，需求图谱的计算逻辑会稍微多花些篇幅讨论。

7.4.1　指数化处理的奥妙

稍加观察就会发现，百度指数并不是直接展示对某个关键词的搜索次数。以关键词"数据分析师"为例，其左侧坐标轴的最大值只有 1200。试问，上亿网民一天内搜索"数据分析师"的次数不超过 1200 次吗？感觉有点偏少。其实这背后隐藏一个很重要的顾虑，就是如果百度把搜索次数展示出来，那我们只要找到一些大热的关键词、几乎人人都关心的内容，就可以用这类词的百度指数反向推算出使用百度搜索的人数。这种"亮底裤"的行为，进一步延伸还会涉及很多商业层面的麻烦事，所以势必要对原始搜索次数做数据处理。图 7-31 展示了搜索指数的官方介绍，供读者参考。

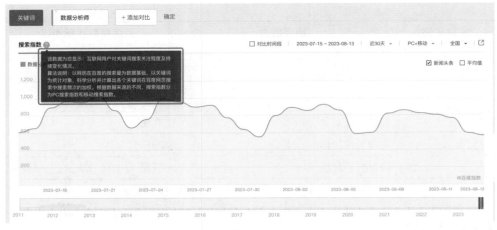

图 7-31

既然指数化处理很有必要，那么讨论一下具体操作。处理的方法较多，但限制条件是核心。需要一个指数化处理方法，满足以下条件。

● 不会很容易就被反推出原始数值。

● 保持原有数值的排序不变。

● 尽量保持原有数值的差值不被过于扭曲。

第一条很好理解，如果是原始数值直接减去某个固定数值或者直接乘以某个系数这种简单的线性变换计算就能很容易地解出原始数值，那就不满足指数化的目标。

第二条和第三条都是为了达成第一条追加的限制约束条件。对于第二条，如果原始数值 A>B，A 经过指数化变成 A'，B 经过指数化变成 B'，我们不希望最后 A'<B'。这从根本上影响了数据的排序和波动趋势，因此第二条是必须严格遵守的。

对于第三条，有很多数据变换处理虽可以维持排序不变，但会严重扭曲两个原始数值之前的差异。比如，某个数值先开平方再乘以 10，它不会改变排序，但会很明显地"劫富济贫"。假设原始数值 A=81，原始数值 B=49，那么按照这样进行指数化处理，$A'=\sqrt{81}\times10=90$，$B'=\sqrt{49}\times10=70$。会发现 A'-A=9，而 B'-B=21，虽然原始数值都变大了，但 B 变大得明显更多。

我们可以用图形的方式具象演示（见图 7-32），把指数化理解为一个函数变换，横轴是原始数值、纵轴的变换后的数值，中间虚线部分 y=x 是一个不变的变换，作为对照；从图形中我们可以看到，上文所示的变换会造成原始数值越大，变换后相对于原始值的减少量越多（图 7-32 左侧部分）。虽然通过单调递增保持了变换后数值的排序不变，但也会造成如原本考 81 分与原本考 49 分的两个人，处理后感觉分数相差无几，分数失去了衡量原本绝对"实力"的作用；而图 7-32 右侧给出的某种分段线性函数，因为它不容易被反向推算（涉及分段的区间选择及每个分段上的函数斜率等参数），同时它也是单调递增函数并保持了排序，也没有过分的扭曲数值间的差异（与 y=x 的间距变化相对平稳），因此可能是一种适合的选择。

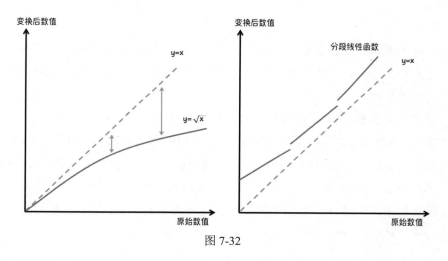

图 7-32

上图只是举了一个例子，适合的指数化处理方式还有很多，读者不妨按照文中列举的 3 个条件再寻找适合的处理方式。总之这个处理过程活学活用了高中与大学的数据处理知识，较为有趣。对很多数学专业的同学来说，数据产品经理这个岗位就能实现学以致用的理想，不过确实需要一定数据基础。

7.4.2　量化体现人群特点

百度指数的人群画像部分有一不常见的指标，TGI。在图 7-33 中有所标注。

这个指标有何用处？其实没那么难理解，比如，我们搜"数据分析师"，图 7-31 可以看到搜索这个关键词的人群年龄分布和性别分布，但如果想直观了解哪个年龄段以及哪个性别对"数据分析师"更关注？那肯定不能直接说，"因为搜该词的人中有 50% 都集中在 20 ～ 29 岁、接近 60% 都是女生，所以这些人更关注数据分析师"。因为"更"这个字的核心就是对比，我们刚列举的数据，根本就没有对比。它只是一个绝对情况的描述，比如，有家公司员工 985/211 学

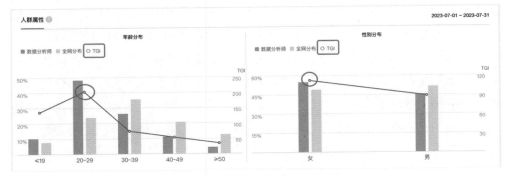

图 7-33

历比例有 20%，无法体现这家公司算高学历人才聚集。但如果同时了解到，全国在职企业员工中 985/211 学历比例只有 1%，那就能在对比中感觉到这家公司还挺"高学历"的。

类似地，搜索"数据分析师"的人群中有 50% 左右集中在 20 ～ 29 岁（见图 7-34）。但如果全网发布的职业中这个年龄段的提示人数占比只有 25% 左右，那么确实就是这个年龄段的人特别关注数据分析师了。不过这有个问题，这只能定性不能定量。到底 20 ～ 29 岁的人有多关注数据分析师呢？引入 TGI 这个指标就能解决了，它的计算方法是用在小人群范围中的特定占比 / 在整体人群中的特定占比，然后再乘以 100，也就是 50%/25%×100=200。这个数值越大，且大于

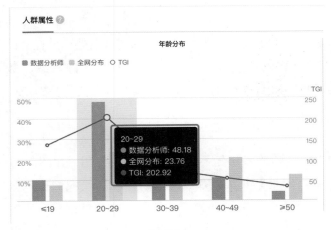

图 7-34

100，说明这个特点越正向显著；数值越小且小于 100，说明越是负向显著。比如 50 岁以上人群，就相对很少有关注数据分析师的了，因为它的 TGI=33，比

40 ～ 49 岁区间的 TGI 还要小。

所以，TGI 可以理解为一个偏业务视角的应用，并不是一个纯技术、数据、算法的指标。不过这也恰好符合数据产品经理日常要处理的问题，这个岗位就是会更多从业务视角思考和解决问题，其核心能力中的数据分析能力也是更看重业务分析能力，而非单纯的数据处理技术技巧。TGI 指标也说明，有用的往往是简洁的，而非复杂的。

7.4.3 需求图谱可能的做法

需求图谱这个功能的用途定位，在本章开头已做简单描述，这里不赘述。而这个看似还挺复杂酷炫的功能，作为数据产品经理，该从何下手设计数据计算逻辑？

当我们亲自设计一个数据产品功能中的计算逻辑时，**一定不要上来就追求复杂的算法、统计模型，一定要从业务出发、从用途出发，反向地去思考何种逻辑最简单易懂**。有时候最容易被人理解的计算逻辑，虽然效果相比复杂算法模型略差一点，但不论从成本还是商业上的可接受度来看，反而是最佳的。以图 7-35 中需求图谱继续举例，它想展示大家在搜索某个关键词前后，分别还搜了什么内容，以此间接地洞察大家的真正诉求。

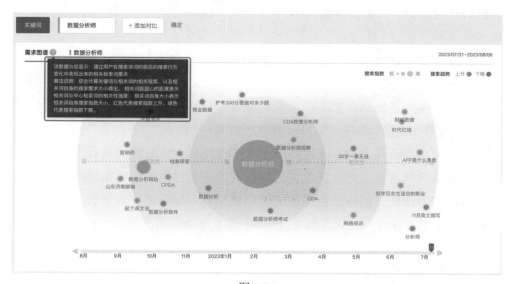

图 7-35

先把问题具象一下，只看搜完"数据分析师"后又搜了什么词，不去管后续接着搜的第二个、第三个，甚至更多词。

如图 7-36 所示，我们假设搜索"数据分析师"的人群马上搜的下一个词有 5 个，注意这里"词"其实都是 query 的概念，是很多词连接出来的一个有具体含义的短语。这些 query 是没法直接用的，因为大家表达同一个意思的措辞

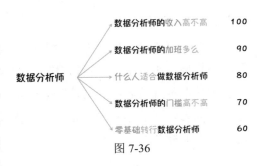

图 7-36

千奇百怪，可能会导致结果很发散，比如，"数据分析师的收入高不高"和"数据分析师收入高么"就是两个不同的 query，但我们一看就知道是一回事。这说明 query 的颗粒度太粗，应该切细一点点。因此用橙色和黄色两种颜色标记出每个 query 中除了"数据分析师"以外的词，同时也假设了搜这个 query 短语的具体次数。那么是不是就可以简单粗暴地把图中 query 的次数当成是标记颜色的词的词频，然后就按照词频从高到低排序就行了呢？其中重复出现的词就把词频简单相加就好，比如"高不高"的词频就是 100+70=170。按照这个逻辑，我们得到的简化版需求图谱，可能就会是图 7-37 这个样子。

越靠近"数据分析师"这个词的圆形内，对应词的相关性越高；随着与"数据分析师"相关性的减弱，圆形的颜色也逐

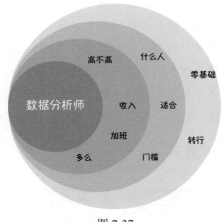

图 7-37

渐变浅。观察图 7-37，有没有觉得哪里不对劲呢？"高不高""加班""多么""什么人""适合"这几个词，太过普遍了。不仅仅搜索"数据分析师"的人可能会马上搜这些词，搜索其他岗位词后面也会紧跟着这几个词。**虽然确实想挖掘出人群的搜索意图，但这个意图还需要尽量是有差异化的，而非普遍的、人人都有的。**可见，在这个计算逻辑的设计中，我们也逃不开探索需求的本质，逃不开产品能力。

要凸显出搜索词的差异化，该怎么做呢？很多时候我们利用一些已有的算法、模型、工具，核心就是把握住它的精髓。类似散文，形散神不散。我们本章刚刚介绍过的 TGI 指标，正好就是体现差异化的一种简单的实践方式。现在就看如

何套用 TGI 的公式。

在 TGI 指标中，核心就是两个占比相除，是小人群范围中的特定占比 / 在整体人群中的特定占比。对应到需求图谱中，我们已经有了以"数据分析师"这个关键词为核心的、有方向的词对，而且也有每个词对的词频，这样也就能得到这个词对在以"数据分析师"为核心的所有词对中的占比了，这就对应了 TGI 指标中小人群的占比。具体如表 7-5 所示。

表 7-5

有向词对	词对的词频	词对的占比
数据分析师→高不高	170	170/800
数据分析师→收入	100	100/800
数据分析师→加班	90	90/800
数据分析师→多么	90	90/800
数据分析师→什么人	80	80/800
数据分析师→适合	80	80/800
数据分析师→门槛	70	70/800
数据分析师→零基础	60	60/800
数据分析师→转行	60	60/800
总计	800	

如果只是观察"高不高"这个词的 TGI，那么我们已经得到了一半，它是"数据分析师→高不高"的词频 / "数据分析师→所有词"的词频；另一半对照 TGI 指标公式来看，似乎就应该是"所有词→高不高"的词频 / "所有词→所有词"的词频。例如，我们其实做的就是先计算在所有以"数据分析师"为起点的词对中，下一个词是"高不高"的占比。但这只是一个小范围的占比，还需要跟全局范围内"高不高"这个词出现的占比做对比。两个占比直接相除再乘以 100，就得到了这个新场景下的 TGI 了。

具体的例子我们大概清楚了，但能够落地实现，还需要一个抽象泛化的步骤。因为无法预知用户将要在需求图谱中搜索的词，所以需要预计一些基础数据并缓存，这样才能实现前端的秒级响应。这是不探讨工程侧的实现，只聚焦在计算逻辑上。我们可以把所有前后 query 都形成 query 对，用 A → B 的形式记录；同时 queryA 可以拆解出 a1、a2、a3 这 3 个词，queryB 可以拆解出 b1、b2 这 2 个词。

同样可以把 A 和 B 的词频都分别赋予 a1、a2、a3 和 b1、b2，这样就有了词对与词对的词频，同样也可以计算不同词对的 TGI 指标。可以提供的数据如表 7-6（表中的 x 和 y 表示任意的词）所示。

表 7-6

有向词对	词对的词频	词对的 TGI
a1 → b1	各种 query 切分出 a1 → b1 后的词频加总	a1 → b1 的词频 /a1 → x 的词频 除以 y → b1 的词频 /x → y 的词频
a1 → b2		
a2 → b1		
a2 → b2		
a3 → b1		
a3 → b2		
……		
a1 → x		
a2 → x		
a3 → x		
……		
y → b1		
y → b2		

　　工程侧按照这个数据格式进一步进行存储处理，大致可以形成一个有方向的需求图谱。在这里的讨论只是给出了一个轮廓，还有很多细节并没有展开，而这些细节恰恰也是影响需求图谱使用体验的关键。就比如把 query 切分成词后，肯定就会有很多没有意义的词，例如中文停止词和语气助词，这些词都不需要用 TGI 指标来进行差异化处理，可以直接忽略；再比如一些词频很长尾的 query，要不要切词进入后续计算？因为这会极大地增加计算量，但如果截断，那么到底从哪里截断？还比如目前需求图谱中经常出现一些匪夷所思的词，看起来跟主搜索词毫无关系，这种词是怎么进入的呢？

　　图 7-38 红框里这些词，看起来与"数据分析师"关系很小，推测是在选择原始 query 时，没有按照前后两次搜索的时间间隔做严格处理。比如，用户今天上午对数据分析师岗位感兴趣，然后搜索了一次关键词"数据分析师具体做什么"，

看完内容之后就大致了解了相关内容，然后因为手头正好有其他工作，对这个岗位的关注被打断了。当用户再用百度的时候，已经是当天下午了，正好想搜索其他内容，或者当时正好搜索了某个网络热门事件。这次搜索的内容正好与"数据分析师"相连，但用户的兴趣和意图已经发生了很大的变化。当然这也只是一种推测，或许是由其他问题导致的，只有具体看一下数据才能知道。

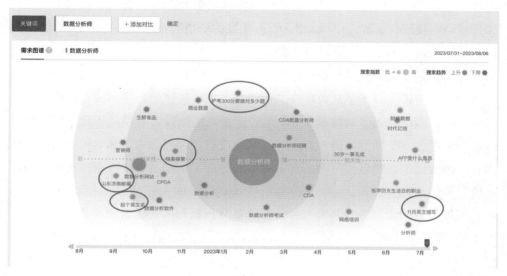

图 7-38

在具体研究后发现，需求图谱功能似乎也没能像官方描述的那样描述出围绕中心词的前后搜索词。这个功能目前是没有方向的，而它完全可以改造。其他交互功能不变的情况下，在中心词左侧展示前序搜索词，在右侧展示后序搜索词。稍微强调的是，以上我们对需求图谱计算逻辑的分析，更多只是局外人的揣测，并不代表实际的线上运行。只不过经过研究分析发现，这个功能可能并不需要那么复杂，用 TGI 就能解决。

至此，通过对百度指数中指数化处理、TGI 指标、需求图谱计算逻辑的讨论，展示了数据产品经理需要具备数据分析、统计算法这两个核心能力。而且通过讨论还发现，产品能力也是无时无刻不融入其中的。**数据产品功能中的计算逻辑永远不会脱离业务独立存在，因此需要先充分地理解需求，再反向调动掌握的各种工具知识。最忌讳的就是在没搞清楚产品功能定位和要解决问题的情况下，就盲目地要把一个很厉害的技术产品化。这是很多技术背景较为浓厚的团队都容易犯的错误。**

7.5　价值衡量

至此，已经分析了百度指数的目标定位、结构体系、重点功能，接下来该说说这个看似免费的数据产品，到底是怎么存活那么久的了。我们对其价值定位进行分析，是预期它能够通过"秀肌肉"得到大家认可，然后"定标准"当行业裁判员，最后可以帮助公司吸引来更多广告主（尤其是品牌广告主）的营销费用。如果能顺利按照该流程走下来，那么百度指数的价值应按照间接促成的营收计算。但无从得知这一单是不是百度指数促成。

这个问题就又回到了品牌广告的"老大难"问题了——归因。这里百度指数相当于也是给百度打了个品牌广告，假设广告主使用体验后很认同在百度投放广告的价值，随即联系了对接的销售 / 运营或者直接通过官方渠道咨询，并最终进行了广告投放，但期间如果没有人刻意问询广告主因何而来，那这笔收入很难算到百度指数头上。所以实际上，百度指数还开辟了别的通道，更直接地证明自己的价值——盈利。

百度指数的盈利方式其中一种是在本章开头提到的创建新词。就如本书核心讨论的"数据产品经理"一词，就没有被收录，导致查询后没有任何结果反馈（见图 7-39）。

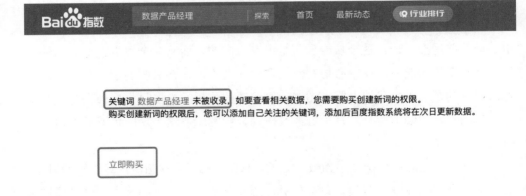

图 7-39

点击购买后，会看到购买页面，加一个词 198 元，有效期 1 年，1 人付费普惠天下，这个使用规则让付费用户缺乏专属感（见图 7-40）。

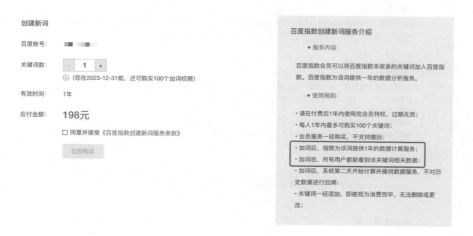

图 7-40

除了这种氪金加词的方式，在首页还能看到接口调用服务。点击了解更多后可以看到具体的计费方式，如图 7-41、图 7-42 所示。

以上是百度指数的第一种直接变现方式，还有第二种方式，卖数据服务，具体说就是卖数据报告。比如 xx 行业白皮书，出资方主要是行业协会、机构、科研院所、大专院校。这种报告应该溢价不低，因为不是由机器自动生成，要有人工撰写的成本注入。不确定是否由百度指数团队内部消化，也许会联系内部其他团队一起完成，最后在内部结算分成。

图 7-41

业务介绍

通过API的方式获取百度指数/资讯指数数据。本接口属于商业化接口，需要购买配额进行使用，如您有接口数据获取需求或其他任何商业合作意愿，皆可以联系百度指数邮箱ext_indexfk@baidu.com进行咨询。

计费方式

本服务计费单位为"配额"，用户需首先进行配额充值，请求接口时会根据数据量扣除相应数量的配额。只有创建任务接口会执行配额扣减，后续结果轮询、验证关键词是否收录均不影响配额。

配额计算方式如下：

配额消耗 = 关键词数量 * 天数 * 地域数 * 平台数(移动、计算机)

注意，如果请求的关键词未被收录，或者请求的日期范围内无数据，则不会扣减无数据部分的配额。

数据提供形式

指数数据以文件的方式提供，用户可通过下载链接直接下载。

接口使用方法

检查关键词是否收录(可选) -> 创建任务 -> 轮询结果

图 7-42

衡量百度指数价值的方式总结如表 7-7 所示。

表 7-7

变现模式	具体方式	优势	劣势
直接	创建新词（含接口调用方式）	简单自助，无须额外运营	单价低
	数据服务（如数据报告）	单价高影响力大	需额外运营、周期长
间接	以自身为品牌广告促进广告主投放	覆盖面广	价值较难归因

7.6 引申讨论：数据产品的变现之路

本章通过百度指数，讨论了数据产品的变现模式，这是最直接体现数据产品价值的一种方式。而百度指数只是处在分析 / 应用环节的数据产品，其他环节的数据产品又都是如何变现的？作为引申讨论，对比几个不同的数据产品，最后做出总结。

7.6.1 三个变现案例

先从数据获取 / 存储环节开始，这个案例是一个数据采集获取产品，叫八爪鱼。它主打免写代码，也可以通过内置模板，界面化、产品化地爬取网页数据，对舆情、电商、社交等场景的数据进行科学研究或商业分析（见图 7-43）。

图 7-43

这款数据获取/存储环节的数据产品，可以从其官网上看到它的变现模式如下。

● 标准化套餐售卖：相当于卖账号，以包月或者包年形式销售（见图 7-44）。

● 私有化部署开发：相当于卖人力服务，专门搭建一个符合用户要求的本地工具，价格根据具体情况单独确定（见图 7-45）。

● 数据服务形式：初步了解为直接提供八爪鱼已经爬取好、并稍作清洗处理的数据，可能附加进一步的深加工（比如分析报告）（见图 7-46）。

图 7-44

企业自己的大数据采集系统

图 7-45

图 7-46

如果感兴趣可以去八爪鱼的网站自行浏览了解,这里仅针对变现模式做介绍,就不针对其功能设计做具体讲解了。接下来看火山引擎,它是字节跳动把自家很多数据服务和功能集中上云售卖的平台,包含很多数据获取/存储层以外的数据产品,如图 7-47 所示。

图 7-47

其中的客户数据平台 VeCDP（见图 7-48 ～图 7-54），官方定位为"面向业务增长的客户全域数据中台，帮助企业打破数据孤岛，建立统一的人、物档案，以数据驱动全链路营销和深度运营，实现企业数字化转型和增长"。主打的功能有数据整合、标签体系、用户分群、算法模型、洞察分析和营销应用，是个标准的数据中台，属于本书定义的数据管理 / 加工层的数据产品。虽然也有部分分析和应用的作用，但主要聚焦在企业客户数据的标签化管理和加工。

该产品的售卖方式既有便捷版本的 SaaS 和云托管版本，类似于一口价包年或一定时限内购买使用账号；如果觉得这个普通版本的账号计算效率性能不够强大，还可以购买"流量包"，提升性能；同时也有私有化部署版本，这个类似八爪鱼的氪金定制版本，要在企业本地开发部署，数据安全性更好、个性化功能满足度更高（见图 7-55）。

图 7-48

图 7-49

用户分群

• 圈选目标人群

支持规则组合、上传等自助式用户分群方式，可以精准、快捷地圈出目标人群包。

• 灵活管理分群

支持分群分组、监控分群任务状态和趋势等管理操作，灵活管理分群资产。

• 洞察群体画像

深度分析和洞察目标群体的多维度画像，发掘群体显著特征，着眼业务增长点。

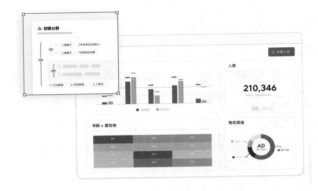

图 7-50

算法模型

• 模型标签

系统提供多样化的机器学习算子，帮助用户完成数据建模，并构建模型标签。

• 行业模型

基于算法及模型能力完成高潜客户预判、流失客户预警、回购客户预测等，助力数据智能。

• Lookalike

支持根据种子人群，通过智能算法评估模型，进行相似人群进行拓展，帮助企业找到更多相似偏好和特征的潜在客户。

图 7-51

洞察分析

• 全局资产看板

以多样化的视图展示了整体用户资产及关键业务指标，帮助企业清晰、直观的了解全局数据情况。

• 生命周期分析

基于AIPL、5A等模型标签对用户生命周期进行洞察，分析用户阶段特征，打造营销策略。

• 多维特征分析

基于模型与算法，洞察人群的显性与隐性特征，助力优化营销策略。

• 营销效果分析

回收并分析营销任务中的后链路效果数据，复盘活动效果并改善圈人逻辑，优化运营路径。

图 7-52

营销应用

- **精准广告投放**
  联动各大广告平台，支持在CDP中圈选目标人群包，并轻松进行广告投放，带来更高的业务价值。

- **多通路营销触达**
  联动MA产品，通过站内信、短信、邮件等通路触达目标客户群体，实现精细化运营。

- **强大的开放能力**
  提供OpenApi能力，实现与上下游系统在数据、能力等层面的对接，赋能更多业务系统。

图 7-53

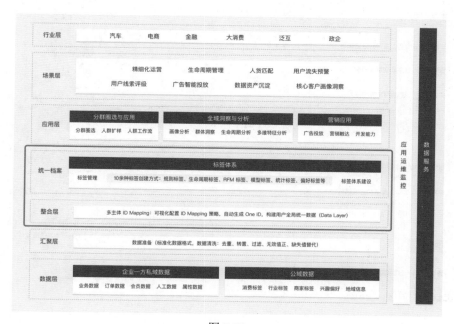

图 7-54

图 7-55

除了偏数据管理 / 加工层的数据产品，还有类似 A/B 测试平台处于数据分析 / 应用层的数据产品，官方定位为"科学可信的 A/B 测试与智能优化平台，源自字节跳动长期沉淀，服务多个亿级用户业务，助力企业在业务增长、用户转化、产品迭代、策略优化以及运营提效等各个环节科学决策"。其核心能力介绍如图 7-56 ～图 7-59 所示。

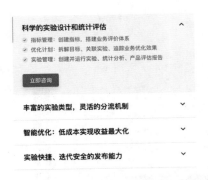

图 7-56

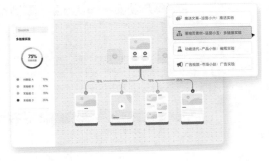

图 7-57

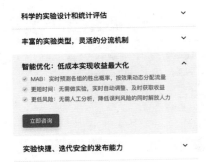
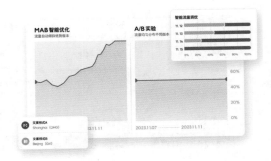

图 7-58

图 7-59

其售卖方式以 SaaS 为主，没有尝试私有化部署的方式（见图 7-60）。

图 7-60

7.6.2 变现模式小结

至此总结一下数据产品的各种变现模式，虽然市面上的数据产品不计其数，难免挂一漏万，但产出物毕竟形态有限，可按它所处的数据环节进行分类。

● 数据获取 / 存储环节的数据产品，产出物多是原始或初加工的数据。这类数据产品通过产品化可以降低数据获取和处理的门槛，提升使用者的工作效率，帮助使用者获得原始生产资料，第 1 章提到的 DataBricks 具有类似价值。

● 数据管理 / 加工环节的数据产品，产出物多是适度加工之后、可用于未来多个不同场景应用的数据标签，这些标签可能来自用户自身、也可能来自用户的行为、还可能来自用户行为的对象（如商品、内容等）。这类数据产品不仅具有数据标签化的生产和管理能力，更是将一些自身业务经验蕴含其中，提高数据后续应用的适配性（比如在电商场景该怎么标记切分人群，简单以性别、年龄、地域和通用兴趣爱好分类已经不能满足使用者要求了）。

- 数据分析 / 应用环节的数据产品，产出物就是各种分析能力或者应用服务能
  力，前者包括 A/B 测试、用户行为分析、电商运营分析等，后者包括风控服务、
  推荐服务、精准营销能力等。

总结上述 3 个环节的不同数据产品的产出物、定位价值、变现模式，如表 7-8
所示。但这只是一个基础的框架，如果将来遇到更多样的变现模式，可以不断补
充，形成自己对数据产品变现模式的全面理解。

表 7-8

数据环节	示例产品	产出物	定位价值	变现模式
获取 / 存储	八爪鱼、DataBricks	原始 / 初加工数据	提供生产原材料	卖数据
		获取数据的产品化服务	降低获取数据门槛，提升获取效率	卖账号（云模式）、卖人力（私有化部署）
管理 / 加工	客户数据平台、（CDP）	数据标签	降低标签加工门槛，输出大厂业务理解	卖账号（云模式）、卖人力（私有化部署）
分析 / 应用	百度指数、A/B 测试平台	分析能力应用服务	蕴含业务理解的数据分析和场景化应用	卖账号（云模式）、卖人力（数据报告）

第 8 章
小红书数据中心

8.1 本章概述

本章继续以旁观者视角，研究数据分析／应用环节的数据产品。这个案例相对百度指数可能被更多读者在日常生活中接触使用，它就是小红书 App 中的数据中心（见图 8-1）。

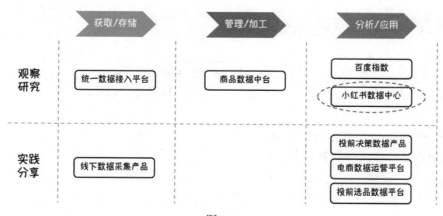

图 8-1

针对这个案例，本章重点围绕产品能力、商业变现和数据分析这 3 个数据产品经理的核心能力展开讨论（见图 8-2）。其中，产品能力会从用户和产品经理两种视角，分析小红书的数据中心的目标定位，以及基于这个定位其应具备哪些功能模块，进而讨论目前的功能模块是否满足定位需求；同时还会对同类数据产品的界面设计进行讨论，帮助读者更好地设计指标类数据产品的样式。商业变现会讨论这类 toC 数据看板工具，到底该怎么量化自己的价值，能不能跳脱以使用量衡量价值的宿命？数据分析部分，会重点从业务和数据两个方面，分析小红书数据中心内置的数据指标体系，对一个内容社区的使用者兼创作者，是否完备合理。

本章内容框架结构如图 8-3 所示，首先小红书数据中心的目标定位部分介绍小红书这个 App 的整体情况，截图示意小红书数据中心的功能，在形成具象认知后再讨论这个数据产品应该解决谁的什么问题，以及对应具备的功能结构；之后可以按照目标定位中的分析框架，查看小红书数据中心目前是否都满足要求；最后尝试讨论它的价值衡量指标，并给出一些建议。小红书数据中心作为移动端 toC 的数

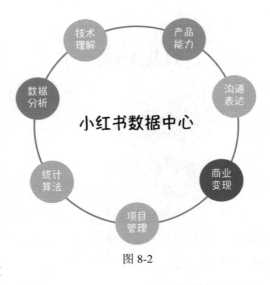

图 8-2

据产品，在界面设计上相对合理，借此深入探讨数据指标在 PC/ 移动端的展示。

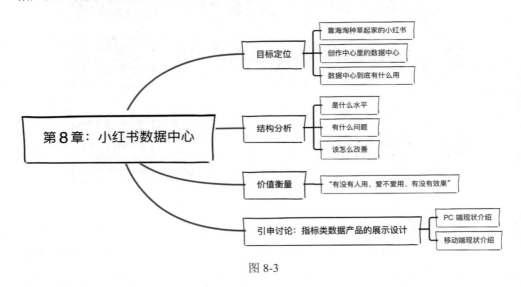

图 8-3

8.2　目标定位

参照第 7 章对百度指数的观察研究方法，先捋清楚小红书数据中心的产品目标定位，也就是老生常谈的问题——它想要解决谁的什么问题。考虑到小红书数据中心并不是所有读者都接触过，可能有些读者接触却了解不多，所以先对小红

书以及数据中心做一些简要介绍。

8.2.1　靠海淘种草起家的小红书

这里无意详述或分析小红书 App 的成长历程，而是仅仅描述一下它的特点。小红书最初成长于都市白领女性的海淘，据说是从一个自发整理的 PDF 文件起家，后来逐步发展壮大成一个分享生活方式的内容社区，并且依靠图文并茂的种草，给自己添加了电商属性和变现能力。小红书的开屏界面和 slogan 如图 8-4 所示，进入 App 后默认为以推荐机制为主的"发现" tab，该页面以双排图文大卡片的形式呈现内容（见图 8-5）。这种样式设计下，内容的点击率主要依赖封面和标题。

图 8-4　　　　　　　　　　　　　　　　图 8-5

当前社区用户已经不再是女性用户占绝大多数，而是男女比例相对趋于平衡；同时社区内容也逐渐多样化，形式上另有直播和视频，不再仅仅是图文形态。目前在众多领域，小红书平台都吸引了大量素人博主发布自己的笔记，有些是纯粹地记录生活，有些则带有明确种草变现目的。比如对于穿搭、家居、美食、美妆护肤、旅游、探店、读书、健身等方方面面，都可以通过创作内容吸引读者，同时吸引广告主的关注，洽谈广告投放。由于小红书的内容分发不像抖音那么中心化，使得平台虽然已有超 2 亿的月活跃用户（截至 2023 年 7 月），其头部博主的粉丝量也少有超过 10 万的。这种不太中心化的流量分发机制，比较有利于中小博主发展副业，因此平台内容创作者和内容数量巨大。截至 2023 年 8 月，小红书官方公开数据显示，其月活创作者已超过 2000 万，日均发布笔记量超过 300 万。这一切都促使小红书需要一个面向内容创作者的数据看板，也就是本章要讨论的小红书数据中心。

8.2.2   创作中心里的数据中心

既然大量的素人博主会发布内容，那就势必需要知道自己发了之后有没有人看、是什么人爱看，数据总归是一个对内容质量好坏的客观评价。所以小红书也提供了一个数据看板，命名为数据中心，放在创作中心里。这个位置的选择应该是有所考量的，具有一定合理性，将在讨论数据中心价值定位的时候详细展开。数据中心的入口位置和内部具体功能数据指标，如图 8-6 ～图 8-13 所示。

图 8-6   图 8-7

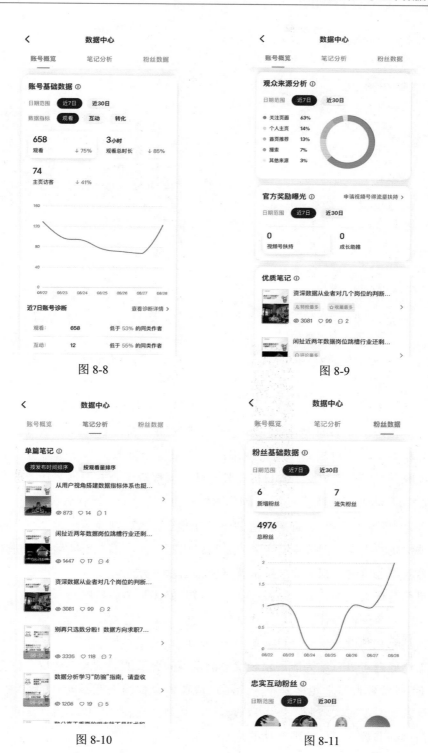

图 8-8

图 8-9

图 8-10

图 8-11

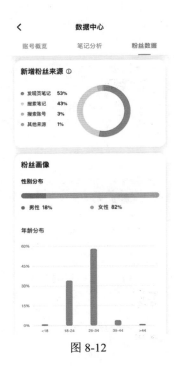

图 8-12

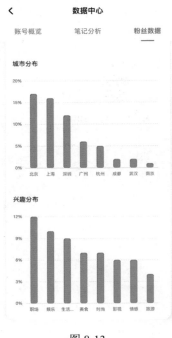

图 8-13

8.2.3　数据中心有什么用？

笔者也是小红书的内容创作者之一，是个 5000 粉左右的尾部小博主，主打知识分享赛道，不过根本不考虑变现，就是深度体验下这个风口平台。从使用者的角度看，现有的数据中心目标比较鸡肋，但理解平台方把这个功能放置在创作中心里，是想让数据辅助创作者创作出更好的内容，而非纯粹做公益。

作为内容平台方，它肯定希望创作者卷起来，大家都能越来越高频次地创作越来越优质的内容。但这也有个基础，就是内容创作者们能不断地学习进步。要在内容创作上精进，相应地理论上就需要知道以下方面。

● 目前是什么水平，尤其是在所在的领域是好还是一般般？

● 当前内容创作有什么问题，如选题、封面、文案等？

● 该从哪些角度改善提升目前的内容创作呢？

上述问题可以总结为**能展示现状、能发现问题、能提供改善建议**，好像跟大部分 BI 或者数据看板也区别不大。不过道理大家都懂，能不能真的实现上述 3个目标就要看现有的资源、技术和数据产品经理的功底了。以下将按此目标定位去评估小红书数据中心的现有功能是否达标。

8.3　结构分析

明确了定位之后，研究分析其现有功能是否都能支撑目标定位。就以是什么水平（展示现状）、有什么问题（发现问题）、该怎么改善（改善建议）3 个维度依次展开。

8.3.1　是什么水平？

了解自己的现状水平，是每个内容创作者天然的诉求。但这并不是说把阅读量等指标直接堆放在一起就可以，这些数据本身在个人主页也能看到（见图 8-14），最多只能提高数据指标阅读的便利性和统一性。

想知道自己处在什么水平，就需要先明确几个衡量指标，再明确比较对象，最后确认比较的结果是什么。考虑到小红书这类内容平台的趋势，就是不断地弱化创作者作为鲜活个体的角色，突出其内容生产供应方的角色，不仅会看重账号维度，也会把个人原子化拆解成一篇篇内容笔记的集合体，以单篇笔记为粒度去推荐、分析、运营。因此在明确自身水平的时候，既要有账号粒度，也要有笔记粒度。具体分析框架如图 8-15 所示。

图 8-14

针对账号整体，如果从一个用户的视角去体验，就会有这么一个自然而然的流程：有没有人看发布的内容、看了之后点赞收藏评论等互动多不多、分享刚看过的内容多少次、有多少人被内容吸引来访问主页、有多少人被转化最终关注你，分别对应的就是阅读量、互动量、分享量、访问人数、关注量。这些指标有的并不能直接用总量衡量，比如阅读量、互动量、分享量，因为有人发的笔记多、有人发的少，总量不好拉齐对比，只能依据平均每篇笔记带来的数据；而主页的访问人数、关注量等，不会被发布的笔记数量直接影响，可以先看总量。数据不仅供查看具体的指标数值，还可以给出在整体中的相对排位，比如排名前 ××% 等方式。要先找准排名的群体，是跟整体排名么？那样不就很容易知道平台的真实用户活跃等数据表现了么？太敏感了，而且太泛泛了、也比不过来，不如直接看所在的赛道。比如发职场知识经验分享的，那就和职场博主们比；做穿搭的，就只和穿搭博主们比。

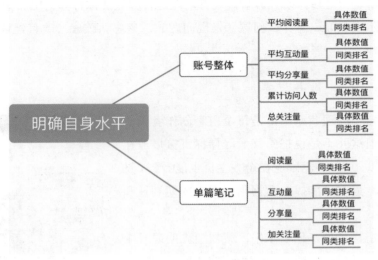

图 8-15

对单篇笔记而言，指标维度更简洁一些，就是看发布笔记之后，有多少人看、看完之后点赞收藏评论、进而分享笔记、最后关注你，这就是阅读量、互动量、分享量、加关注量。这些都针对单篇笔记，不用考虑像账号粒度那样取平均值。

按照上述标准，在小红书数据中心里查找，基本都能有所对应，只不过这些指标有的分散、有的集中。如果关注账号粒度，首先在数据中心的入口位置，就已经通过橱窗栏的方式，把几个数据指标直接汇总展示。虽然总粉丝量没有放在橱窗里，但在该界面顶部头像下面也有展示。如图 8-16 所示。

在进入数据中心后，也有 2 个位置展示账号整体数据（见图 8-17～图 8-19）。在账号概览的顶部，通过卡片交互的方式给出了不同时间范围内的指标波动图形可视化及环

图 8-16

比涨跌幅数据；在账号诊断里，给出了我们期待的排名情况，而且点击查看诊断详情还能看到一些建议（详见 8.3.3 节）。可以说针对账号粒度的数据很全面，

虽然没有给出累计数据，但近 7 天和近 30 天也足够，能比较好地反映出现状。唯一美中不足的就是，不知道指标排名里提到的"同类作者"到底是哪一类，是否平台会错分了类型，导致一场不平等的对比呢？

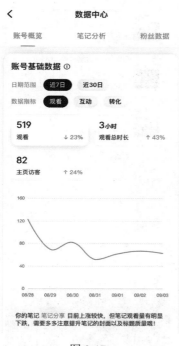

图 8-17

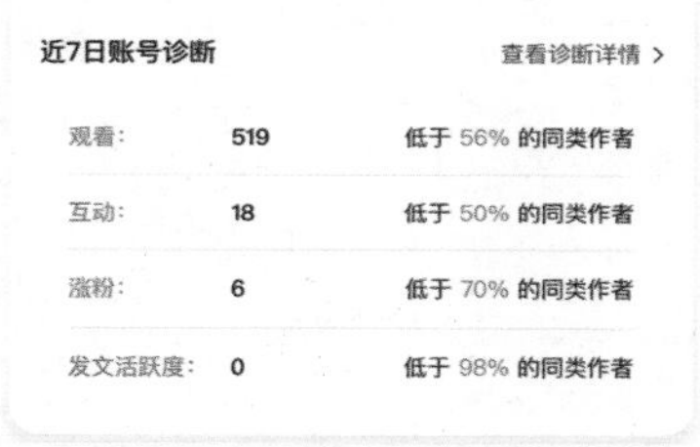

图 8-18

而针对笔记粒度，在数据中心有专门的笔记分析 tab（见图 8-20 ～图 8-22），对所有笔记可以按照时间 / 观看量排序，点击单篇笔记就能看到卡片交互式的详细指标，比列举的更加全面细致。下方的笔记诊断与账号诊断的交互操作类似，点击可以查看具体建议。问题依然是"同类作者"的概念不明确，对很多跨界内容创作者而言，并不知道如何对比。也许平台只是希望每个人尽量地专注，不需要鲜活全面，只供应好某个垂直领域的优质内容就可以了。

稍微总结一下明确自身水平这个部分，小红书数据中心的功能模块和指标基本完美地覆盖了分析框架，仅仅在"同类作者"的分类上没有直接告知每个创作者，算是白璧微瑕吧。

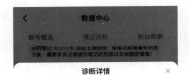

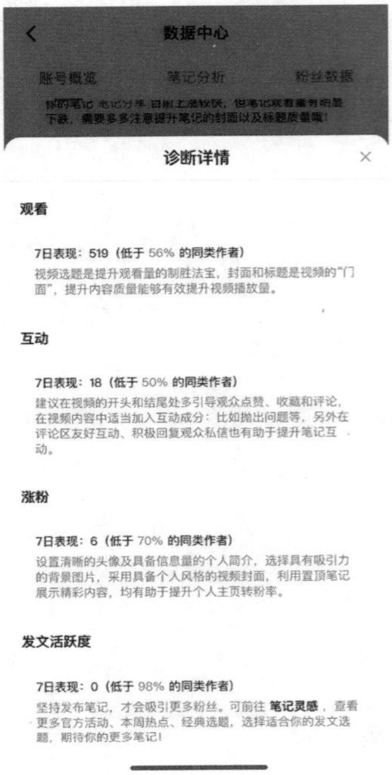

数据中心
账号概览
笔记分析
粉丝数据
诊断详情
观看
7日表现：519（低于 56% 的同类作者）
视频选题是提升观看量的制胜法宝，封面和标题是视频的“门面”，提升内容质量能够有效提升视频播放量。
互动
7日表现：18（低于 50% 的同类作者）
建议在视频的开头和结尾处多引导观众点赞、收藏和评论，在视频内容中适当加入互动成分：比如抛出问题等，另外在评论区友好互动、积极回复观众私信也有助于提升笔记互动。
涨粉
7日表现：6（低于 70% 的同类作者）
设置清晰的头像及具备信息量的个人简介，选择具有吸引力的背景图片，采用具备个人风格的视频封面，利用置顶笔记展示精彩内容，均有助于提升个人主页转粉率。
发文活跃度
7日表现：0（低于 98% 的同类作者）
坚持发布笔记，才会吸引更多粉丝。可前往 笔记灵感 ，查看更多官方活动、本周热点、经典选题，选择适合你的发文选题，期待你的更多笔记！

图 8-19

数据中心
账号概览
笔记分析
粉丝数据
单篇笔记
按发布时间排序
按观看量排序
从用户视角搭建数据指标体系也挺...
873 14 1
闲扯近两年数据岗位跳槽行业还剩...
1447 17 4
资深数据从业者对几个岗位的判断...
3081 99 2
别再只选数分啦！数据方向求职7...
3335 118 7
数据分析学习“防骗”指南，请查收
1206 19 5

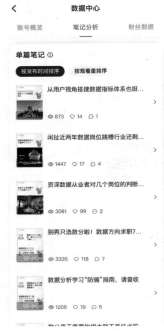

图 8-20

单篇笔记分析
笔记基础数据
3231
观看
38秒
人均观看时长
105
点赞
115
收藏
2
评论
30
笔记涨粉
14
笔记分享
发布后7日观看数趋势
1.0k
750
500
250
0
08/13
08/14
08/15
08/16
08/17
08/18
08/19
笔记诊断
查看诊断详情
互动：
197
高于 90% 的同类作者
笔记涨粉：
28
高于 89% 的同类作者
点击率：
很好
高于 94% 的同类作者

图 8-21

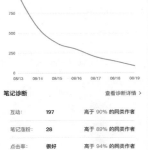

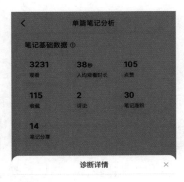

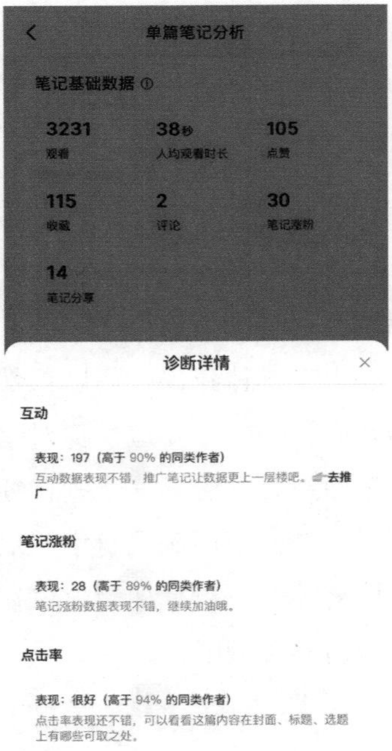

单篇笔记分析
笔记基础数据
3231
观看
38秒
人均观看时长
105
点赞
115
收藏
2
评论
30
笔记涨粉
14
笔记分享
诊断详情
互动
表现：197（高于 90% 的同类作者）
互动数据表现不错，推广笔记让数据更上一层楼吧。去推广
笔记涨粉
表现：28（高于 89% 的同类作者）
笔记涨粉数据表现不错，继续加油哦。
点击率
表现：很好（高于 94% 的同类作者）
点击率表现还不错，可以看看这篇内容在封面、标题、选题上有哪些可取之处。

图 8-22

8.3.2 有什么问题？

正视自身的现状和定位后，来看看数据能否发现问题。首先必须明确一点，**数据只能辅助，无法用以发现所有问题**。比如 8.3.1 节列举的互动、分享指标，如果一篇笔记没人互动分享，怎么从数据上定位出原因？再比如一篇笔记发布之后，看的人很多，但没有办法转化成新增关注，又是为什么？从哪些数据维度能找到原因？这些问题其实可以由一个有自媒体运营经验的人解答，笔记缺少互动分享，很可能内容缺少话题度，或者把内容都说完了，没让人有插嘴的余地；用户单看这一篇笔记，不觉得值得长期关注，如内容没有连贯性、利他性等。这些有经验的人能分析出来的原因，并不是数据能定位到的。

在明确了上述局限之后，将发现问题聚焦在数据能解决的范围内，以账号粒度和单篇笔记粒度为分析对象。具体指标层面，单篇笔记的互动、分享、关注，以及账号整体的互动、分享，都难以被数据定位分析，精简之后，就聚焦在如图 8-23 所示的一些维度上。

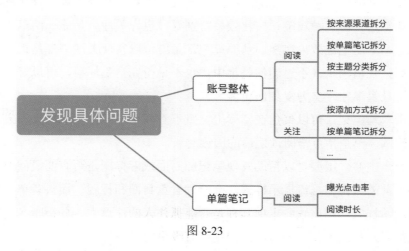

图 8-23

账号整体可被数据量化分析的是阅读和关注。对账号阅读情况的问题定位，可以以 3 种不同角度拆分下钻指标，分别是来源渠道、主题分类、单篇笔记。

● 来源渠道。阅读可能来自推荐流量，也可能来自搜索流量，还可能来自分享，甚至来自用户自发闲逛翻看历史笔记。一个优质的账号对几种不同的流量渠道应该有相对稳定的分布，不应该太依赖单独的推荐流量。拆分分析流量的渠道来源，能发现流量结构是否健康。

- 主题分类。有些主题的内容很少有人看，但另一些主题有很多受众。这或许不是用户的问题，而是创作者天赋的问题。本身擅长讲逻辑讲事实讲道理，适合做知识分享，但非要选择穿搭、美妆这种很感性的领域，不具有优势。从主题分类，可以帮创作者纠正选择。

- 单篇笔记。可以考察阅读量是很平均的、还是依赖几篇爆款笔记支撑起来。有的人不同笔记的阅读量分布差异并不大，比较稳定；有的人上下起伏，隔段时间来个爆款，但除了爆款少有人问津。从单篇笔记角度，能看出是缺爆款还是缺稳定的表现。

账号整体分析除了阅读就是关注，在小红书这个以推荐分发为主的平台，一个账号粉丝多也不见得每篇笔记都能成为爆款，但会对单篇笔记的阅读数据有一个兜底。关注可以从添加方式和单篇笔记两个角度来分析。

- 添加方式。加关注有的来自看完一篇笔记，有的来自别人的转发推荐，还有的在主页晃悠一圈之后感觉不错就关注了。跟阅读量的拆解类似，合理的加关注渠道应该也是多元化的，从添加方式可以看出结构上是否有问题。

- 单篇笔记。研究哪篇笔记转化效果特别好，也许关注只是靠一两篇笔记贡献的，剩下的笔记效果寥寥。从单篇笔记角度可以发现关注来源是否过于集中依赖某几篇爆款（不过即便是集中，也不见得完全是坏事，可以好好研究一下这几篇爆款，努力复刻出更多）。

对于单篇笔记，可以聚焦在阅读上。重点看两个环节，一个是推荐之后的曝光点击比例，一个是点击阅读之后的阅读时长。

- 曝光点击率。主要可以帮助发现笔记的封面或者标题是否有明显问题。小红书目前的双排信息流展示样式，会特别看重封面和标题；而抖音单排信息流的展示样式，则比较看重前几秒是否能抓住人的注意力。分析曝光点击率，能很好地指出创作者的封面是否足够有吸引力。

- 阅读时长。只靠封面标题容易把人"骗进去"，但发现具体内容很一般就会迅速划走，依然不会对创作者有任何正向效果。所以阅读时长也可以间接衡量内容的好坏。当然也存在字太多使很多人缺乏耐心放弃阅读的情况，但把内容设计得让人愿意读进去，其实恰好也是内容的一种"好"。阅读时长需要跟笔记的篇幅、字数挂钩，不能仅仅展示一个时间长度，还要提供一个基准线供对比，这样才使人知道内容是不是真的质量不够好。

好了，对功能效果大概心里都有数了，接下来看看现有的功能指标是否都达到预期。从账号整体粒度，小红书数据中心没有提供对关注的拆解，但提供了对阅读量的拆解（官方对观众来源分析的介绍是：指用户通过哪些页面发现并观看了你的笔记）。不过这种拆解仅仅针对来源渠道，没有考虑主题分类和单篇笔记拆分逻辑（见图 8-24）。

针对单篇笔记的阅读分析，小红书数据中心在笔记诊断里提供了点击率数据并带有基准线参考，也提供了阅读时长数据但缺少基准线参考，额外还提供了单篇笔记的阅读来源分布情况（见图 8-25 ～图 8-27）。也许平台考虑到商业机密，对于点击率并没有直接放出具体数值，只是给了一个定性的分档描述，但依然可以对标"同类作者"看到数据水平的高低；阅读时长指标，如图 8-26 所示，人均 39 秒是长是短并不能清晰衡量，平台应结合一篇笔记的图片数量、文字数量给出可以参考对标的平均数据，比如同类型、同篇幅的笔记大概平均阅读时长是多少；阅读来源分布属于锦上添花，不影响核心问题。

图 8-24

图 8-25

图 8-26　　　　　　　　　　　　　　　　图 8-27

综合来看，在帮助创作者发现自身问题这个维度上，小红书数据中心没有做到特别好。在账号粒度上，缺少对关注的拆解，对阅读的拆解方式也较为单一；在单篇笔记粒度上，虽然给出了阅读时长但缺少基准线对比，导致缺乏实用性。

8.3.3　该怎么改善

最后来看看提升改善环节，很多数据岗位的工作者都希望数据产出可以直接提供给用户一些明确的价值，而非仅仅明确现状、发现问题，但作出改善建议又谈何容易呢？数据分析师们耗费心力写出一份严密翔实的数据分析专题报告都不见得能砸出什么水花，更何况是这种在 App 界面上追求简洁可视化的数据产品形态。

但需求是迫切的，要知道庞大数量的内容创作者，真正能获得比较好数据正反馈的并不多，如图 8-28 所示的这篇笔记点赞收藏评论加一起 200 个左右，就是同类的 top10% 水平了；单篇笔记涨粉 28 个，也接近同类的 top10% 水平了。

那么要解决广大内容创作者提升内容创作质量的迫切诉求，**是应该直接依赖数据找出提升方法，还是运用一套相对成型可靠的自媒体运营方法论、以数**

据指标恰当描述呢？**我坚定地支持后者**。因为数据分析自身是没有方法论的，说到底放之四海皆准的就是对比、细分、溯源，但每个业务场景都有相对成熟的方法论，把业务流程、成熟的业务分析思路固化在数据看板上，才是比较合情合理的办法。总之数据只是辅助，脱离了业务场景，数据无法凭空发挥价值。

在明确了上述思路后，就可以考虑引入何种自媒体运营方法论，以及如何将其数据化。本书是数据产品书籍，对自媒体运营方法论只做简单介绍。如果保留一句话作为"武功心法"，那就是**"能否像普通用户一样审视自己发布的内容，并不断优化它"**。这句话其实也就是产品思维或者用户视角，具体来讲就还是转换用户视角，一个普通的小红书用户，会对什么笔记什么账号感兴趣呢？关注顺序大概率都是从**笔记封面、具体内容、再到账号的主页**，拆解维度如图8-29所示。

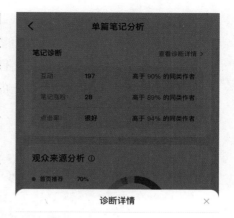

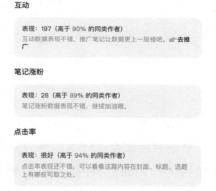

图 8-28

- 笔记封面，核心是吸引人点击。好的封面应该综合色彩、元素和标题3个因素，合适的色彩可以让笔记脱颖而出，比如一屏幕的淡色中深色调的笔记封面，肯定会吸引目光；封面图上的元素，是自然风光、人物特写，还是漫画特效，都要视内容而定，偶尔也可以剑走偏锋；标题重点突出，有话题感是最好的，但切勿标题党。
- 具体内容，核心是利他、有用。有用可能是情绪价值，也可能是实用价值。篇幅是否适中，整体图文是否易于阅读，内容是否命中时下热点话题，讨论得是否足够深刻有趣，都影响内容的好坏。
- 主页装修，核心塑造账号的调性。类似一个人站在面前传递的整体感觉，账号主页中，头像、背景图、名称组合起来就是账号的风格调性，三者要互相适配。名字并一定要特别亮眼；主页上陈列的所有笔记，一眼望去应是连贯的、整齐一致的。一会儿发穿搭、一会儿发职场、一会儿发搞笑，虽然很丰富，但并不分明，很难让人决策到底值不值得关注。大家喜欢丰富多彩的人，但基础是有一个相对情绪稳定的内核，对人如此，对账号也是如此。

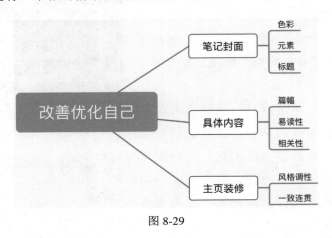

图 8-29

经过上述拆解之后产生的第一感觉就是：这些都不是数据能解决的……就拿笔记封面来说，针对职场分享，平台该怎么告知什么色彩、什么元素、什么标题更好？通过 AI 能力解析所有这个赛道下的封面，把非结构化数据变成结构化数据做出一个色彩、元素的排行榜供参考么？可问题是，一旦大家都知晓了这种零件级别的经验，纷纷模仿复用，一时间大量同质化的封面占据推荐信息流，普通用户们还会被吸引么？具体内容和主页装修也面临同样的问题，说到底，内容本身就很难被拆解复刻，就好比人一样，除非长时间朝夕相处，否则很难完完全全地看清楚。而且即便把一个成功人士研究通透，也不见得就能复刻成功，天时地利人和，缺一不可。

这么看来，想要切实地提升账号运营、笔记创作的质量，就没办法了吗？那倒也不是，直接的办法不行，还有间接的。比如官方就提供了一个作者推荐（见图 8-30），意图就是鼓励模仿学习。确实，具体的运

图 8-30

营方法很难被数据化，只能推荐一些同类优质作者供学习领悟了，至于能不能真的学到领悟到，就看自己的功底了。

除此之外，在账号诊断和单篇笔记诊断里，除了数据，还有一些建议文案（见图 8-31、图 8-32），针对封面、内容、主页等给出优化提升点。但说实话，这些文案应该是配置的通用模板，有点类似正确的废话，大而全，没有针对性，不具备可操作性。

用户画像（见图 8-33、图 8-34）也可以作为账号整体调性判断的一个客观依据。比如本来想做一个面向一线城市女性群体的穿搭账号，可是发了几篇笔记之后发现阅读者、粉丝大量都是下沉市场的男性用户，那就说明具体内容、主页装修的方向出现了偏差，但怎么优化改善，还需要结合对目标受众的理解。

图 8-31   图 8-32

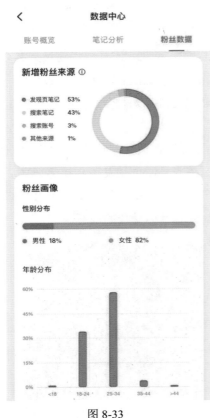

图 8-33

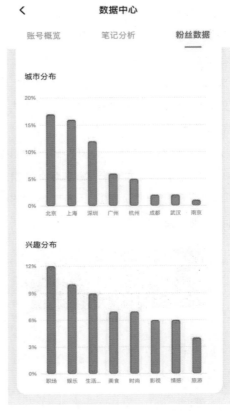

图 8-34

　　至此，小红书数据中心该有什么功能，以及实际是否达成预期都已盘点，结论汇总在表 8-1 里。表格中的目标达成情况，是一个大致量化，比如预设了 2 个功能点，仅达成 1 个，那就是 50%；如果 2 个功能点都有，但其中 1 个有明显缺陷，那就算第一个功能点是 50%、第二个有缺陷的只有 50% 的一半，汇总起来就是 50%+25%=75%。如果按预设的目标维度，做一个等权重的计算，那么小红书数据中心的现有功能的目标达成情况就是 53% 左右，主要欠缺在优化改善部分。

表 8-1

目标定位	目标拆解	匹配功能	目标达成情况
明确现状	账号整体	账号概览可完整支持	100%
	单篇笔记	笔记分析可完成支持，仅"同类作者"对比未明确展示所述类别	95%

续表

目标定位	目标拆解	匹配功能	目标达成情况
发现问题	账号整体	缺少关注量拆解分析，对阅读的拆解仅有来源渠道一个维度	40%
	单篇笔记	有点击率分析，阅读时长缺少基准线对比导致无法实际应用	75%
优化改善	笔记封面	仅有作者推荐、账号诊断、笔记诊断间接匹配	20%
	具体内容	仅有作者推荐、账号诊断、笔记诊断间接匹配	20%
	主页装修	仅有作者推荐、账号诊断、笔记诊断间接匹配	30%

最后稍作说明，本章内容写于 2023 年 9 月，小红书数据中心的功能截图都在这个时间点。当读者阅读本书时，对应功能很可能已经有所迭代优化演进，如有出入请以小红书 App 线上情况为准。但这并不影响观察研究，训练提升作为数据产品经理的核心能力。

8.4 价值衡量

对于大部分数据产品，价值衡量的模式是通用的，就看有没有人用、爱不爱用，以及用了之后有没有效果。但具体到不同的场景，衡量这 3 个维度的数据指标又会有差异，这就是下文要展开讨论的，主要分析框架如图 8-35 所示。

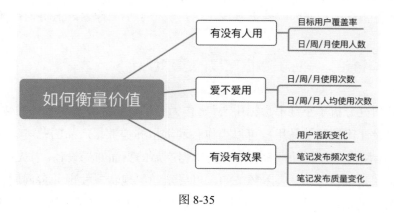

图 8-35

● 有没有人用。一方面可以去看使用人数，分日 / 周 / 月去统计，但另一方面目标用户的覆盖率更重要，因为小红书数据中心不是针对所有 toC 用户的。只有发布笔记的内容创作者有这种需求，大部分只看笔记不发笔记的用户，都不是目标用户，在计算覆盖率的时候如果强行把他们也计入分母，就会拉低覆盖率。这个覆盖率的目标当然是百分百，具体统计周期口径却有待商榷，比如已经半年不发笔记的用户，不适合当成目标用户，对目标用户的设定也需要有一个活跃时间限定，比如最近 1 个月发过笔记的用户。

- 爱不爱用。也就是用得多不多，相当于用户黏性。一方面可以用日 / 周 / 月的使用次数做一个总量上的衡量，说明整体价值；另一方面也可以换算成人均使用次数，直接用频次说话，体现产品的重要性。

- 用完没有效果。这个就很难办了，按照我们在 8.3.3 节的分析，目前小红书数据中心对创作者的改善优化建议效果很弱，但如果非要考察，也可以从这 3 个角度衡量。比如随机抽样 AB 组目标用户，查看他们使用数据中心之后，自身的活跃情况、笔记发布频次、笔记发布质量是否有明显的提升；甚至也可以对比使用数据中心的频次，看看是否存在正相关性，就是使用数据中心越频繁，用户越活跃、笔记发布越多、笔记质量越高。这背后的隐含意思就是，使用数据中心越多，用户越能明确自身定位、发现问题，进而也就越有动力和方向尝试改变，带来笔记发布频次的提升，以及笔记发布后阅读、互动、加关注等指标的提升。

一般会采纳"有没有人用"和"爱不爱用"两个维度来衡量价值，轻易不会去触碰效果方向。因为一方面压力大，另一方面影响链路比较长，很难说业务侧的指标涨跌跟数据看板有多大相关性。但如果有信心，通过 ABtest 等科学度量方式将业务指标波动归因到数据看板，也是一个不小的探索，值得期待和鼓励。

8.5 引申讨论：指标类数据产品的展示设计

本章研究分析了小红书数据中心，它作为一个以指标展示为主体的数据产品，界面布局设计比较简单易用，可以当作移动端指标类数据产品的范本。将内容延伸一下，看看 PC 端、移动端各类指标类数据产品的页面布局设计。首先明确一点，这里讨论的是数据分析 / 应用环节的，以展示业务现状、发现业务问题、提出改善建议为目的，展示数据指标和数据可视化图形的数据产品。BI 看板和很多数据运营分析平台，也都属于这个范畴。

8.5.1　PC 端现状介绍

当前指标类数据产品的主阵地，还是 PC 端。PC 端相对移动端，能承载更多内容、更多复杂的分析操作，页面空间较大，所以在布局设计上有更丰富的类型方案。

市面上比较常见的页面布局方式就是平铺样式，如图 8-36 所示。在顶部有一个全局生效的筛选控件区域，可以使用时间控件等；下方是平铺开的一个个数据模块，每个模块里都有数据指标和对应的可视化图表，且每个模块自成一体，不同模块之间大概率没什么关联性。随着 PC 端右侧滚动条的滑动，可以查阅多行数据模块，信息量较大。

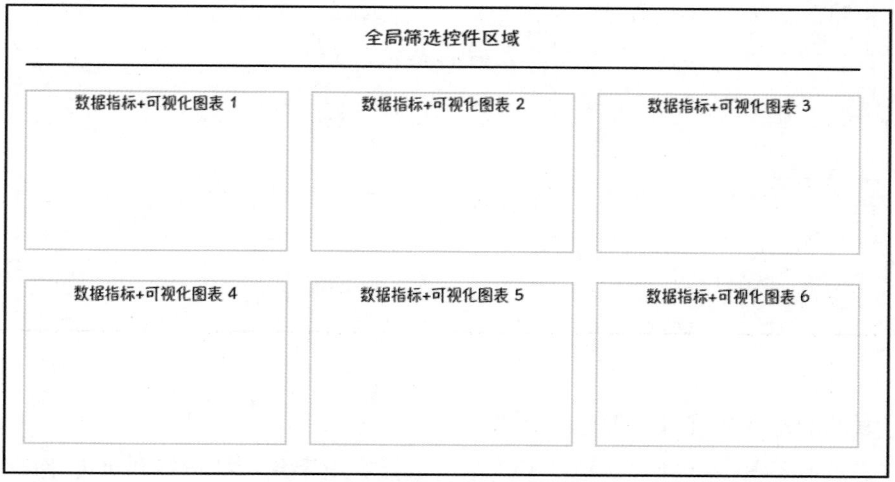

图 8-36

有了大概形象认知后，再了解一下平铺样式的优缺点。

- 优点：信息一目了然，不需要其他交互操作；承载的信息足够多，可以充分利用空间。

- 缺点：信息杂乱不聚焦；单纯的指标呈现，缺乏连贯的业务分析思路，看板有可能沦为纯看数工具；操作比较简单（只有顶部全局筛选控件），无法支持较复杂的数据下钻分析等交互操作，导致看板无法满足分析需求；数据模块较多，影响页面前端加载速度，用户进入界面后有时需要等待 1 ～ 2s，体验较差。

鉴于平铺样式的缺点，市面上逐渐出现了一些升级改善样式，比如指标 - 图表联动交互的样式（见图 8-37）。除了顶部的全局筛选控件外，在下方缩小了数据指标模块的大小，而且将指标与可视化图表进行了分离。数据指标放在一行，可以是一个横向滑动的区域，可选择想要具体查看的指标；选中后，下方的可视化区域进行联动对应展示。如图 8-37 所示，选中数据指标 1 后，下方可视化图表区域展示的就都是指标 1 的具体情况，可以展示趋势波动，也可以展示多维度下钻去归因指标异动。

```
全局筛选控件区域

┌──────────┐ ┌──────────┐ ┌──────────┐ ┌──────────┐ ┌──────────┐
│ 数据指标1 │ │ 数据指标2 │ │ 数据指标3 │ │ 数据指标4 │ │ 数据指标5 │
│          │ │          │ │          │ │          │ │          │
└──────────┘ └──────────┘ └──────────┘ └──────────┘ └──────────┘

┌────────────────────────────────────────────────────────────────┐
│                        数据可视化图表1                            │
│                                                                  │
│                                                                  │
└────────────────────────────────────────────────────────────────┘

┌────────────────────────────────────────────────────────────────┐
│                        数据可视化图表2                            │
│                                                                  │
│                                                                  │
└────────────────────────────────────────────────────────────────┘
```

图 8-37

联动的样式有优点，但也有缺点。

- 优点：不再像平铺式那样信息繁多，重点突出聚焦；把指标和可视化区域拆开后，总分的分析结构更加清晰。

- 缺点：展示的信息有限；指标 - 可视化区域的交互联动操作，不是所有用户都能自动习得，上线初期用户可能会抱怨投诉；数据指标之间的关系依然相对割裂，无法展示一个成熟的业务流程。

可以发现，上面两个样式都是普适性质的，多出现在第三方厂商提供的 BI 平台产品中。但普适、通用的问题就在于不够贴近业务，很多大公司在建设 BI 看板的时候都会考虑自研而非采买，使数据产品经理可发挥的空间和余地更大，比指标 - 图表联动交互样式更向前一步，布局方案如图 8-38 所示。它已在第 2 章的案例 3 中出现过，抽象概括后就是把数据指标和可视化图表分离，数据指标以地图形式完整地平铺在界面上，点击具体数据指标之后，通过弹出浮层来展示对应指标的具体分析。

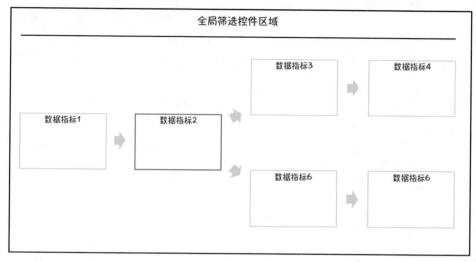

图 8-38

相比前面两种样式，地图形式的优缺点如下。

- 优点：既能承载较多信息，又能将业务指标以符合业务流程的形式串联组织在一起，形成一个具有业务视角的指标分析；通过地图上的流程顺序关系，可以比较好地突出重点信息；指标与可视化图表分离后，分析的结构更清晰。
- 缺点：定制化程度较高，如果业务变更频繁，指标地图需要频繁变更配置，成本较高；点击指标后弹出浮层的交互操作，有一定学习适应成本。

以上就是 PC 端指标类数据产品的 3 种页面布局方案，可以结合自己公司和业务的实际情况适当选择。

8.5.2 移动端现状介绍

说完 PC 端，再聊聊移动端。**如果说 PC 端的定位是承载更多信息、更多复杂操作分析，那么移动端的定位就是更快捷、更方便、更精简。**移动端的数据受众往往并不需要复杂的分析，只需要知道现状和问题，再另找办法解决。PC 端不是也无法解决优化建议的问题么？本章研究分析的小红书数据中心，在移动端数据看板里页面布局设计得比较精巧用心，其他案例比如微信的订阅号助手，也有类似的看板，如图 8-39 ～图 8-46 所示。

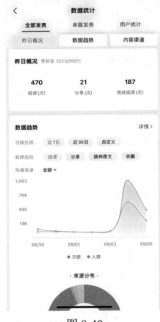

图 8-39

图 8-40

图 8-41

图 8-42

图 8-43

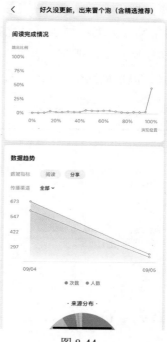

图 8-44

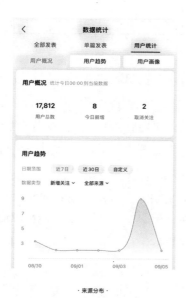

图 8-45

图 8-46

把页面抽象一下，就会发现移动端的指标类数据产品，其实核心还是参考了PC 端的平铺式方案；减少了全局筛选控件，取而代之的是每个模块内的小 tag形式筛选切换时间；涉及概括与详情的关系，会通过点击查看更多操作，跳转到二级页面，但页面深度只到二级；顶部是不超过 3 个切换选择的 tab。页面示例如图 8-47 所示。

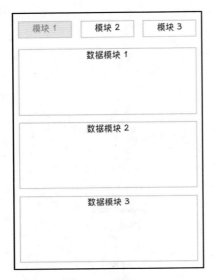 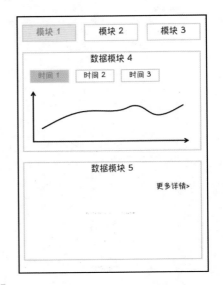

图 8-47

　　目前市面上移动端的指标类数据产品，普遍采用这种样式。但还有没有其他可能？尤其是随着以 ChatGPT 为代表的大模型应用惊艳亮相，移动端是否可以打破平铺模式，让对话式登上舞台中央？毕竟人机对话是移动端最友好的一种交互方式，大模型也具备了一定逻辑分析能力，划定范围内的指标多维下钻分析已经不成问题。

　　但对话式并不是万能解药，不能只在移动端摆上类似微信聊天对话窗口的界面，由大家自己问。核心的指标还是需要一眼就能看到，不能每次都重复问；对话式也有局限，无法在较小的屏幕空间内呈现足够多的、体系化的分析信息。不过相比已有的移动端样式，是一种新的探索，可能的样式如图 8-48 所示。

　　至此已盘点 PC、移动端指标类数据产品的各种页面布局样式，简单汇总如表 8-2 所示。希望大家能结合自身业务特点探索出更多合适的、高效的展示样式。

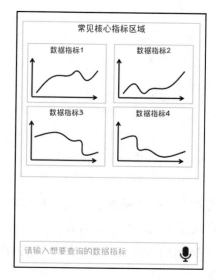

图 8-48

表 8-2

设备	样式	描述	优势	劣势
PC 端	平铺	指标与可视化融合 平铺展示大量指标分析	• 交互简单 • 承载信息多	• 信息杂乱 • 缺乏业务视角 • 无法复杂分析 • 页面加载慢
	指标 - 图表联动	指标与可视化分开 横行展示有限的指标 点击指标联动可视化分析	• 重点信息突出 • 分析结构清晰	• 展示信息有限 • 交互方式隐蔽 • 缺乏业务视角
	地图交互联动	指标与可视化分开 地图展示大量的指标 点击指标联动可视化分析	• 重点信息突出 • 承载信息多 • 沉淀业务思路 • 分析结构清晰	• 交互方式隐蔽 • 定制化成本高
移动端	平铺	指标与可视化融合 手机竖屏平铺展示大量指标分析	• 承载信息多 • 分析结构清晰	• 无法复杂分析 • 缺乏业务视角
	对话	指标与可视化融合 对话方式查询单个指标	• 交互友好 • 重点信息突出 • 分析结构清晰	• 承载信息有限 • 缺乏业务视角

第 9 章
投前决策数据产品

9.1 本章概述

　　本章仍然讨论数据分析 / 应用环节的数据产品，但会从观察研究视角切换到亲身实践分享（见图 9-1）。投前决策数据产品是一款为品牌广告在投放前提供创意决策的数据产品，以下简称为投前决策。虽然距今年代久远，但回忆起来收获和思考良多。

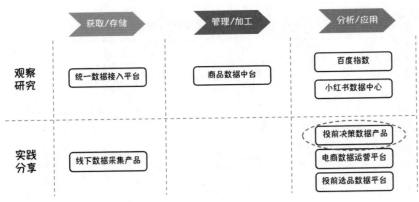

图 9-1

　　针对这个案例，本章重点围绕产品能力、商业变现、统计算法、数据分析等数据产品经理的核心能力展开讨论（见图 9-2）。产品能力部分结合行业背景和用户诉求介绍投前决策的功能结构规划；商业变现部分介绍这类产品在企业内部如何实现协作盈利；统计算法和数据分析部分深入产品内部，解析几个重点模块的计算逻辑。

　　为了尽量还原投前决策的细节，本章将从

图 9-2

几个环节展开介绍（见图9-3）：首先介绍品牌广告的传统"工艺"流程，展示一个被计算出来的创意案例，借此引出投前决策数据产品的可能性与必要性；之后介绍产品的功能规划架构，并挑选其中的 3 个功能重点解析，分别是灵活地自定义分析对象、相关的策略模型和自动化投前决策；最后对该产品进行事后诸葛式的回顾，分析它半途而废的原因，总结经验教训。

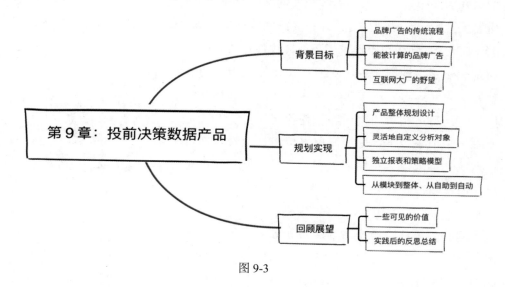

图 9-3

9.2 背景目标

虽然在前面解析百度指数的章节中，对品牌广告有过一些浮光掠影的介绍，但本章的投前决策是对品牌广告更全面深入的数据化驱动尝试，有必要先对品牌广告的传统"工艺"流程进行介绍，让大家对前数字化创意时代有个直观印象，能比较好地理解数据对品牌广告的价值；之后展示一个汽车行业的品牌广告创意案例，说明这种数据化驱动投放前决策的想法并不是空中楼阁，在一定程度上可以被实现，这也为后续系统化、自动化、智能化的投前决策产品埋下伏笔；最后引出投前决策对互联网大厂的价值，以及该数据产品在智能化品牌广告整体投放流程中的定位。

9.2.1　品牌广告的传统流程

虽然如今效果广告铺天盖地，品牌广告似乎有些式微，但它依然出现在日常生活中。比如朋友圈里时不时就能刷到一个看起来图文并茂、不催着马上下单花钱的广告。它往往**主打传递品牌的价值主张**，意图在人们心中树立起一个良好的**形象并加深印象**，让人们后续想要购买的时候能第一时间就想到它；还比如搜索引擎里搜索一个品牌的时候，率先返回的结果大概率就是围绕品牌做介绍的高清大图广告，它同样也不追求当下就转化你花钱下单，

而是想一步步地影响你、唤醒你，让你逐步地明确就要买它（这点在汽车等长购物决策周期的行业更明显）。与之相对的效果广告是什么样子呢？就是不求未来但求当下，更加简单直接粗暴地希望你下单购买，不求什么长期形象和印象，它们同样也充斥在朋友圈和搜索结果中。品牌广告如图 9-4、图 9-5 所示，效果广告如图 9-6、图 9-7 所示。

图 9-4

但必须承认，当今品牌广告和效果广告的边界愈发模糊了，"品效合一"的追求近些年不断被提及实践，实际上就是打破长期影响 VS 短期见效的边界，让品牌广告既能影响大家的决策和印象，又能立刻带来一些看得见摸得着的效果衡量。典型的比如一些汽车、楼盘的广告，虽然不追求当即下单，但引导人们观看并留下联系方式、预约信息，以便广告主后续进一步联系（见图 9-8、图 9-9）。

图 9-5

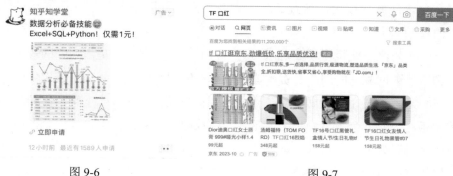

图 9-6

图 9-7

图 9-8

图 9-9

过去很长一段时间，品牌广告逐步被边缘化，因为收入比不过效果广告。一方面品牌广告长期难以被度量价值，使得一些本就信心不足、预算不足的广告主不断减少投放；另一方面往往只有少部分商品需要品牌广告，大部分商品是没有品牌概念的，它们更需要的就是效果广告，而且这些没品牌的商家聚沙成塔、单价低但规模大，导致品牌广告在各大互联网平台的收入很难超过效果广告的哪怕 1/3。

有一种思维方式也在不断挤压品牌广告的生存空间，就是由互联网普及带来的**万物皆可数据驱动的观念，资本追来效率和流程的理念**。品牌广告天生就有一些因素不太容易被完全数据驱动，也不太容易被流水线机械化重塑，比如品牌广告的创意，类似一个故事、一个灵感、一个氛围，数据最多可以指引个方向，但细节仍然需要人来填充丰满。这就使得品牌广告的制作效率相比效果广告更低，产出质量也会有一定范围的波动，资本天然喜欢可量产的、稳定的、规模化的东西，对品牌广告这种保有一丝"艺术"属性的东西提不起兴趣。

但仅从朴素的哲学层面来看，世界在很多角度上都是二元互补的。**可以追求短期收益，但不能一味透支长期形象**。品牌广告从长周期来看，势必会迎来价值回调。

一个品牌广告从酝酿到被用户看到，大致会走过如图 9-10 所示的一个完整的流程。

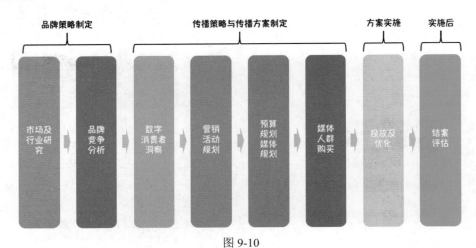

图 9-10

首先作市场和行业的整体性研究，叠加品牌自身和竞争对手的现状分析，综合得出品牌策略；之后就会研究品牌的受众、营销活动的形式，评估预算和适合投放的媒体，联系平台购买流量和人群；最后会在互联网平台投放，评估效果沉淀经验。这个流程中的很多环节需要人工参与，同时也需要数据辅助，最难以被数据分析推导的创意，在一定程度上也可以被计算出来，给数据产品在该场景的登场预留了足够的空间。

9.2.2 能被计算的品牌广告

上面提到资本和互联网平台公司都喜欢规模化的、量产化的东西，品牌广告因为不容易被数据驱动、也不容易被量化，在互联网广告领域中一度式微。但随着从业者的不断努力，以及互联网公司不断扩充的用户规模和数据丰富度，逐渐使品牌广告也可以被量化了，不仅是结果，更包含核心的创意设计。其实数据能辅助的广告创意维度很多（见图9-11），本节挑选相对最复杂的维度举例说明，它就是广告整体的调性。

图 9-11

调性类似人的气质感觉，往往不是那么具象，图9-11中汽车广告传达的调性跟这位歌手的气质类似，具有诗意，走自然风。接下来以一个更完整的汽车品牌广告案例，让大家直观感受一下调性是怎么在一定范围内被数据计算出来的，如图9-12所示。

图 9-12

图 9-12 所示的汽车广告给人的感觉是家庭、幸福、自然三者的融合，它被计算出来的过程大致可分为 5 步。

● 获取高质量数据。目标是了解消费者对具体车型的感性感受，首先要去一个这类言论集中的地方，比如汽车垂直论坛；其次，要保证这些评论都是消费者的真实感受，不是水军或者刷屏广告；最后，这些评论需要表达明确情感倾向，不能辛辛苦苦爬虫爬回来一堆评论数据，都是厌世、冷漠的陈述句。这些需要下苦功夫处理，是让数据发挥价值的基础，但往往会被人为地忽略。可采用的数据源如图 9-13 所示。

图 9-13

● 引入情感模型。取得有价值的数据之后，需要在加工之前清楚理论依据，即人的情感诉求到底怎么分类、分成几类。这体现品牌广告需要与社会科学相结合，研究消费者心智。一种可能的分类如图 9-14 所示。

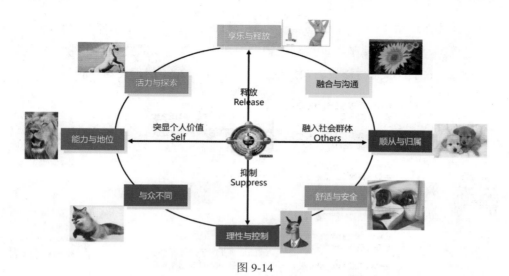

图 9-14

● 具象化情感模型。有了数据和分类标准之后，就需要把评论归类到不同的情感类型中。首先，对评论进行切词处理，只保留其中完整有意义的词汇；之后，需要人工操作，把词汇归类到不同的情感类型。比如"自然""老婆""孩子""舒适"等让人感到安逸的词汇，都归类到"舒适与安全"，体现成熟男子顾家爱家的气质；而"灵活""速度快""动感"等热情奔放的字眼，都归类到"活力与探索"，透露年轻有朝气的感觉。切词归类如图 9-15 所示。

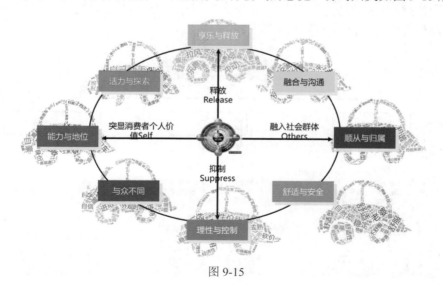

图 9-15

● 统计加工计算。实际操作如图 9-16 所示，爬虫爬到某款车的全部评论有 6

条，切词之后发现有 1 个词属于"享乐与释放"，有 7 个词属于"舒适与安全"，有 2 个词属于"理性与控制"，那么这款车在消费者心中的情感标签就是 10% 的享乐与释放、70% 的舒适与安全、20% 的理性与控制。

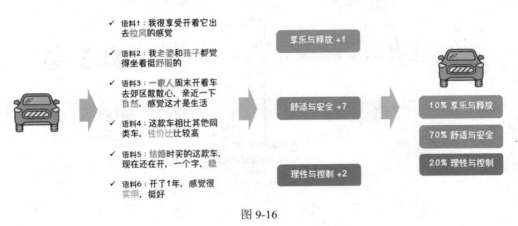

图 9-16

● 反向解析计算结果。知道一款车的情感分类标签有什么用呢？可以更具象化地设计广告的调性，例子中这款车 70% 的情感表达都集中在舒适与安全上。再聚焦关键词，有"家人""大自然""幸福"等，稍加理解可以转化为很直观的概念，比如"带给家人舒适""亲近大自然""打造幸福生活"（见图 9-17）。闭眼想象一下，符合这 3 个概念的广告是什么样的呢？是不是同开头给出的广告感觉很相近了呢？

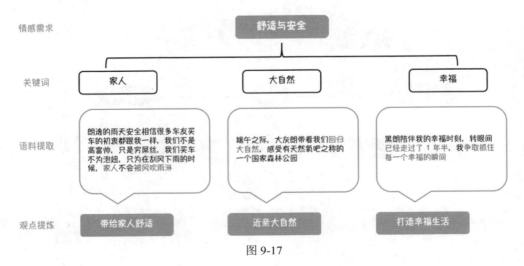

图 9-17

好了，既然连调性这种最难被量化的创意元素都可以一定程度上被驯服，那么按上述过程把品牌广告最核心的创意策划从离线、人工的形式变得自动化、系统化，即数据产品化，就并不是天方夜谭了。

9.2.3 互联网大厂的野望

上面这个例子为实现品牌广告生产流程的自动化和智能化增加了一些信心，但只有信心不够，还需要有商业利益诉求推动，否则就只会是一些实验探索。品牌广告的传统"工艺"流程中，互联网公司的切入点是"媒体人群购买"这个环节，相当于前期计划方案都定好了、花多少钱也定好了，最后只需要采购流量。这对有野心的互联网公司而言是相对被动的，只能眼巴巴地等甲方广告主的垂青，万一找其他竞争对手去投放，能做的干预十分有限。互联网公司在拥有庞大规模的用户和数据之后，自然想要将介入的环节提前（见图9-18），因为**越是能参与到广告主的决策制定过程中，越能给自己争取更多的预算空间和自由发挥空间。想象一下，自己参与命题自己解答，岂不比别人命题自己解答要更容易获得高分么？**

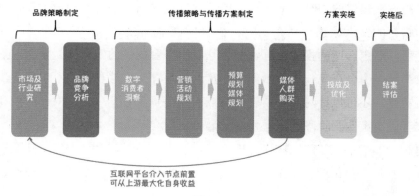

图 9-18

这种前置介入，最好也不是通过堆人工来解决。虽然早期互联网公司在一定程度上能够参与广告主的品牌策略和传播策略/方案的制定，但都是由专职的广告策划咨询配套数据分析师人工输出数据洞察报告。这个加工制作的流程比较漫长，人为因素比较多，广告主也会质疑：最终报告上由数据辅助分析得到的结论到底是"原装"的还是人工调整"勾兑"的？有没有数据作假？这个过程不是透明可见的，如何分辨互联网公司的大数据洞察能力是否可靠呢？

既然有质疑，真的有存货就不妨摆出来看看，于是针对这个流程的数据产品就诞生了，它可以辅助品牌广告投放前的创意决策，但它并不是互联网公司交付广告主的唯一，只是完整数据产品矩阵中的一个重要环节而已（见图 9-19）。

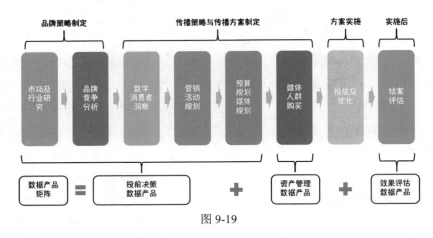

图 9-19

完整的数据产品矩阵除了投放前的决策数据产品外，还打包提供了数据资产管理平台（DMP），以及投放后的效果评估数据产品。第一个数据产品可以在提供营销方案建议的同时，最大化的撬动广告主在当前平台的投放预算，把一个本来 100 万的试水预热活动充实成一个 1000 万的营销计划；第二个可以在方案明确之后，圈定合适的投放人群，配合互联网平台提供的媒介流量资源，启动营销投放；第三个会在完成投放后做一次量化效果评估，这种评估不仅仅是度量曝光点击转化，还可以针对品牌广告的特点衡量消费者看到广告后对品牌的印象程度，或者说决策购买阶段的演进程度（详见 9.3.3 节）。

再把数据产品矩阵的作用展开一点，当成一个一连串的输入和输出（见图 9-20）。每个单位的输出都可以作为下一个单位的输入，最终得到一个完整的结论。

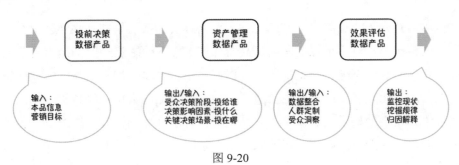

图 9-20

设想中投前决策数据产品只需输入广告主的品牌和产品信息,以及营销目标,就可以触发系统的自动化计算,并得到创意的 3 个核心信息:投给谁、投在哪儿和投什么内容;这 3 个核心信息是经由内部多个功能模块计算并组合得到的,而该输出又可以作为资产管理数据产品(DMP)的输入,以便按照创意进行数据整合、人群定制和受众的进一步洞察理解(人群画像和兴趣等);等待有了投放效果之后,就会有效果评估数据产品来进行监控、挖掘投放过程中的规律,以及归因总结本次投放的量化效果和可供后续投放参考的经验。

本章后续要介绍的,就是互联网公司**在品牌广告业务下的一次自动化、智能化尝试**,通过多个数据产品配合完成,只重点介绍其中最上游的那个数据产品——投前决策数据产品。

9.3　规划实现

概述投前决策在互联网大厂品牌广告业务中的定位和价值后,聚焦该数据产品,首先给出一个相对完整的功能结构图,其次针对其中的 3 个功能分别举例、展开细节进行介绍。

9.3.1　产品整体规划设计

一般而言,一个比较复杂的数据产品,总会有类似图 9-21 所示的功能结构图。在初学者看来就是一个个框框,刚入行的时候曾懵懂地简称它为框框图,总有种"不明觉厉"的感觉。但随着对数据产品工作的理解加深,顿觉厉害的框框图也没那么高不可攀,就是表明完成一件事情要怎么分步骤,以及每个步骤中都涉及哪些具体操作。

图 9-21 可以从上往下看,相当于从结果倒推,最终的数据产品有哪些功能,为了支持这些功能需要有哪些数据,而这些数据最初又来自哪里;也可以从下往上看,为了最终的数据产品,底层最初选用的数据都有哪些,这些数据需要经过哪些处理加工才能应用,以及最终应用的时候以哪些产品功能体现。这里采取后者进行介绍。

● 数据接入。最原始的数据来源有三方,分别是广告主自有数据、互联网公司掌握的数据和外部平台公司拥有的相关数据。广告主自有的数据可以简单分为消费者信息、营销投放积累的数据和自有 App 里的数据。其中消费者数

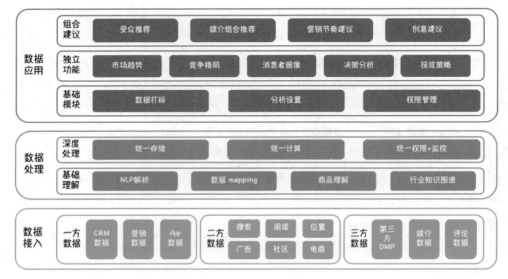

图 9-21

据通常存放在企业的 **CRM** 系统中，营销投放数据和 **App** 数据视企业数字化发展阶段而定，可能有独立的系统也可能混在一起。互联网公司掌握的数据取决于公司的业务范畴，对品牌广告营销而言比较重要的就是搜索、电商、社区、广告这 4 个场景，如果附带阅读和位置场景更好。因为搜索代表消费者在购买前的决策，电商是实际购买的发生地，社区是购买之后的分享讨论集散地，广告则是最直接的数据验证。阅读代表消费者的内容消费，可以辅助积累一些用户兴趣画像；位置可以对营销投放的时机、地点作有益的补充。至于外部平台公司的数据，可能是广告主之前在其他平台投放时的用户数据、选择媒介平台的效果数据或不同行业垂类社区论坛中消费者对品牌产品的评价数据。

● 数据处理。有了原始数据之后，需要对这些数据加工处理才能供数据产品使用。比如数据来源里有很多非结构化的数据，还有很多数据是零散的，需要有一轮基础理解，包括对搜索、评价等文本数据的自然语言理解；同一个用户在不同设备、平台功能上的用户 id 可能不同，需要识别把这些互联网分身聚合成一个自然人，这样才能完整地理解一个消费者的决策路径；为了避免脱离行业空对空地分析数据，还需要有对行业的结构化认知，可以把数据归类到对应的行业、细分市场、品牌、产品、属性上；甚至作出更细致的商品级别的理解，如商品的价格、卖点等。这样就把消费者在购买前决策阶段的非结构化数据串联起来，在进入数据应用层之前做好存储、计算和权限监控等准备工作。

● 数据应用。数据应用层分为基础模块、独立功能和组合建议 3 个部分。其中基础模块负责定义被分析的对象，既可以通过上传数据进行打标来完成，也可以使用系统默认的行业标签数据；之后就可以配置一个个独立的功能看板，得到一个品牌广告创意策划 PPT 中所需的所有数据，如行业市场的整体情况、广告主品牌和产品层面的主要竞品（从消费者行为表现来看，而非主观认知）、对本品有意向的消费者信息（年龄、性别、地域、学历、收入水平、兴趣爱好）、消费者对本品的意向所处阶段、关注维度，以及过往投放结果的规律总结分析；最后通过预先完成的组合配置，把独立的功能模块整合成品牌广告创意的核心参考要素，如推荐哪些受众进行投放，在哪些媒体进行投放，投放过程中采取什么创意形式，以及在什么时机节点以何种节奏进行投放。

在这里需要额外注意到，投前决策并非封闭体系，它在定义人群这个环节是与 DMP 打通的（见图 9-22）。既可以由 DMP 画像标签定义人群，传送到投前决策产品进行分析，分析他们眼中哪些品牌之间是竞品、哪些卖点最影响购买决策、这群人在决策购买过程中有什么特点；也可以反向，先由投前决策产品通过消费者的行为定义挖掘出特定的人群，比如对本品已经有明显购买意愿、并特别关注产品某个卖点的人群，再把挖掘结果打包发送给 DMP 以便后续投放。

有了对投前决策产品的全局性认知后，就可以深入了解它在数据应用层的 3 个核心能力了：灵活地自定义分析对象、数据分析和策略模块的独立功能，以及

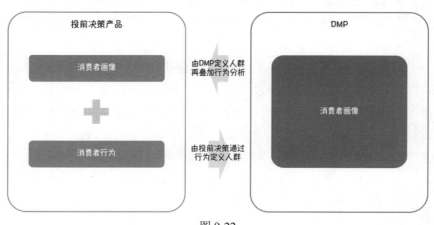

图 9-22

把独立模块组装起来以便得到一个完整结论的组合建议功能。

9.3.2 灵活地自定义分析对象

投前决策数据产品的一大特色就是可以非常灵活地自定义分析对象,不过灵活不见得就是好事情,后续会就此详细展开。先来看看这个数据产品为什么一定要这么灵活,从一个具体的功能看板说起。

图 9-23 所示的看板为"受众关注点",顾名思义,用于分析特定的受众人群到底都关注什么,这样就可以对症下药、加工品牌广告的创意表达。比如想买车的人看重安全性,就在广告里重点传达这个概念。这里以手机行业为例,重点分析全国范围内的高学历青年在手机的重点属性中更看重什么。结果用 PV 计数,就是看行为不看用户,比如一个人反复搜索、阅读了 N 次手机价格相关的内容,在报表里计为 N,而不是 1。

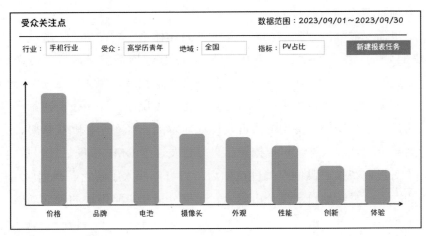

图 9-23

这个看板乍一看平平无奇,是一个在线准实时的数据可视化报表而已,其实不然。因为受众有很多种,无法将可能的受众人群都预设好供使用者在看板上直接选择,所以需要先创建一个数据任务,等待少许时间才能看到计算结果,是异步的。不仅受众如此,关注点也是如此。数据产品经理可以设置一些行业通用的关注点,并允许使用者自己定义一些关键而系统中缺少的关注点,比如国产芯片、折叠屏、三摄像头、面部识别等技术创新功能。"受众关注点"看板需要预先配置才能生成结果,它的配置界面如图 9-24 所示。

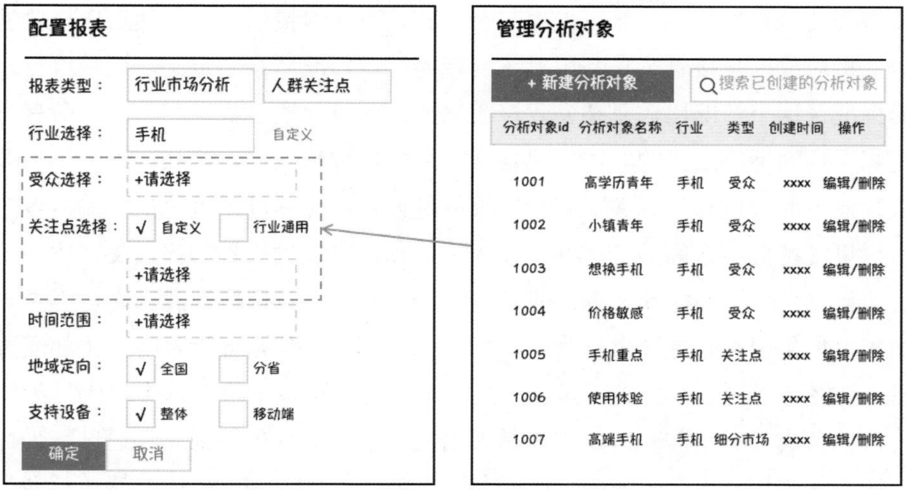

图 9-24

　　先选择要配置报表的类型，然后选择行业，这些都是在有限范围内的筛选。受众和关注点需要从预先创建好的分析对象列表中选择。可以被创建的分析对象除了受众、关注点，还有细分市场。前两者的概念比较好理解，细分市场就是对行业的进一步切割，比如手机是一个行业，那么安卓手机就是一个细分市场，高端手机也是一个细分市场，很多时候对行业的研究需要下钻一个层级才能看得更清楚。分析对象如何创建呢？核心原理是定义行为标签，如图 9-25 所示。

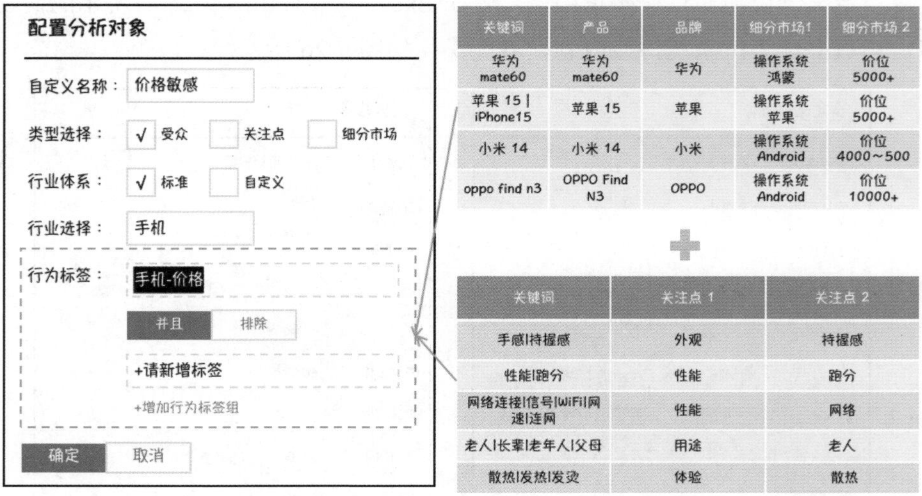

图 9-25

在配置分析对象的时候可以先起一个符合自己习惯的名字，然后选择要创建哪类分析对象，紧接着选择是用系统内置的行业标准体系来定义，还是自己创建一套标准（这个情况比较复杂）。核心来了，在投前决策数据产品中，**所有对象都是基于行为标签定义的**。比如要定义一个价格敏感人群，就从行为标签中选择手机行业下的价格行为标签，隐含逻辑就是搜索、阅读过手机价格相关内容的人群。这里支持标签之间的交、并、补逻辑计算，可以进一步细化定义，比如排除手机 - 品牌这个行为标签，潜台词就是定义出一群只对价格敏感、完全不考虑品牌的人。如果说受众是通过行为标签捞人，那关注点就是行为本身，比如通过对手机 - 价格与手机 - 购买渠道等取并集，来定义"决策下单"这个行为，因为考虑价格并考虑在哪里购买，基本就是做出决定了。细分市场则允许通过行为标签从行业整体中切分出一个局部，比如高端手机，"价格 >5000 元 & 手机行业"，即搜索、阅读的内容同时满足手机和价格大于 5000 元这两个条件。

这些行为标签的更底层来自哪里呢？简单说就是图 9-25 中右侧的表格，可以把它当作手机行业知识图谱的极简示例。最底层是通过关键词来定义标签，原子粒度的标签都在产品上，包括归属的品牌、对应的细分市场等；手机行业通用的关注点也是类似结构，只不过跟产品、品牌、细分市场是相对独立的，应用时做一个拼接即可。

这仅仅是系统自带的通用行为标签体系，为了支持灵活及时地分析对象，还可以自定义一个简易行业知识图谱，先在 Excel 里写好如图 9-25 右所示的简易图谱，然后上传等待系统拼接内容，界面操作如图 9-26 所示。

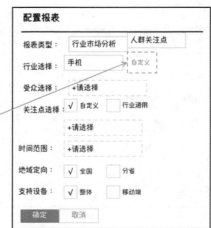

图 9-26

所谓拼接，就是用自定义的标签体系，给投前决策的底层数据打一遍标签，因为数据量很大，所以是需要耗费一定时间的数据任务。可以做预览展示，查看打标签的结果有没有明显的错误。如果没有，就可以在配置报表时，在"行业选择"右侧点击"自定义"，调取自己定义的行业供后续分析使用。

怎么样，介绍完之后，是不是觉得这一通操作下来太复杂了？的确，投前决策曾在这个环节饱受用户质疑。不难理解，除了产品经理，谁能初来乍到就熟悉如此复杂的操作呢？这个数据产品的上手门槛太高了！用户们什么都看不到的情况下，就要先学习配置一堆分析对象，要知道用户的耐心可是非常有限的。即便是 toB 对内的数据产品也一样，如果第一印象不好，用户们可不会理解，只会私下议论产品不好用，甚至因为门槛高基本搁置。这种吐槽和抱怨的阴影将笼罩在产品的发展之路上，让后续努力都事倍功半。

现在回想，当时的设计就是太"技术"了，**为了满足复杂性和灵活性，忽略了易用性**。本书反复强调，数据产品的核心是产品，做数据产品的过程中逻辑性固然重要，但同理心同等重要。不能做出一个逻辑严密的自娱自乐产品，数据产品总归是要给人用的。可以预先配置不同行业常见、常用的报表平衡补救，比如受众关注点报表，它是各行业做品牌广告投前创意决策研究都需要的元素，产品经理就可以自行配置 1 ～ 2 个常见受众，再结合行业通用的关注点配置 1 ～ 2 个受众关注点报表。这样不同行业的用户进入产品后都能先看，还可以点击"编辑"按钮学习配置报表。

这不同于简单的 demo，报表里都是行业真实数据，大部分情况下可以直接使用。不过它只能覆盖 70% ～ 80% 的常见分析，剩下 20% ～ 30% 的灵活分析还需要用户学习使用。产品经理要做的就是在用户和产品之间搭梯子，降低上手的门槛。现在看起来很简单很自然的操作，当时竟然没有概念，可见每个阶段人都是有思维局限性的，突破限制之后再看问题，就会走出更宽阔的路。

9.3.3 独立报表和策略模型

介绍了底层的分析对象配置，向上一层，讲讲功能看板和看板背后的策略模型（计算逻辑）。重温图 9-27 所示的功能模块，再挑选其中 2 个重点解析。

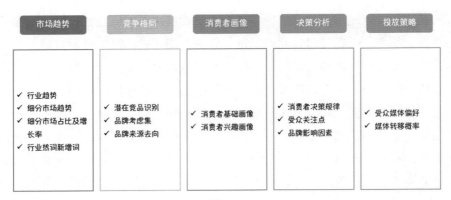

图 9-27

图 9-27 将 9.3.1 节规划架构图中的独立功能进一步细拆，下面分别介绍各功能报表。

- 市场趋势：了解行业宏观趋势变化。其中行业趋势分析长周期范围内行业级别的波动趋势（以搜索、阅读等数据为基础），细分市场趋势对行业做进一步细拆（3.2 节介绍了细分市场概念），细分市场占比及增长率以经典四象限图的形式可视化不同细分市场在过去一段时间内的存量和增量变化，行业热词新增词以最细粒度的搜索词表达消费者对行业（以及细分市场）的微观诉求。

- 竞争格局：帮助品牌广告主知己知彼，明确竞争对手。潜在竞品识别可以在品牌和产品粒度识别出广大消费者心目中的比较对象，对品牌广告主而言就是竞争对手，品牌考虑集可以明确告诉广告主消费者群体在考虑这个品牌的同时还会考虑哪几个品牌，品牌来源去向会告诉广告主消费者在考虑这个品牌之后还会考虑哪些品牌 / 产品，在考虑完哪些品牌 / 产品后考虑这个品牌。

- 消费者画像：了解潜在消费者的面貌。消费者基础画像提供性别、年龄、地域、教育水平等常规维度的分析，消费者兴趣画像则提供不同领域爱好层面的分析。

- 决策分析：洞察消费者在下单购买某个品牌 / 产品之前，都有哪些环节施加影响。消费者决策规律挖掘购买决策周期、决策行为步骤，受众关注点查看潜在消费者对品牌 / 产品的关心点，品牌影响因素通过预测模型解析哪些因素会促使消费者从品牌 A "移情别恋" 到品牌 B。

- 投放策略：提供媒体投放的参考建议。受众媒体偏好分析锁定的潜在消费者出现的平台媒体，媒体转移概率捕捉购买决策过程中消费者在不同媒体平台之间的流转规律。

上述 5 个功能模块中，消费者画像、决策分析、投放策略回答了投前决策平台的核心命题：一个品牌广告投给谁、投什么内容、在什么地方投。行业趋势和竞争格局虽然没有直接回答这一命题，但分别帮助解题人了解大环境，了解比较对象，校准解题的大方向，价值一点也不低。下面分别从**竞争格局和决策分析**中选取一个具有代表性的功能报表，介绍其作为数据产品的核心计算逻辑。竞争格局中选取潜在竞品识别报表，决策分析中选取消费者决策规律报表。

先看潜在竞品识别报表，以 STAR 法则（背景、任务、行动、结果）的形式组织内容，方便大家理解（这种形式也很适合简历的组织、晋升答辩和汇报）。

（1）Situation 背景

在接手翻新这个功能看板之前，竞品分析的传统做法如图 9-28 所示。以汽车行业为例，右上角的奇骏就是广告主爸爸的亲儿子——本品，剩下的都是竞品，哪个离奇骏最近，哪个就是本品的最大竞品。传统做法从相似度和争夺率这 2 个维度来拆解"竞争"这个概念，试图量化点与点之间的距离。但存在问题，因为相似度和争夺率计算方法如下。

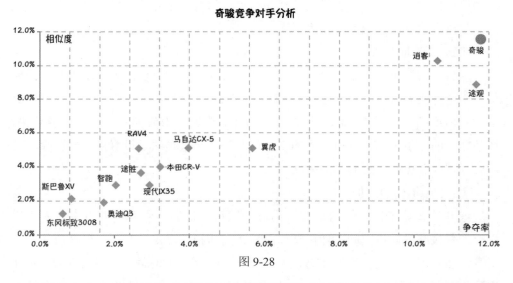

图 9-28

● 相似度：在一段时间内，既搜索过本品也搜索过竞品的用户，在搜索过本品或搜索过竞品的总用户中的比例（本品与竞品的交集 / 本品与竞品的并集）。

- 争夺率：在一段时间内，搜索过本品的用户中，有多少人还搜索过某个竞品（本品与竞品的交集 / 本品）。

这种传统的指标定义方式，会存在以下 3 个问题。

- 问题 1：如果不输入任何竞品，这个方法就行不通（相似度和争夺率的核心都是算交集，不知道同谁交集，怎么算？）。它无法突破已知的经验范畴，往往需要数据告知一些经验以外的东西。

- 问题 2：这个方法中，只应用了"重合"这一特征，然而用户的搜索行为是一个连续的序列，有前后顺序（先搜索 A 再搜索 B 和先搜索 B 再搜索 A 不一样）、有次数多寡（搜索 10 次 A 和只搜索 1 次 A 不一样）、有距离远近（刚搜索完 A 就搜索 B，和搜索完 A 之后搜索 CDE 再搜索 B 不一样），这些信息在传统方法中都没有体现出来。

- 问题 3：传统方法下，谁是竞品需要看图说话。那么问题来了，图 9-28 中的逍客和途观，看上去跟奇骏都比较近，对于哪个才是最强劲的竞争对手缺少定量的判断。

站在系统全局层面看，由问题 3 还引发出一个更大的问题：如果想搭建一个自动化的计算流程，只要输入本品就能得到投给谁、在哪儿投、投什么内容的核心建议，依赖竞品分析输出量化的竞品名单作为下一个环节的输入项，那么传统竞品分析方法就完全脱节，很不严谨。

（2）Task 任务

结合上述背景和问题的分析，任务就是要翻新功能看板。展现结果时，需要得到一个量化的榜单，不再是多个指标共同刻画竞争情况，只用一个指标来刻画。作为数据产品，同样重要的是结果背后的计算逻辑，用何种方式才能度量品牌 / 产品之间的竞争，同时规避上面的 3 个问题？看起来算法是最直接的资源库，其实还有解释性更好、更简单的方法。

（3）Action 行动

最开始将这个需求提给了算法岗位的同事，他们初步评估的方案是先将用户行为变成高维向量空间，然后计算向量之间的相似度衡量竞争。虽然统计专业出身，能够理解，但觉得这个方法有点重，面向客户的时候可解释性不高，想从实际生活场景模拟，徒手搭建一个简单易懂的模型。这个模型的图形化介绍如图 9-29、图 9-30 所示。

图 9-29

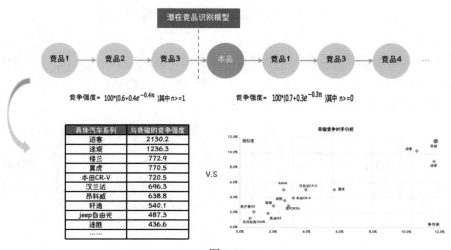

图 9-30

以奇骏为本品，对该模型做一个形象化解释：搜索/阅读过包含奇骏的某个关键词之后，如果紧接着就搜索/阅读了逍客，而且还搜索/阅读了很多次，那么逍客与奇骏的竞争强度就会大大地增加。这个模型的核心就是顺序、位置、次数、内容这 4 个特征，很符合大家的日常认知，只需要通过一个函数量化距离，保证距离本品越远、计算得到的竞争强度越低；在搜索/阅读本品之前和之后搜索/阅读竞品，应有不同的强度，这通过调整函数中的系数就能实现。

当然这个模型还有不少提升空间，比如对内容这个特征的应用，它只是考虑有没有出现竞品名称，而没有考虑提及竞品的具体内容是什么，不同的内容可以表达不同的关注强度。比如当用户搜索内容"逍客省油么？"时，就不如搜索"逍客 4s 店在哪儿？"的购买意愿更强，后者的内容如果相对本品出现的位置、行为顺序、行为次数相同的情况下，理应获得更高的竞争强度得分。

（4）Result 结果

这个潜在竞品识别模型可以量化回答本品的竞品是谁，不需要事先划定竞品范围，且充分利用用户行为序列的各种信息，有利于后续系统自动化计算。还剩下一个问题，就是报表的结果正确是否如何衡量？只能把结果交给各个行业资深的市场和运营岗位的同事去人工评判，如果竞品 top10 名单中没有出现明显不合理的品牌／产品、排序符合认知、有 1～2 个结果乍一看有点意外但细想仍有道理，就是一个比较好的结果。它有点类似评测搜索引擎结果的相关性，人工打分是相对合理的衡量手段。

通过潜在竞品识别模型的构建，获得的不仅是一个潜在竞品识别报表，过程中抽象总结的顺序、位置、次数、内容这 4 个核心特征，还可以被当成拼图的 4 个元素，从逻辑上进行组合，能组合出其他具有实际业务意义的功能。组合的结果如表 9-1 所示，注意不要凭空创造需求，表格只是查漏补缺，要不要上线对应报表还是要看是否有明确的用户需求。

表 9-1

元素组合	潜在业务意义	对应报表名称
次数＋内容	消费者在决策流程中会考虑哪几个品牌	品牌考虑集
次数＋顺序	消费者在决策流程中会经过几个品牌来到本品，来到本品之后又会继续考察几个品牌	品牌考虑集
内容＋位置	消费者经常将哪个品牌与本品共同考虑	品牌考虑集
内容＋顺序	消费者在关注本品前后都会关注哪些品牌	品牌来源去向
次数＋内容＋顺序	消费者在关注本品前后都重点关注过哪些品牌	品牌来源去向
内容＋位置＋顺序	消费者对本品的关注是从哪些品牌而来，又会导向哪些品牌	品牌来源去向
次数＋内容＋位置＋顺序	本品的主要竞品都有哪些	潜在竞品识别

再看另一个报表，来自决策分析中的消费者决策规律，依旧按照 STAR 的结构进行介绍。

（1）Situation 背景

投前决策的一大目标就是在掌握消费者购买决策过程的情况下，输出投给谁、投什么、投在哪儿的创意决策三要素，因此需要了解消费者的决策规律。这些规律重点包括决策周期和决策频次，也就是从考虑到购买经历多长时间、中间会有多少次搜索 / 阅读行为。

（2）Task 任务

明确背景后，任务就是为投前决策产品设计上线一个刻画消费者决策规律的报表。它作为该数据产品的一部分，共用底层数据和分析对象设置。为了支持研究分析的扩展性和灵活性，需要这个报表可以自由定义受众和决策周期的起点终点。类似分析跑步，需要支持分析给定的人群，从人为划定的起点 A 到终点 B，到底历经多久、跑了多少步。报表的设计肯定会涉及数据的选用和计算逻辑，这也是需要考虑的。

（3）Action 行动

一开始觉得这个报表太简单了，不过是基础的统计。于是简单写了个需求文档就找研发大哥评审需求，以为很快就能开发上线了。不过很快，研发对细节的追问带来了窘迫。

"你想得有点简单，我们计算的过程是先圈定受众范围，并在报表选定的时间范围内捞取这些受众的所有行为，然后再去挑选其中以行为 A 开始以行为 B 结束的行为序列。那么问题来了，如果一个用户在给定时间范围内所有行为都没有 A 和 B，怎么处理？如果只有 A 没有 B 怎么处理？如果只有 B 没有 A 怎么处理？是把这些用户的数据全部抛开不纳入计算，还是需要特别的处理逻辑？"

"没有完整地以 A 开始以 B 结束的行为序列都可以不纳入计算吧？"

"为什么呢？既没有 A 也没有 B 的行为序列不要还可以理解，但只有 A 或者只有 B 为什么也不纳入呢？这里对应的实际业务场景和用户真实意图是什么？不能这么简单地一刀切，总要有个合理的解释说法吧？"

对问题的难度估计不足，是每个新人都会遇到的问题，而数据产品中还会包含数据质量、数据计算逻辑等界面以下的基础问题，则往往会使数据产品经理新人陷入窘境但不论哪种问题，都必须要符合业务、符合常理。于是思考之后提出了图 9-31 所示的 4 种情况设计算法。

● 情况 1："有始有终"，把用户行为序列中每一段 A 到 B 都抽取出来，最后统计不同长度的时间间隔和行为频次。图 9-31 中恰好是两段频次 =4 的切片。

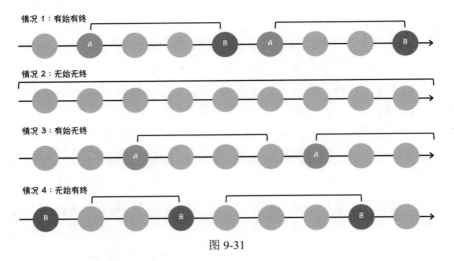

图 9-31

- 情况 2："无始无终"，把用户一次行为序列中的所有行为和间隔时间都纳入统计。乍一看比较奇怪，用户没有看板使用者预先设定好的行为 A 或行为 B，为什么全部计入呢？可以理解成一个用户迷失了方向，总是无法途经起点和终点，所以时间间隔很长、行为频次很大，但也不是无穷的。因为用户行为序列是经过加工处理的，以行业进行切割划分。比如从早晨到中午连续搜索 / 阅读了很多汽车行业的内容，从下午开始搜索 / 阅读娱乐八卦，分析的行为序列并不会是无限长的。如果分析在汽车行业的决策规律，行为序列只截取一上午，不会把下午也纳入。换个角度想一下，如果情况 2 量很大，却不把它纳入计算，那么用来总结消费者决策规律的样本量就会少很多，结果也不可置信；如果把它纳入却设置为周期 =0，频次 =0，势必大幅拉低统计结果的平均值，使总结的规律不合常理。

- 情况 3："有始无终"，从起点 A 开始往后数，数到下一个 A 就停止。类比情况 2，这里的用户相当于从起点出发但一直没走到终点，一段时间后又回到起点。在这个示例中，有一个行为频次 =4 的切片，还有一个切片没有终结，目前频次 >=3。

- 情况 4："无始有终"，类似情况 3，只不过顺序相反，从终点 B 开始往回数，数到上一个 B 就停止。在示意图中能看到 2 个完整的切片，1 个行为频次 =3，1 个行为频次 =4，还有 1 个要继续往前追溯。

并不是设计好算法，计算结果就顺理成章，上线前的一次测算结果狠狠打脸。笔者记得当时看到汽车行业的消费者决策规律，受众选择都市白领女青年，行为起点是搜索/浏览品牌，终点是搜索/浏览4S店或购买渠道，统计结果为平均决策周期不到1天，这是明显违背常理的计算结果，汽车这种大宗商品本来应该具有长决策周期的，消费者都会深思熟虑、货比三家，怎么可能1天以内就从有念头购买到打听购买渠道？不断调整尝试其他的起点、终点行为配置后，决策周期依旧平均不超过1天，一定是哪里出了问题。

数据产品经理在山穷水尽的时候，亲自去翻看底层数据明细，从源头找寻，就柳暗花明又一村的。抽样翻看上千条用户行为序列后发现，用户id体系很单薄，经常出现一个用户id在很长时间范围内只有一次行为的情况，这就导致80%以上的用户行为序列的行为频次=1，不论怎么计算决策周期都不可能超过1天。为了得到接近真实情况的数据，必须要对原始数据做进一步清洗。

预想的数据清洗逻辑比较麻烦，频次=1属于不活跃或者用户id体系没打通导致的数据碎片，是要被剔除的；但频次=2，3的数值要不要处理呢？好在按频次统计分布出炉之后，频次=1就占了80%以上的情况，剩下不同频次的行为序列占比都无明显偏大，可以简单粗暴一刀切，把行为频次=1的用户行为序列剔除、不纳入决策规律的统计计算即可。

一个想象中很简单的统计计算，既要结合业务考虑各种特殊情况，也要基于数据质量做适当的底层清洗处理，不是复杂、高深的技术技巧，但却是数据产品经理必须时常面对的课题。

（4）Result 结果

在完成了上述操作后，最后一次数据测算是符合预期的，报表的上线也就水到渠成。最后这个消费者决策规律报表的配置界面和报表界面如图9-32所示，需要预先配置行业、受众、起点终点，以及时间、地域、设备，其中起点终点需要在分析对象配置中按照关注点类型进行配置。最后得到右侧的报表，分析对于手机行业产品，高学历青年群体以关注品牌为起点、寻找购买渠道为终点的时间间隔分布情况。

投前决策的功能看板很多，挑选了两类做拆解。一类是潜在竞品识别，需要数据产品经理自建模型；一类是消费者决策规律，看似简单实则涉及底层数据清洗与业务理解。还有一些倾向算法主导的预测模型，主要依赖数据产品经理清晰地传递需求，最好明确一些限制条件。但不论哪种功能的实现，都需要数据产品经理平衡感性与理性、兼具同理心与逻辑性。既要从用户需求、业务场景出发，设计出合理的计算逻辑，不一味追求技术；又要能沉下心埋头确认数据基础质量，不要想当然掉以轻心。

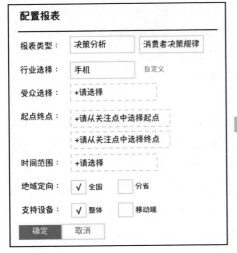
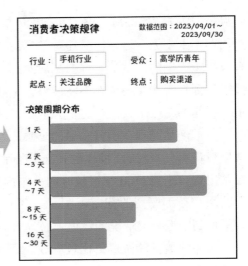

图 9-32

9.3.4　从模块到整体、从自助到自动

上面介绍的都是零散的组件，虽然已经稍显复杂，但依然是完整模型的零件。现在可以尝试用这些零件组装出一个简易的完整体。用户在使用时输入本品和目标，稍加等待就能得到投给谁、投什么、投在哪儿的投放前创意决策建议。不同零件就是 9.3.3 节介绍的具体功能报表，彼此之间互有输入和输出，具体关系如图 9-33 所示。

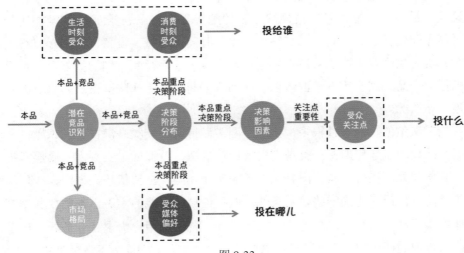

图 9-33

　　这里输入的本品既可以是品牌粒度，比如小米手机；也可以是具体的产品粒度，比如 iPhone15。目标可简可繁，可简单设定成扩大人群规模和促进人群转化二选一，前者是品牌广告的传统定位，让更多人知道这个品牌，给品牌蓄水池积累更多流量；后者则侧重品效合一，但并不是简单的转化成单，而是促使潜在消费者对品牌的认知或购买意愿加深。具体的处理方法是把"想买"这个过程动作拆解得更细，通过不同行为定义不同的"想买"程度，最后量化出经过品牌广告投放后，潜在消费者群体是否更"想买"了（见图 9-34）。

图 9-34

　　图 9-34 只是一个简单的示意，拥有不同生态场景的公司会有不同的细分侧重。比如阿里巴巴、字节跳动等电商属性强的平台，它们拥有交易闭环体系，用户可直接在 App 内购物成交，就会把原本的"购买"环节也拆细一些；而对媒体性质更强的平台如微博、百度、小红书等，自身还不具备完整的交易闭环体系，用户搜索 / 浏览之后需要跳出到其他电商 App 完成购买动作，就会把原本的"想买"环节拆分得更细。将原本两个环节拆细成多个，不外乎是给广告主一个更好的交代，尤其对媒体属性强的平台，总不能万年不变地对广告主画饼，说投了品牌广告之后，就会有更多人知道这个品牌了吧？仅仅是"知道"，对现如今这个投放预算紧缩的环境，太没吸引力了。拆得细一些，虽然依然无法追踪到成交转化，但好歹能告诉广告主潜在消费者从过去 80% 浅浅的好感，变成现在 70% 非常感兴趣了！广告主负责营销投放的部门听了开心，也对内部其他部门有个交代。至于拆分得多细，这里选取强媒体属性的例子，它天然缺少转化，只能在"想买"这个环节多下工夫。以汽车行业为例，可以拆分出 4 个大环节、10 个小环节，如表 9-2 所示。

表 9-2

总阶段	细分阶段	行为标签	意图倾向	备注说明
获取通用信息	确认购车资格	购车资格		
	了解购车流程	购前流程		
	寻找目标	汽车车型、汽车用途、汽车价格	寻找候选	排除掉：汽车品牌、汽车系列、汽车厂商、对比、获取评价、询价、销售活动、试驾、购车渠道
获取具体信息	了解产品	汽车品牌		排除掉：汽车系列、汽车车型、对比、获取评价、询价、销售活动、试驾、购车渠道
	了解系列	汽车系列		排除掉：对比、获取评价、询价、销售活动、试驾、购车渠道
	了解配置	驱动方式、空调、车身结构、配置级别、底盘、车身、空间、发动机、燃料类型、变速箱、排量、安全装置、操控配置、内部配置、灯光配置、座椅配置、玻璃后视镜、高科技配置		
对比评估	产品对比	汽车品牌、汽车系列	对比、获取评价	排除掉：询价、销售活动、试驾、购车渠道
	产品询价	汽车系列	询价	排除掉：销售活动、试驾、购车渠道
产生行动	确认购买信息	销售活动、试驾		排除掉：购车渠道
	寻求购买渠道	购车渠道		

　　每个环节都由行为标签、意图倾向共同构成。可以简单理解为在行为标签和意图倾向列，一栏内部的各个标签是"或"的关系，而两个栏目之间是"且"的关系，最后排除掉"备注说明"所示的行为标签。以对比评估 - 产品对比环节为例，需要用户搜索 / 浏览汽车品牌或汽车系列相关的内容，同时意图是对比或获取评价（通过 NLP 技术解析用户搜索 query 或行为序列），而不是简单地浏览，未把上几个环节的行为标签包含进来。有了这些环节的细分和定义，就可以结合9.3.2 节中介绍的自定义分析对象功能，定义出处在不同阶段的受众或行为。

了解简易完整体的全局基础之后，再分别审视不同零件，看看这些零件相互之间如何配合组装在一起。

（1）潜在竞品识别

● 目标定位：作为第一个模块，自动分析出本品的主要竞品，并为人群、市场格局、决策的计算提供必要的先决输入。

● 输入输出：输入本品，可以是品牌或具体的产品；输出竞品榜单，供系统自动量化选出真正的竞品。

● 实现逻辑：利用用户行为序列中顺序、位置、次数、内容等信息，构建潜在竞品识别模型，详见 9.3.3 节。

（2）市场格局

● 目标定位：结合本品的主要竞品，查看各自的市场定位，以便基于市场现状校正用户原本的营销目标。比如用户原本以为本品市场占有率和增速都不错，只要保持就好；但通过分析发现本品增速一般，同时竞品占有率和增速都表现亮眼，这就需要本品重新思考本次营销目标是否维持简单的扩大规模，是否也要侧重消费者购买意愿的加深。

● 输入输出：输入是来自潜在竞品识别的本品 + 竞品，输出是本品和主要竞品的市场格局四象限图（见图 9-35），横纵轴分别是市场占有率和环比上季度增速。

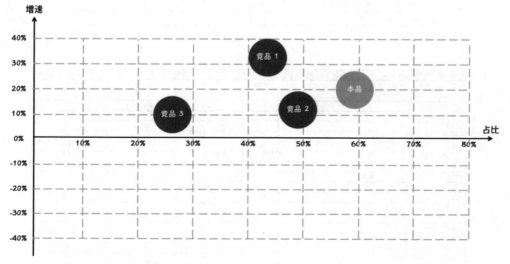

图 9-35

- **实现逻辑**：分别统计行为中包含"本品""竞品1""竞品2""竞品3"标签的用户数量作为分子，再以本品所在行业整体用户（行为标签能覆盖的所有用户）作为分母，计算得到占比；增速则为各自用户数量相对上一季度的环比数据。

（3）生活时刻受众

- **目标定位**：对照竞品人群，找出在生活场景下适合本品的潜在消费者人群特点，并以此构建出可用于投放的受众人群。生活场景不考虑行业决策购买阶段，仅考虑人群的固有属性和兴趣爱好。

- **输入输出**：输入是本品和竞品，输出是top3的差异化固有属性（见图9-36）和top5的差异化兴趣标签（见图9-37），并以此构建可投放的人群包。

固有属性	本品TGI	UV占比差异	本品受众UV占比	竞品受众UV占比
固有属性/教育程度/大学大专及以上	113	14.9%	62.2%	52.1%
固有属性/性别/男士	137	9.5%	77.1%	67.6%
固有属性/年龄/45-49	209	5.2%	9.1%	5.0%
固有属性/年龄/50岁以上	219	3.8%	5.9%	2.1%
固有属性/所在行业/计算机|互联网|通信|电子	122	3.0%	14.8%	13.3%
固有属性/年龄/35-39	171	2.4%	18.7%	17.8%
固有属性/所在行业/贸易|零售	312	1.2%	3.4%	2.7%
固有属性/所在行业/机械制造	224	0.5%	3.5%	3.3%
固有属性/年龄/30-34	114	0.4%	2.0%	1.6%
固有属性/所在行业/建筑	122	0.3%	0.9%	0.8%
固有属性/所在行业/金融|银行|保险|房地产	168	0.1%	0.3%	0.3%
固有属性/年龄/25-29	163	0.0%	34.1%	34.1%
固有属性/所在行业/住宿|餐饮|服务业	110	0.0%	2.3%	2.5%
固有属性/所在行业/旅游	130	0.0%	0.1%	0.1%

图 9-36

兴趣属性	本品TGI	UV占比差异	本品受众UV占比	竞品受众UV占比
兴趣属性/教育/学历类	105	7.3%	45.5%	44.2%
兴趣属性/新闻资讯/体育	125	6.5%	31.4%	29.1%
兴趣属性/影视/电影	104	6.3%	45.0%	43.0%
兴趣属性/金融理财/理财	118	5.0%	30.6%	29.2%
兴趣属性/影视/电视剧	108	5.0%	35.9%	34.5%
兴趣属性/社交/论坛	119	4.6%	23.3%	21.4%
兴趣属性/新闻资讯/财经	137	4.5%	17.6%	15.8%
兴趣属性/社交/论坛/小众论坛	120	3.7%	18.5%	16.9%
兴趣属性/体育/运动	135	3.4%	11.1%	9.5%
兴趣属性/教育/商务与留学英语	105	2.9%	19.3%	18.9%
兴趣属性/人生特殊时期/育儿阶段/0-3岁	106	2.7%	14.9%	14.4%
兴趣属性/母婴/母婴知识/育儿	106	2.7%	14.4%	13.9%
兴趣属性/教育/职业资格	111	2.2%	9.9%	9.5%
兴趣属性/金融理财/保险	156	2.2%	8.0%	6.7%
兴趣属性/休闲娱乐/彩票	138	1.9%	17.1%	16.6%
兴趣属性/医疗健康/医疗/内科	105	1.9%	12.4%	12.3%
兴趣属性/休闲娱乐/宠物	203	1.9%	9.6%	9.0%
兴趣属性/金融理财/借贷	142	1.9%	20.9%	20.3%
兴趣属性/教育/职业培训	106	1.7%	7.7%	7.0%
兴趣属性/教育/职业资格/公务员培训	127	1.7%	6.8%	6.5%
...				

图 9-37

- 实现逻辑：以固有属性为例，先找出本品 TGI 指标 >100 的属性标签（详见 7.4.2 节），然后按照本品受众 UV 占比与竞品受众 UV 占比的差值降序排列，取 top3 的标签。这里既参考了本品 TGI 指标、又使用了本品和竞品受众在该属性的 UV 占比差值，想找到既在整体人群中突出的、相比竞品有差异的属性。

（4）决策阶段分布

- 目标定位：了解本品的目标受众群体在不同决策阶段的分布占比情况，以便找到重点决策阶段获得重点转化人群。其中决策阶段即表 9-2 中给出的 4个大环节、10 个小环节。

- 输入输出：输入是本品和具体的 top3 竞品，输出是本品受众的重点决策阶段。4 个大环节如图 9-38 所示。

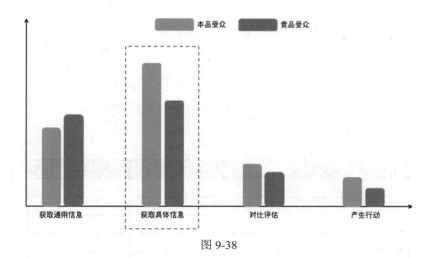

图 9-38

- 实现逻辑：以粗粒度的 4 大环节为例，锁定本品受众和竞品受众后，分别查看他们在不同环节的行为数量占比，并找出在本品人群中占比最大的阶段（如果同时也是相对竞品差异度最大的更好），在图 9-38 中是"获取具体信息"。

（5）消费时刻受众

- 目标定位：找出在消费场景下适合触达本品受众的标签，并以此生成消费场景人群包。其中消费场景指潜在消费者已经处在行业决策过程中，即命中了至少一个行业决策阶段标签。

- 输入输出：输入是本品的重点决策阶段，输出是用重点决策阶段行为标签构建的可投放人群包。连同生活时刻受众一起，就是投放建议中的"投给谁"了。

- 实现逻辑：用重点决策阶段的行为标签圈选人群，就是 9.3.2 节介绍的用行为标签找人的逻辑。

（6）受众媒体偏好

- 目标定位：找到适合触达潜在消费者的线上媒介。

- 输入输出：输入是本品和竞品的重点决策阶段，输出是对应该决策阶段的本品受众最常去的通用媒介平台和行业垂类站点。这就是投放建议中的"投在哪"。

- 实现逻辑：对比重点决策阶段的竞品受众，找出媒介 TGI>100 且按照本品相对竞品 UV 占比差值降序排列 top5 的媒介（类似生活时刻属性标签的筛选方式）。

（7）决策影响因素

- 目标定位：找到最能影响处于重点决策阶段的本品受众，向后续阶段深化转移的行为标签，以便校正干预受众关注点，作为最终"投什么"的建议。

- 输入输出：输入是本品和竞品的重点决策阶段，输出是能够影响本品受众从当前重点决策阶段向后续阶段转移的行为标签重要性数值列表，这些行为标签本身就是受众关注点（见图 9-39）。

行为标签	重要性
价格	152
品牌	148
能源类型	139
动力	127
空间	126
参数配置	124
操控性	113
舒适性	111
外观	109
评测	105
...	

图 9-39

- 实现逻辑：有很多种方法，简单的比如训练一个二分类预测模型，样本是用户行为序列，并且每个行为都被标记上行业行为标签；正样本从"获取具体信息"阶段转移到后续阶段，负样本未能成功转移；通过训练这个模型得到不同特征的重要性，比如随机森林算法就能衍生出变量重要性。

（8）受众关注点

● 目标定位：综合决策影响因素的结果，校正消费时刻受众的关注点占比，得到最终该将哪些关注点作为广告创意内容的重点，以打动潜在消费者进入更靠后的决策阶段。

● 输入输出：输入是关注点的重要性（以及消费时刻受众），输出是经过校正后的、消费时刻受众的关注点占比分布。这就是投放建议中的"投什么"。

● 实现逻辑：关注点占比的计算详见 9.3.2 节，用关注点重要性校正的方法就是以关注点重要性数值 /100 为系数，对位乘以对应的关注点占比。比如"价格"这一关注点的占比是 40%，结合价格的重要性是 152，则 40%×152/100=60.8%。

本节拼接组合出来的投放决策建议模块只是一个非常简易的版本，过程中有很多细节可以优化提升，但作为举例示意已经够用。它是数据产品经理日常工作的另一面，类似一个乐高玩家，在熟悉每个零件的特点之后，把它们拼装成一个直接可用的东西。

9.4　回顾总结

这款投前决策数据产品的背景和核心功能都已介绍完，最后说说它带来的价值和使用中面临的问题。

9.4.1　一些可见的价值

正如 9.2 节介绍的背景一样，这款数据产品是公司在品牌广告整体布局中的一个环节，所以在实际应用中**既要满足内部广告创意咨询岗位的使用需求，又要作为整体创意策划方案的一部分，打包出售，以便增加整体溢价**。

在这款数据产品的初期，部门以公司名义召开规模比较大的发布会，在会上介绍整体的布局以及核心能力，投前决策占据单独的篇幅，这是它的高光时刻。随后有不少外部公司申请账号试用体验，不过问题也接踵而至。

9.4.2　实践后的反思总结

越来越多外部使用者试用后，都抱怨这款数据产品的使用门槛太高。初次使用就需要清楚各种分析对象的含义，并尝试进行配置，之后才逐步理解每个功能模块、看板的计算原理和作用。这属于**产品设计层面的问题**。

与此同时，并没有储备足够的运营人员回答用户的问题，引导用户正确使用数据产品。所以很长一段时间只能由产品经理分散精力进行售前咨询工作，由于缺乏对应的经验和专业知识，效果打折并影响产品自身迭代进度也就可想而知了。这属于**资源配置层面的问题**。

当时，一个内部刚孵化出来的新产品，不仅缺少内部的运营，更没有外部的服务商从第三方角度帮助推广普及产品的理念和使用方法。其实当下行业中也不乏大厂有类似的数据产品，功能非常丰富，计算逻辑相当科学复杂，而甲方广告主基本不会操作，都需要专门找第三方公司代运营。这也就是大厂的"生态合作伙伴"，市场上很多空间大厂无法亲力亲为照顾到，需要这些扎根生态中的伙伴帮忙，同时也分得一杯羹。这属于**公司战略布局层面的问题**。

以上 3 个问题，共同导致投前决策后续的曲折路径，现在做事后诸葛，也并非无益。在 9.3.2 节曾提到，产品比较复杂，但数据产品经理也可以用设计尽量降低门槛。在独立的数据报表层面耽搁了太长时间，没有尽快上线基于独立报表拼装组合的整体建议模块，导致大量外部用户看到该产品的第一印象就是复杂难用。如果在规划设计产品功能模块的时候，真的能深刻理解、贯彻如图 9-40 所示的功能结构，明确组合建议模块所必需的几个独立功能报表，在开发上线这几个独立报表之后不去补充更多细节报表，而是直接上线组合建议模块，让用户第一印象就是一个简单实用的输入输出，并适当把计算过程的黑盒透明展示，大家对产品的看法也将会大有不同。是事倍功半还是事半功倍，很多时候第一印象非常关键。

在从产品功能设计上降低使用门槛之后，运营压力也不会那么大，即便短期没有办法招募足够的产品运营，也能暂时坚持。核心转折点就看外部用户的使用反馈，如果反馈不错，就会催动形成典型客户案例，进而促使用户规模的提升。有了成绩之后，再去争取运营资源，构建服务商生态体系，也就水到渠成了。

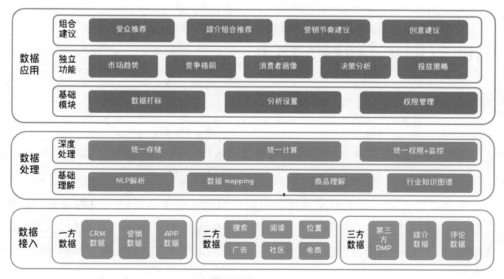

图 9-40

　　成功的案例总是需要天时地利人和,往往不具备普遍意义,失败的案例有时候反而更值得研究分析。希望大家能以本案例为鉴,在数据产品上线伊始就**明确目标,功能上不盲目做加法、体验上以用户为中心,用好第一印象。**

第 10 章
电商数据运营分析平台

10.1　本章概述

  本章继续介绍一个亲身实践过的案例，它也是处于数据链路中的**分析 / 应用环节**，见图 10-1 所示。在第 3 章介绍数据产品经理的日常工作流程时，也曾以它为例，但只是点到为止并没有详细展开这类数据产品面临的问题及其解决之法。

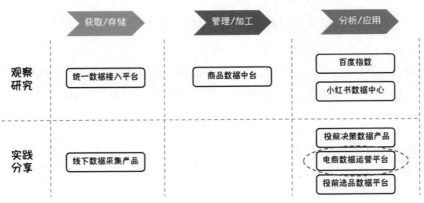

图 10-1

  这个案例受一些突发外力影响，我只接手了几个月，还没来得及做完闭环验证就戛然而止。但考虑到这种**类似淘宝生意参谋**的数据产品具备一定代表性，且在前期产品规划设计和数据指标呈现逻辑上我也都有一些有意义的实践思考，所以权衡之后还是决定围绕产品能力和数据分析这两点做重点展开，见图 10-2 所示。

  为了避免问题过于发散，后续的讨论将进一步**聚焦**在这款数据产品的一个**重点**

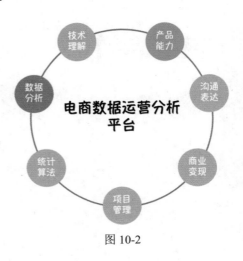

图 10-2

功能模块商品分析上。

　　本章的主要内容如下：首先，介绍背景情况，比如，中途接手的这个电商数据运营分析平台具备什么功能，其中商品分析模块的使用情况如何，大家对该平台的使用体验反馈和建议，以及行业里同类竞品都做到了什么阶段；其次，通过梳理上述信息，层层递进地分析用户需求，找到他们的核心痛点，构建新的数据分析体系，并以此拓展到商品分析模块的演进路径图；之后，简单介绍小规模用户试验的构想；最后，尝试跳出这个项目本身，谈谈这类数据产品普遍面临的窘境，尤其结合现实工作中公司组织架构、分工定位的问题，谈谈如果从零开始，这款数据产品可以怎么做。综上，本章的内容框架结构如图 10-3 所示。

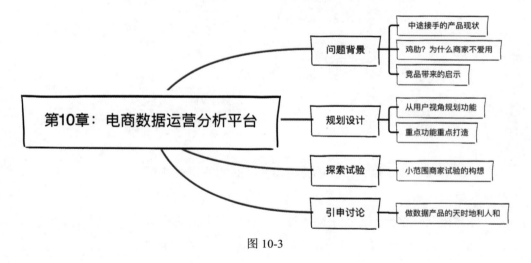

图 10-3

10.2　问题背景

　　开篇有简单提到过，本章要讨论的数据产品非常类似淘宝生意参谋，就是一款服务电商商家的数据运营分析产品，并且聚焦在其中人货场的货（商品分析）部分。本节先简单介绍中途接手时，商品分析模块都有什么功能；再介绍用户的评价反馈；最后介绍生意参谋以及抖音罗盘这两款同类产品是怎么做的，总结经验。

10.2.1 中途接手的产品现状

如果用定性的一句话来概括中途接手时这款数据产品的商品分析模块，可以用"勉强能用，百废待兴"来形容。简单列举当时其功能模块结构，如图10-4所示。

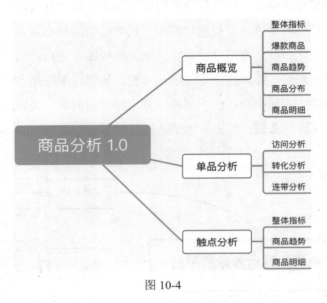

图 10-4

下面对每个模块做一个简单介绍，并对必要的模块补充线框示意图方便大家具体形象地认知。

- 商品概览—整体指标：平铺放置了一些电商店铺的核心指标，如访问类指标（商品的曝光量、浏览量、访问人数）及转化类指标（加购、下单、成交件数）。

- 商品概览—爆款商品：分别按照流量、加购、下单、成交的环比数据计算得到每个类目下的No.1商品。

- 商品概览—商品趋势：展示一段时间内店铺整体商品的核心指标波动趋势，如图10-5所示。

- 商品概览—商品分布：用流量和销量两个维度交叉出4个象限，对现有的商品做一个简单分类，以便区分问题商品和优质商品，样式如图10-6所示。

- 商品概览—商品明细：一个在线Excel大表格，每行是一条商品数据，每列是跟商品有关的几乎所有信息。

图 10-5

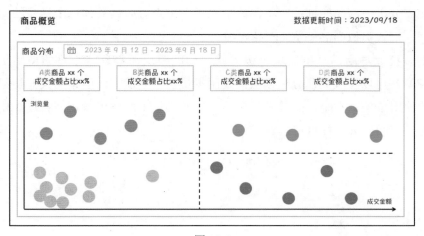

图 10-6

- 单品分析—访问分析：具体某个商品的曝光量、访问量和访问人数在某个时间范围内的波动趋势。

- 单品分析—转化分析：具体某个商品从曝光到下单、成交的转化漏斗数量和比率。

- 单品分析—连带分析：具体某个商品适合被推荐关联购买的商品，类似经典的"啤酒尿布"案例，样式如图 10-7 所示。

- 触点分析—整体指标：分不同流量来源渠道查看店铺整体商品的核心指标。

- 触点分析—商品趋势：分不同流量来源渠道查看店铺整体商品核心指标在某个时间范围内的波动趋势。

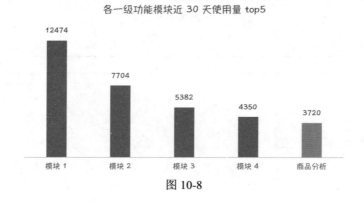

图 10-7

● 触点分析—商品明细：分不同流量来源渠道查看店铺具体每个商品的明细数
据，形式类似商品概览 - 商品明细。

同时拉取与商品分析模块平级的其他功能模块在最近一个月的使用量（见
图 10-8），可以发现商品分析模块的使用量虽然位列前五，但距离其他热门功能
模块的使用量差距不小，尤其是距离第 1 位的模块 1 的使用量相差将近 3 倍，可
见其提升空间巨大，任重道远。

各一级功能模块近 30 天使用量 top5

12474	7704	5382	4350	3720
模块 1	模块 2	模块 3	模块 4	商品分析

图 10-8

10.2.2　鸡肋？为什么商家不爱用

紧接着就是找用户了解情况，看看用户是怎么使用商品分析模块的、有什么
意见和建议，以及为什么会产生这种情况。为了挖掘用户的深层需求，我还特意
找了外援调研了解情况，整体操作流程如图 10-9 所示。

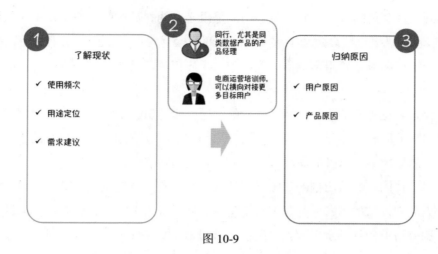

图 10-9

第一步，我从商家运营那里了解到，他们对商品分析这个模块的使用频次很低，因为很多核心指标其实在分析平台的首页概览里也有；他们使用这个功能模块的场景主要是两个：要么是运营的领导突然问到某个细节数据，他们会来找找看；要么就是月度或季度要做店铺运营的复盘，也会来这里下载一些明细数据，然后在本地 Excel 里继续加工成图表或 PPT。目前界面上提供的像商品分布、连带分析等复杂的分析功能，他们暂时还没时间和精力去研究。至于需求建议，零零碎碎地提了不少，粗略可以分成不好用和缺功能两类。不好用主要是针对一些交互操作，以及经常想找某个数据的时候找不到入口的情形；缺功能就是目前尚不具备某些指标和分析的能力，比如针对商品复购的分析、针对用户进入店铺后访问路径的分析等。

单独看这些用户需求，我曾一度陷入**矛盾困惑**中：为什么一方面有人说很多分析功能都不想用，另一方面又有人要求增加复购、访问路径等复杂的功能呢？为什么明明指标和模块都列在那里了，也有导航栏，可用户就是经常找不到呢？为什么明明提供了不少指标和分析，可用户很少想要尝试体验，只把这个产品当成一个在线数据查找下载工具呢？

很多时候对刚进入某个领域的新手而言，仅仅依靠几个用户的调研访谈，是很难得到普适性结论的，如果想要快速进入状态，就必须请教行业领域的资深玩家。所以第二步，我主动通过朋友圈联系两类人，一类是同行，尤其是只做类似淘宝生意参谋的数据产品经理；另一类是电商运营培训师，他们会对接成百上千的商家运营，培训怎么做电商的运营，包括怎么通过数据辅助运营。**前者可以直**

接问到一些踩过的坑，比如，哪些功能是没必要的，甚至产品本身是不是就没必要；后者可以更直接高效地了解广大一线商家运营的水平、想法和日常工作状态。借此也能调和最开始用户调研中收集到的矛盾信息，直奔大部分商家运营的普适性需求。

经过两位外援的帮助，我开始归纳在第一步了解到的现状的深层原因，可以分成用户原因和产品原因两大类。用户原因重点指商家运营人员自身的水平等因素，产品原因重点指目前商品分析的整体思路和功能设计。

- 用户原因：大量店铺的商家运营普遍是代运营（外包员工运营），只有少数大品牌商家的运营才是正编员工运营。所以**大部分商家运营在数据解读、数据分析上的基础水平都相当差**；而且日常运营工作繁重，很多时候**并没有专职做数据运营、数据分析的人员**。因此，他们普遍不喜欢分析数据、不喜欢烦琐的操作，而**更喜欢直接看业务建议和结论**。

- 产品原因：指标不少却**缺乏业务逻辑线串联**，零散地按照数据分析的逻辑视角排列堆放，**不符合运营的视角和习惯**；产品功能的交互操作不统一，不同模块的控件不一致。整体还**停留在找数据看数据阶段，间接分析的功能较多，直接用数据的操作和建议较少**。

10.2.3　竞品带来的启示

在前面的章节中多次提到，**竞品分析向来只是查漏补缺，要先有主见之后再参考借鉴、不能上来就被竞品带跑偏**。这里重点参考淘宝生意参谋和抖音罗盘。前者是行业中同类产品的"资深前辈"，后者则是"后起之秀"；两者的参考价值各有侧重，通过前者看这类数据产品的经营出路，通过后者看功能创新和探索。

先看淘宝生意参谋，这个在第 3 章已经有过简单介绍，这里就不作过多赘述，只列出其功能结构图（见图 10-10），与抖音罗盘的功能结构图（见图 10-17）互相参考对比。

同时，我也比较关注"资深前辈"的一些经营探索，能很明显地看到淘宝生意参谋在两个方向的努力尝试。

- **商业变现**：会在重点功能界面引导用户开通进阶版本（如不开通只能看到功能示例图），不同等级的版本配置不同的功能，也对应了不同的收费标准，同时还会有付费的用户案例给自己做背书，具体如图 10-11 ～图 10-14 所示。

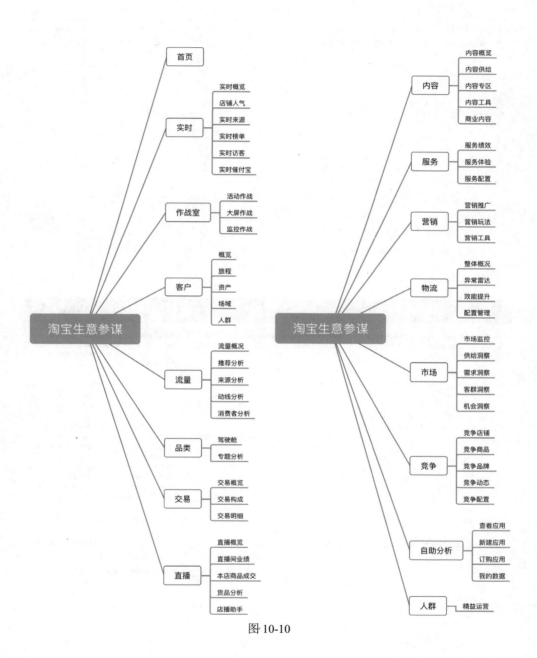

图 10-10

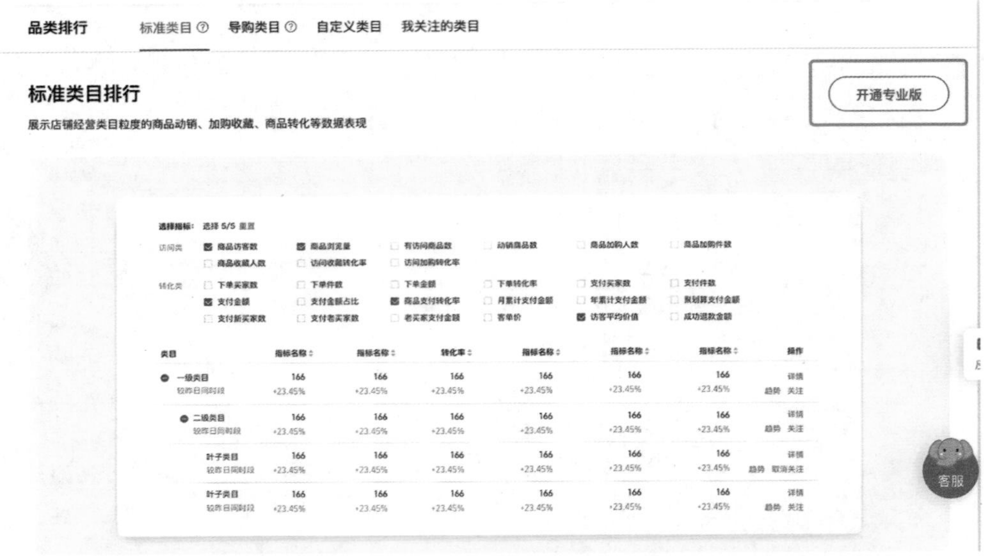

品类排行　　　标准类目 ⑦　　导购类目 ⑦　　自定义类目　　我关注的类目

标准类目排行

展示店铺经营类目粒度的商品动销、加购收藏、商品转化等数据表现

开通专业版

图 10-11

 基础版	标准版	专业版
帮助初创期商家看清商品销售、SKU销售和售后服务效果，可以指导有效备货，并通过上游工厂的推荐，帮助商家发现合适的工厂货源	帮助成长期商家高效进行商品销售，通过即时、可视的商品实时监控&指导建议等，落地调货、流量优化、价格调整等商品运营动作	帮助成熟期商家诊断评估商品价值、品类价值等，辅助进行货品结构的布局决策，并通过智能预警和深度下钻分析，快速高效定位货品的风险与机会，挖掘品类的增长机会
7 大功能	**12 大功能**	**27 大功能**
*商品核心概况　*商品SKU销售分析 *商品销售分析　*商品服务分析 *商品内容分析　*货源发现 *全量商品排行	*基础版功能 ＋ *实时播报　　　*商品价格 *商品&SKU实时监控　*标题优化-关键词排行 *异常预警-异常波动	*标准版功能 ＋ *异常预警-缺货/滞销　*商品属性销售分析 *商品价格/库存　　*商品客群/连带 *商品诊断　　　　*标题优化-标题诊断 *关键词推荐　　　*全品类排行 *品类销售分析　　*品类价格带/属性 *品类/流量/客群　*品类诊断 *区间/标签分析　*目标/标签配置 *新品追踪(仅天猫商家)
时效：**离线数据**	时效：**实时+离线**	时效：**实时+离线**
下载权限：**全量商品下载条数** 3,600 条	下载权限：**全量商品下载条数** 3,600 条	关注权限：20 个商品，10 个标准类目，10 个导购类目，且区分主子帐号 下载权限：**全量商品下载条数** 10,000 条
免费 立即使用 →	**0元**(5月19日起) ~~原价288元/年起~~ 立即订购 →	**2880元/年起** 立即订购 →

图 10-12

产品定价说明

收费规则:

1. 根据商家"最近365天支付子订单数"分层阶梯收费;支付子订单数越多,日志采集量越大,存储&计算成本越大。
2. "最近365天支付子订单数"定义:最近365天,支付子订单数也被称为支付笔数,比如某个买家在某个店铺购买了多个宝贝一起下单支付,订单后台会展现每个产品每个SKU粒度下会有一条记录,这个就是一个子订单。
3. 每月1号计算"最近365天支付子订单数"数据,当月不再变动。例:2018年9月1日,某商家"最近365天支付子订单数"为10万,2018年9月1日~2018年9月30日,任何一天订购,标准版价格为2,688元,专业版价格为5,188元; 如2018年10月1日,"最近365天支付子订单数"变为15万,则2018年10月1日~2018年10月31日,任何一天订购,标准版价格均为4,860元;专业版价格均为7,888元。

产品定价:

最近365天支付子订单数	标准版价格	专业版价格
最近365天支付子订单数<1500	288	2,880
1500≤最近12个月支付子订单数<6000	588	2,880
6000≤最近12个月支付子订单数<12,000	888	2,880
12,000≤最近12个月支付子订单数<25,000	1,188	2,880
25,000≤最近12个月支付子订单数<55,000	1,860	3,888
55,000≤最近12个月支付子订单数<150,000	2,688	5,188
150,000≤最近12个月支付子订单数<250,000	4,860	7,888
250,000≤最近12个月支付子订单数<500,000	5,880	11,880
500,000≤最近12个月支付子订单数<1200,000	6,880	16,800
1,200,000≤最近12个月支付子订单数	9,888	19,800

图 10-13

他们都在用

伊芙丽官方旗舰店

更多的了解品类罗盘,可以更加高效的认知自己店铺的货品,电商也是零售,零售的根本在货品,品类罗盘可以帮助我们更好的了解货品,了解行业变化;做到更快,更有针对性的改变是在当下竞争异常激烈的环境下保持不断进步的秘诀。

安莉芳官方旗舰店

新版品类罗盘让人耳目一新,通过商品360提供的SKU级加购数据,让我们在大促期间精细化运营商品;实时播报、品类洞察、定制分析等功能,让我们清晰高效的了解商品概况。

百雀羚官方旗舰店

新版的品类罗盘功能非常强大,既能看到全店的实时的销售流量及转化情况,也能看到昨天对比前的全店以及单品的销售流量情况,以及周/月/年度的销售完成情况。商品洞察中的异常预警可以帮助及时发现店铺的异常商品;商品360以及品类罗盘里有各个单品及品类的详细数据,还有新增加的客群帮助我们清楚的了解店铺的消费者群体,针对不同的人群进行更有针对性的营销。

图 10-14

图 10-15

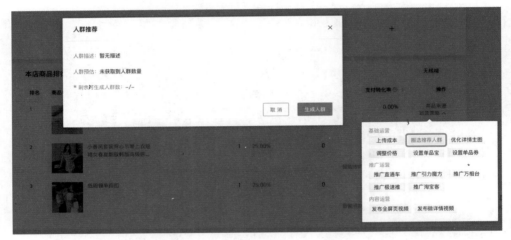

图 10-16

- **建议动作**：在较多重要功能模块中，不仅给出分析建议，还直接链接到可执行的操作。比如在商品流量来源分析诊断模块，不仅展示出单品的流量情况，还给出如何优化提升流量的建议操作，点击后可直接配置操作。具体可参见图 10-15 和图 10-16。

再看抖音罗盘，会发现这个"后起之秀"在复刻淘宝生意参谋的同时，其功能模块总量相对有所克制，从 200 个缩减到 108 个左右（一级、二级、三级模块汇总）；但也结合自身业务场景特点，新增了针对达人的分析模块，具体功能结构图如图 10-17 所示。

抖音罗盘在复刻的同时，也在局部重点功能模块有自己的创新探索，可供在中后期参考以补充能力，其中在商品机会、人群分类上可重点参考。

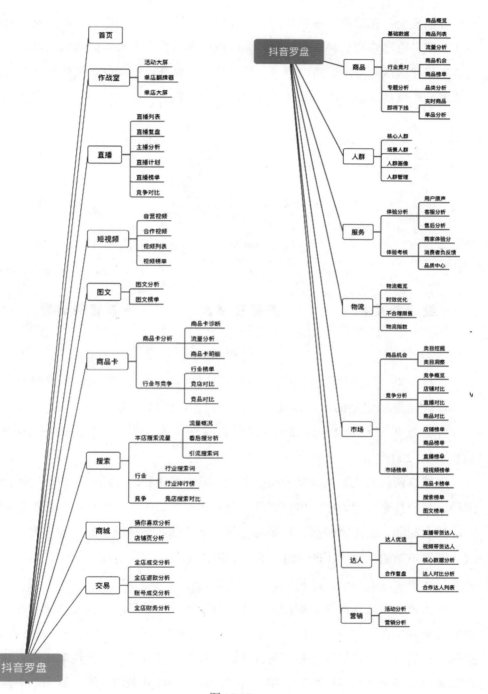

图 10-17

● 商品机会：在给商家提供电商选品建议上，区分不同的电商交易场景（货架电商、直播带货、视频带货），同时可交叉抖音官方推荐的八大人群，进一步还可按成交金额、成交增速、应季应节、供需比例切分，提供给垂类商家非常丰富的选品角度。具体如图 10-18 所示。

图 10-18

● 人群分类：从商品机会的功能截图中可以看到，对应的机会人群是抖音官方预先内置划定好的，可以让商家直接操作，降低自定义人群的操作门槛。并且这八大人群会与商品交叉联动，实现"人 × 货"，具体如图 10-19 和图 10-20 所示。

虽然这两款同类数据产品的功能都很丰富，但对我们可能更多的是后期阶段细枝末节的补充，因为回到用户调研以及外援专家的访谈，他们的一致意见是**这些功能太花哨、闲置率较高，很多时候其实是数据产品经理们为了卷产出、卷成果，不得不做的一些"工匠精神"和"精雕细琢"**。在中短期，如果大部分商家并不那么需要这些功能，还是克制一些更好。

而且还会发现这两款数据产品存在重复和不统一的情况。重复就是同样一个功能反复多次在不同模块中出现，如竞争分析；不统一就是模块的命名风格规范、指标名称的叫法以及界面上数据可视化的组织形式各式各样。这**说明这两款数据产品都是由多个产品经理操刀、以一种"众包"的模式做出来的**，这无形中提升了用户的理解使用门槛。**核心就是缺少一个强力把控统一各个模块的数据产品经理**。这些也都是后续在规划升级自己的数据产品时，需要格外注意的。

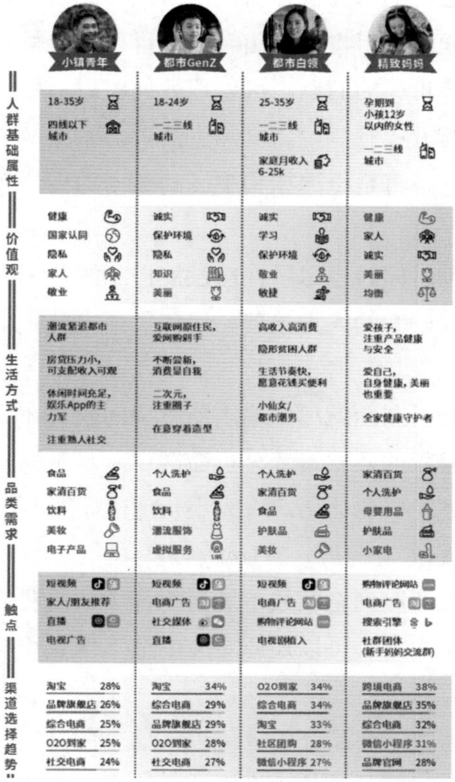

图 10-19

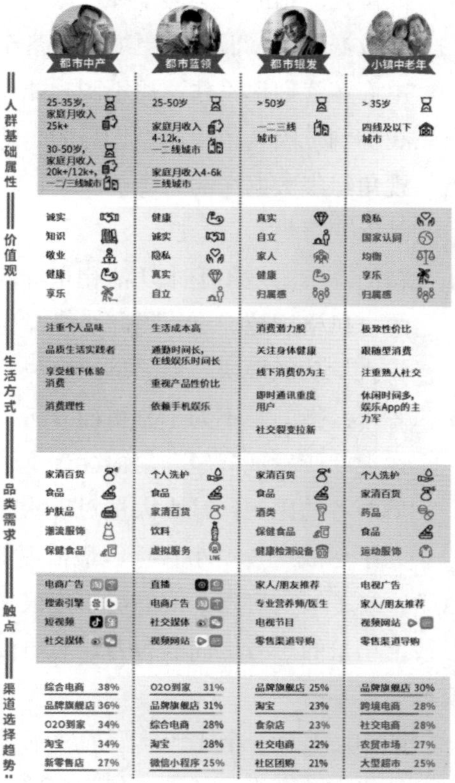

图 10-20

10.3　规划设计

结合上面的分析调研，在产品规划上不求把"饼"画的"又大又圆"，只是先做好一个短期的升级迭代计划方案，并且期待其落地能看到正向效果就可以。我们期待这个方案能够秉承 3 个关键词："**故事化**""**精简**""**有用**"。如果不想再做出一个像瑞士军刀那样的功能"怪兽"，那就要先捋清楚从什么视角看问题。

10.3.1　从用户视角规划功能

首先解释什么叫"故事化""精简"和"有用"，这 3 个关键词其实就来自我们对用户的调研和外援专家的访谈。

- 故事化：指的是**不再单纯以数据分析这种逻辑性很强的视角组织功能模块或者数据指标，而是从更加业务甚至普通电商用户的视角**。这点可以部分解决电商运营们记不住、找不到功能模块或指标的问题。可以理解他们记不住、找不到是因为陌生，是设计的功能组织方式有些脱离实际生活了。希望换个视角组织数据产品的功能和指标，使它不再是冷冰冰和生硬的数据指标，而是能变得更易读一些。

- 精简：指的是**不追求功能和指标的堆砌，同时也尽量在自己能控制的范围内统一风格规范**。这可以减少产品生产和研发的人力浪费，避免短期内开发上线大量功能模块，但又迅速变成闲置功能。

- 有用：指的是**不为了分析而分析，要分析东西就尽量追求能解决问题**。在描述现状、发现问题和给出建议 3 个常规的数据运营分析命题中，尽量提升后两者的比例，减少大量对现状的描述，以免让用户看完不知道能干嘛。

为了达成这 3 个小目标，最需要的就是转换视角。711 创始人写的《零售的哲学》给了很大启发：**或许可以把很多事物还原到它在线下场景的样子，使我们对线上场景的思考更简洁有力**。对电商场景而言，可以还原对应的线下场景正好就是线下零售。

图 10-21 是一个比较典型的线下零售超市，商品分析也可以从这个图开始。回忆你作为顾客光顾线下零售超市的时候，对商品都依次有哪些关注点？这些关注点，恰好也就是商家需要考虑的点，也可以通过数据分析辅助得到。这些内容经简单梳理如表 10-1 所示。

图 10-21

表 10-1

序号	顾客关注点	商家关注点	对应功能模块
1	这里都卖什么东西？	选择进什么货	选品分析
2	不同的商品都摆放哪里？	货架摆放方案	布局组合
3	我想买的东西还有没有？	库存记录盘点	货品盘点
4	这个商品是否降价促销？	单品营销策略	单品分析

将表 10-1 进一步拆解细化，得到一个相对用户视角的商品分析功能结构规划图，如图 10-22 所示。

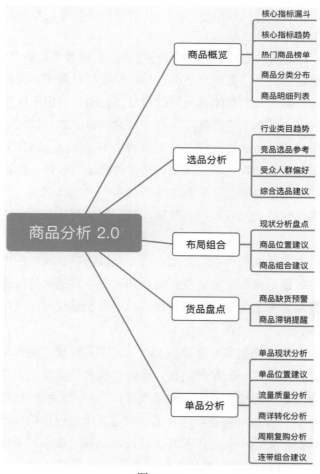

图 10-22

图 10-22 中的功能点简要描述如下。

- 商品概览：展示商家整体的商品现状，功能上继承 1.0 版本为主。核心指标的展示基本不变，只是部分指标可以用漏斗做可视化呈现；热门商品榜单会在 1.0 版本上增加商品，因为原有榜单只展示了近期涨幅，并没有展示当前热卖、热门浏览等累计数据；商品分类分布和商品明细列表也基本维持原有状态。

- 选品分析：作为新增模块，通过多种角度帮助电商商家选品。首先可以是行业视角，看所在类目的商品售卖趋势、消费者热搜趋势；其次可以看竞品商家都卖什么，其核心就是竞品商家的判断和识别；同时也可以把用户考虑进来，直接从该商家的购买用户、浏览用户等群体视角，看看他们都爱买什么同类的商品作为参考；最后可以把上述内容综合起来，直接给一个建议，从而减少商家运营的判断成本。

- 布局组合：选好商品之后，类似线下零售卖场，就要考虑商品的摆放位置了。线上店铺虽然可以承接数量更多的商品，但依然有顺序、位置的区分。首先分析现状，比如，在首页绝佳位置的商品是否曝光点击率配得上它的位置？可以对比同类店铺的平均数据，让商家对此一目了然；其次，盘点分析不同位置（这里简化成一级页面或二级页面的头部、中部、底部）的曝光点击率和最后的转化率数据，尽量把浪费好位置的商品替换掉，把被埋没的优质商品前移；同时可以参考线下零售"啤酒尿布"的经典案例，在考虑位置的时候也可以考虑哪些商品可以组合放置，或配置成商品套装促进消费者点击浏览下单。

- 货品盘点：有些热卖的商品，要结合商家设置的库存预测考虑是否近期会有缺货风险，以提醒商家提前备货；而长期占据位置但又挤压滞销的商品，可以定期提醒商家考虑是否撤下或替换，以提升流量位使用效率，也减少消费者浏览成本。

- 单品分析：最后聚焦到某一个商品上，先展示其现状，类似整体概览中的核心指标；之后从位置、流量的质量、商品详情页的质量、消费者对该商品的转化复购以及是否形成关联购买来依次分析，每个模块又可以同人和场交叉。

总之，一个短期版本的功能规划有了，它是从用户视角构建的，而且也力图精简、有用。这些模块也不会同步都开工建设，从商家需求的紧迫度上，一级模块的优先级可以是商品概览 > 单品分析 > 选品分析 > 布局组合 > 货品盘点。下面对第二优先级的单品分析做一个详细的介绍。

10.3.2　重点功能重点打造

以单品分析为例，对商品分析 2.0 版本的重点功能做一个深入介绍。图 10-23 和图 10-24 展示了单品分析需要的步骤和功能，单品分析分 6 个步骤，每个步骤对应一两个功能。这 6 个步骤基本是按照一个"故事线"串联的：首先是要清楚单品的信息和现状、然后关注其在店铺内的展示位置是否合理，之后看它的流量来源是否健康，进而查看进入页面后成交转化的效率以及复购情况，最后是看买这个单品以外还能捆绑推荐点别的什么商品。

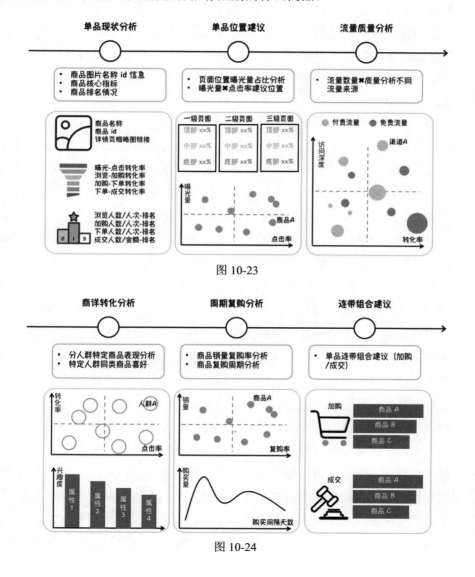

图 10-23

图 10-24

- 单品现状分析：先弄清楚我们马上要具体分析的单品是谁？它的名称、id 以及商品详情页的缩略图都是要清楚的；进而查看该商品的几个核心转化漏斗，了解到底哪个环节存在问题（可以对比同店铺或同类目的平均值，更好地定位）；最后可以把几个核心指标摆出来具体看看其在店铺中的排名位置。

- 单品位置建议：对单品而言，店铺内的位置是决定其自然流量的关键，好的位置就应该给"能打"的商品。为了知道哪些是好位置，可以先分析不同页面的曝光量占比分布，重点看那些有着众多商品陈列的页面，用顶部、中部、底部做简单划分；了解哪些是好位置之后，就可以进一步分析当前单品的点击率和曝光量四象限图，看看它到底有没有被摆放在合理的位置。如果它出现在右上角那肯定是最好的；如果出现在右下角说明单品有些被埋没，可以把更好的位置留给它；如果出现在左上角，说明表现不及预期，可以换其他更好的商品；如果出现在左下角，可以先优化一下商品本身的外观（标题、头图等），再考虑要不要换位置。

- 流量质量分析：除了自然流量，不同来源的流量都可以到达商品页面，因此可以按照流量来源渠道做分析，用访问深度和转化率交叉出四象限图看看效果。访问深度表示即便这个流量没有任何转化，但好在在店铺里转了转，比直接扭头就走要强；转化率就很直接了，下单了就是好流量。同时还可以通过两种颜色区分付费、免费流量，用圆圈大小表示该渠道流量的大小。这种四象限气泡图可以比较直观地看出哪个渠道的流量质量上佳（右上角），对流量质量不佳的渠道（左下角）可以考虑优化调整，尤其是其中的付费流量，可以先考虑停止烧钱以节约开支。

- 商详转化分析：上游位置、流量来源都分析完了，就该看看商品详情页的转化情况了。从某个角度看，转化不佳本质就是人货没有匹配。所以可以首先查看不同人群在该单品上的表现，同样是查看四象限图，找到哪类人群更喜欢该单品。对匹配的人群，可以加大投入多多招来；对不匹配的人群，可以重点查看他们到底喜欢什么？把喜好限定在单品的同类目下，就可以看出这类人群对不同属性的兴趣度了。兴趣度来自底层用户行为画像的整合，人群既可以自定义，也可以直接借鉴抖音内置的八大人群。

- 周期复购分析：买了之后还可以再买，尤其是对有很多品类的商品，是有很明显的复购周期存在的。如果能提前发现这个周期，并在顾客快要到复购时间之前友好提醒，也能达到商家和顾客的双赢。所以可以先看看该商品的销量和复购率，如果都很高，那就非常有必要深入研究其复购周期；对销量一般但复购率高的商品，尤其可以重点试试上面提到的定期提醒。在确定值得深挖之后，可以查看单个用户相邻前后两次购买该单品的间隔时间，再汇总大量用户对该单品的购买时间数据后形成复购周期曲线，找到规律。

● 连带组合建议：其实买了单品 A 之后，即便没有复购，也可以顺带看看还能不能买其他东西，当年"啤酒尿布"的那个传说就是这个意思。大量中小商家如果无力支持推荐服务，或者自身流量不足以训练好一个推荐模型，那用简单的统计数据关联挖掘也很简单实用。比如通过加购行为，看加购了单品 A 的用户们还会加购哪些商品？这里可以给加购行为设置一个时间窗口期，比如加购了单品 A 之后 3 天内加购了其他商品，就可以算是一种关联；同样，如果觉得加购行为不够强，还可以用最后的成交来挖掘关联。

上述产品规划设计，在有了具体方案之后，就可以找研发进行评审了。涉及的研发人员包括后端研发人员和数据分析师，其中后者专注指标统计加工计算环节。也有部分公司让后端研发人员一肩挑，既做后台开发，又做数据接入清洗，还做数据指标加工计算。个中优劣将在后续章节展开讨论。

10.4　探索试验

经过一段时间的开发后，新版本基本实现了上述规划的核心部分，面向商家的推广和测试体验是同步甚至应该是提前考虑的。toB 无小事，我们不可能直接全面上线新版本替换老版本，只能通过白名单的方式走灰度测试，先圈定一部分商家体验，看看效果和反馈，然后再优化进行推广。

初步选定的商家大概有 10 家，就从商品分析 1.0 版本覆盖的使用用户中，按照商家所处行业挑选 5 个行业，并在每个行业各选 2 家。其中一家是之前就对该模块使用积极性较高的商家，另一家则是有用过但频次黏性都较低的商家。对比这 10 个商家新旧版本商品分析的使用情况，注意避开他们做月报和搞促销活动这种特殊周期，看前后两个正常周期商家的使用人数、次数、人均使用次数、二级功能模块使用覆盖率等。如果对应指标都有显著提升，就说明商品分析 2.0 达到预期目标了。

当时试点方案想好了，也马上就要约 10 个商家介绍新功能了，可随着公司内部组织架构的调整，一切都戛然而止。后续商品分析 2.0 也没能启动试点和推广，因为它所属的那个电商数据运营分析平台也从重点项目变成鸡肋项目了。这仅仅是"天灾"么？其实后来冷静下来分析，连"人祸"都算不上，这款数据产品可能从刚开始，就没占到天时地利人和，或许一开局就已经注定是一个悲剧了……

10.5 引申讨论：做数据产品的天时地利人和

其实一开始找专家外援做产品调研的时候，资深同行就提到过，类似淘宝生意参谋、抖音罗盘这类的电商数据运营分析平台很难做，天生定位就存在困难。当时因为一门心思想要做出些东西，就人为地忽略了这种底层问题，况且开弓没有回头箭，不能站出来说这个已经做了 2 年、耗费了众多人力物力的数据产品本就不该有。但随着项目终止，置身事外，反倒可以冷静地讨论这类数据产品的窘境。

拿抖音的情况举例，在抖音的数据产品矩阵中，除了抖音罗盘，还有两款产品与之功能有所重叠，但定位迥然不同。

- 抖音罗盘：官方定位是免费看数工具，目标是支持货架、内容、服务体验效率的提升。其重点功能结构已经在本章介绍过，这里不赘述，官网截图如图 10-25 所示。

图 10-25

- 抖店：全链路一站式商家生意经营平台，这里不禁就要问了：电商运营分析算不算商家生意经营呢？我觉得肯定算吧，所以具体看其功能结构时，也会发现有不少数据运营分析模块（图 10-27 中右侧的矩形框部分）。我提一个小问题，**如果商家在这里就能看到一些核心的运营数据，且这个平台跟他们日常的生意经营更贴近，那他们还有多少精力和动力去用抖音罗盘呢？**官网截图见图 10-26。

图 10-26

● 巨量千川：定位是电商广告投放与整合营销平台，简单理解就是大小商家投放广告获取的电商流量转化都可以在这里，而且会整合抖音内部的所有流量位置，不会只覆盖抖音的某几个场景。这里自然也少不了数据分析，而且肯定跟流量、广告、营销相关。跟营销相关就少不了人货场 3 个要素，自然跟抖音罗盘的重叠也不会少。在此提个问题，**如果广告可以直接带来流量和转化，那对商家而言就是最直接有效的结果，那商家还有动力不顾结果而去看抖音罗盘上的那些过程分析吗？**官网截图见图 10-28。

综合抖音提供的这 3 款数据产品，大概就能发现抖音罗盘的处境：它既没有占据天时优势，因为**数据分析的需求在商家看来肯定是晚于开店上货发货经营的，是晚于抖店的**；它也没有占据地利优势，因为**商家经营最常用的平台肯定是抖店，抖店上本身也有数据分析功能**；它还没有人和优势，因为从商家角度看，**商家的运营天然的数据基础薄弱，对数据的理解和分析能力不强，而且他们更需要的是解决问题而不是分析问题**。这里记住，**用户的需求从来不会是分析问题，而是解**

决问题。那么如果巨量千川这种平台天然地就可以解决流量、转化的问题，那商家又为何要舍近求远、放弃结果看过程呢？

很多用户反映抖音罗盘的使用量和商家重视程度，不如抖店和巨量千川。不是放马后炮，而是为指出更好的出路。如果已经有了一个抖音罗盘，真的只能一直维持在这种尴尬的境地么？答案是要看时间机遇。

这里的时间机遇指的是抖店、罗盘、千川 3 款数据产品的**上线时间，以及在企业内部对应支持的业务部门**。有一种情况，对罗盘而言还有出路，比如罗盘先于千川上线，且罗盘所属部门就在广告营销业务下，那么罗盘就还有机会快速把自己演变成一个集电商运营分析和广告营销于一体的综合数据产品。相当于就是抢占千川的生态位，但这里肯定没有办法抢占抖店的，即便同属一个业务部门也很难，因为两者功能定位差异过大。抖店是商家开店上货经营必备的，是更偏运营的，罗盘更偏向数据分析、数据驱动业务。而如果罗盘没有办法在较短时间内，趁着千川还没成型就占好对应的"坑位"，那基本就失去了最后一次破局机会了。

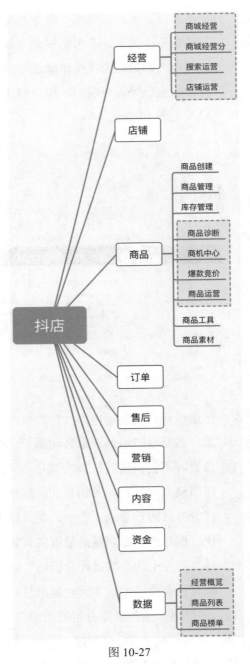

图 10-27

图 10-28

　　以上就是这类数据产品能否真的闯出一片天地的天时地利与人和，是非常现实的问题，可能我们平时更多考虑的都是能力层面的提升，但为了自己的成果落地，这种情况也是不得不要面对的。

第 11 章
投放前选品看板

11.1 本章概述

作为第二部分案例分析的最后一章，本章会以数据分析 / 应用环节的一个亲身实践过的数据产品为收尾（见图 11-1）。该案例是效果广告在投放前的选品看板，会与广告运营有紧密联动。

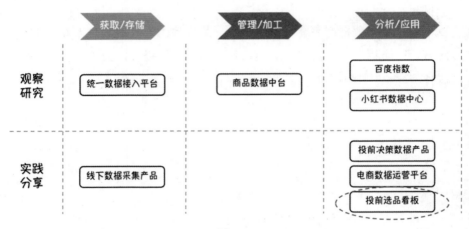

图 11-1

针对这个案例，重点围绕产品能力、沟通表达、商业变现、项目管理、统计算法等数据产品经理的核心能力展开（见图 11-2）。针对产品能力，重点讨论这款应用型数据产品的功能规划设计，也包含竞品分析的内容；针对沟通表达，主要说说跟内部合作方的利益点和矛盾点，以及怎么尽量顺应利益、调和矛盾；针对商业变现，详细讨论产品最后的价值评估方法，以及在现实中数据产品想要贴近业务会遇到的价值评估问题；针对项目管理，说说在实际与多方合作的时候，该怎么顺利地推进项目，同时减少自身的时间损耗；针对统计算法，说说核心的选品计算逻辑，是怎么从一个规则模型升级到算法模型的。

围绕这个案例，本章将从如下几个角度展开叙述（见图 11-3）：首先，交代清楚这个数据产品诞生的背景，有哪些用户的什么痛点催生了这款产品，同时又有哪些不太成功的过往方案可以参考避坑，以及如果要优化、当前有什么可用的资源；其次，在明确背景情况之后，展开讲讲具体的规划设计过程，包含怎么与重点业务方合作共建、怎么分析调研竞品、核心的选品逻辑怎么分步骤升级优化；进一步，

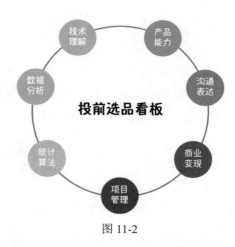

图 11-2

具体回顾产品落地之后，与需求方的成功 / 失败合作推进案例，并总结经验教训；最后，讨论这款锐意进取、想要直接为业务营收做贡献的数据产品，在实践中到底该怎么设置 KPI 指标，衡量自身价值。

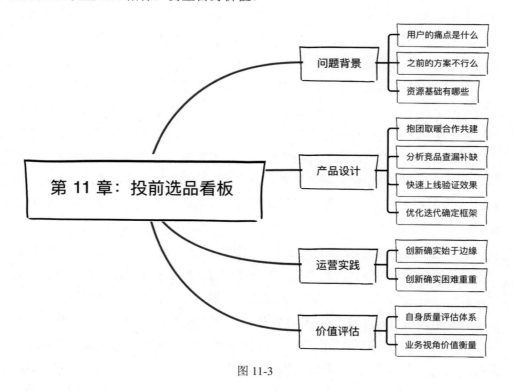

图 11-3

11.2　问题背景

按照惯例，在正式展开介绍这个数据产品之前，先说明一下它诞生的背景。这里涉及用户是谁、他们的痛点是什么？过往有没有什么方案在凑合着支撑？如果要设计新的方案解决用户痛点，手头具备的资源有哪些？有什么是可以站在"巨人肩膀上的"？本小节的内容就将从这些角度展开。

11.2.1　用户的痛点是什么

在不同客户的眼中，互联网大厂的广告投放平台是有不同的定位价值的。比如品牌客户，他可能更看重覆盖和影响力，也可能看重所谓的品效合一，总之他不会那么直接计较一定要立竿见影的有大批消费者被转化购买他的商品；但对**白牌客户而言，他们更多把广告投放平台当成一个流量获取、营销变现的渠道**。他们可能就深处浙江义乌、福建莆田、广东佛山等小商品产业带，手头高性价比的货源不是问题，问题是这些商品没有品牌，也就没有天然的流量，无法被消费者注意到，产品就卖不出去、挣不到钱。所以他们需要靠互联网大厂的广告投放平台获取足够优质的流量，砸出去的钱就能获得真金白银的收入。

想挣钱的迫切心情是有了，但有没有技术方法经验就又是另一回事。投放广告涉及一个核心问题，到底选择把什么商品作为广告投出去呢？选择合适商品的经验，并不是大部分投放白牌广告的客户都具备。要是放任让他们自己试，大概率就是试了 2 ～ 3 个商品后发现根本没人买，这个时候用户首先不会反思自己，而是抱怨平台。大概率他们就会意兴阑珊，不继续在这家平台玩了，反正大不了他们还可以选择其他看起来更好赚钱的投放平台。而广告主的流失，对平台而言就是金主的流失，没人花钱，广告投放平台怎么赚取这个差价抽成呢？

所以为了留住金主,甚至让金主尝试后因为效果不错愿意继续追加投放金额，平台方是愿意将相对成熟的选品投放经验适度分享的，只不过这个经验怎么才能保证是相对科学的，怎么分享才能保证是高效的，都是需要好好考虑的问题。

这里用户是白牌广告主客户，痛点是缺乏投放选品的经验、导致转化收益不高；但站在平台方的视角，用户是互联网广告投放平台方的运营，痛点是缺乏趁手的工具 / 产品来科学高效地总结出相对成熟的、分行业的选品经验，并将这些经验传递给白牌广告主客户，从而避免客户流失，提升平台从客户获取的收益。这就需要数据产品出马了。

11.2.2 之前的方案不行么

用户和需求其实也不是凭空冒出来的。很多时候没有迫切地需要数据产品，是因为业务发展还没到那个阶段，量级没那么大，有更多更重要的问题还没解决，就轮不到这种精细化运营的需求。所以在本章的案例选品看板出现之前，大家并未找到完备的方法，妥协的方案有以下两种。

- 让运营自己想办法，比如在网上找第三方的付费小工具，自行加工整理出一份选品清单，然后定期推送发给白牌广告主客户们。

- 给运营开发一个小工具，基本就是把第三方的付费工具照搬过来，让运营使用数据统一的工具自行加工整理出一份选品清单，然后定期推送给白牌广告主客户们。

这里稍微解释两点，网上的第三方付费选品小工具是什么呢？运营具体是怎么把选品清单发给白牌广告主客户们的？

先回答第一个问题，那些选品小工具基本可以理解为是线上 Excel 大宽表样式，底层数据是各大电商平台的商品和对应的销量。具体来说，就是顶部有一些必要的筛选，如数据来源平台（抖音、京东、天猫等）；还有商品对应的行业类目是需要做一些标准化处理的；以及可以选择不同时间范围的数据，一般可追溯去年同期。更多的筛选在"全部筛选"里，点击后可以一个一个筛，但这些都没有数据来源、行业类目、时间范围这么重要。数据可支持下载，不下载的话就在界面上看，类似 Excel 的视觉效果，部分重要指标可以升序降序排列；每行是一个商品，可以横向拖拽查看更多指标（列字段）。这类小工具的示意图可参见图 11-4。

这种小工具也可以算是一种数据产品，但很明显使用起来效率低，需要运营人员自己手动排序、筛选、下载表格进行加工处理，它只起到数据采集和统一清洗处理的作用。至于到底怎么选出推荐给白牌广告主客户的商品清单，方法因人而异。资深的行业运营选得更专业，对所在行业不那么熟悉就凭运气了。

再来简单回答一下第二个问题，运营是怎么把选品清单分发出去的。其实说来还真是简单粗暴，初期阶段就靠运营跟白牌客户们的对接群，对部分投放消耗大的重点大客户可以采取微信点对点直接对接。也不难理解，毕竟客户在广告投放平台上花钱投广告，肯定是会注册登录留下联系方式的，toB 的运营其实对接客户数量比 toC 的少多了。而且每个垂类行业都有自己的运营人员，每个运营只需要专注对接自己负责类目的商家即可，还是有精力维护到位的。

	商品信息	行业类目	品牌名称	现价 ◇	销量 ◇
☐	商品名称 001	A-B-C-D	品牌 100	10.5	999
☐	商品名称 002	A-B-C-E	品牌 101	12.5	809
☐	商品名称 003	A-B-C-F	品牌 102	15.6	800
☐	商品名称 004	A-B-C-G	品牌 103	16.1	780
☐	商品名称 005	A-B-C-H	品牌 104	9.5	776
☐	商品名称 006	A-B-C-I	品牌 105	8.3	698

数据来源平台 ▼　　行业类目 ▼　　数据时间范围 ▼　　　　▽ 全部筛选　⬇ 下载数据

图 11-4

　　总结一下，**在上线选品看板之前，采用的方案就是通过一个处于数据采集、处理环节的数据自助工具，让运营自己结合行业经验自行筛选加工生成选品清单，然后再发送给对接的白牌客户**。显然流程链路略长，因为中间有运营人员加工这个环节，多一个环节就会多耗费一些时间、多一重折损，最好就是直接做一个面向白牌客户的看板，这个看板可以不用他们费时费力地手工筛选（大部分人也不知道该怎么筛选），而是直接告诉他们在对应的垂类、目前阶段该选什么商品进行广告投放就好。

11.2.3　资源基础有哪些

　　开始动工之前，照例还是先盘点一下手头的资源，看看有哪些是可以"站在巨人的肩膀上"。大致盘点后的结果是要实现这个选品看板所需的数据流，应该会有如图 11-5 所示的几个环节。

图 11-5

- 数据源采集：核心就是外部平台的商品信息和商品销量数据要保证稳定地更新，保证其字段的填充率和准确率，不能漏填、乱填。
- 字段类目清洗：不同平台的字段命名可能不同，需要做一轮统一处理。如现价、原价，有的平台可能还有折扣价，要清楚各自的定义；同时商品的类目信息是最需要统一处理对齐的，毕竟不同电商平台的类目体系可能会有所不同，内部使用的时候要处理成一套体系。
- 数据入库：做完上述处理之后，进入数据仓库，按日期分区保存好；并且跨平台的同一个商品，要能识别出来，也就是底层需要有一个 sku-spu 的体系。
- 推荐选品逻辑：怎么利用这些数据，结合行业运营的专家经验，加工出一个科学高效的自动化选品清单？简单的会涉及指标的制定和排序，复杂的会涉及商品的推荐排序策略。
- 数据展示交互：最终数据展示的样式，也需要简单易懂好操作，比如做成一个商品榜单。

上述几个环节，标记为蓝色的是已有的能力和资源，标记为黄色的是需要考虑新增建设的能力。这样看起来地基打的还算可以，重点就在选品的计算逻辑，以及最终的数据展示交互了。

11.3　产品设计

了解清楚背景之后，接下来介绍选品看板的构建过程。虽然明确了用户和需求，但粒度还比较粗，因为实际的选品要细分到行业类目，不同的行业类目也有先后顺序，先找谁合作，不仅影响产品的规划设计，更影响后续的运营推广；同时，也需要参考其他平台的类似产品，给自己的产品功能规划查漏补缺；最后，选品看板的核心计算逻辑也不是一蹴而就的，先从 20 分提升到 60 分，再慢慢提升到 80 分，这个升级的过程也有不少值得反复思考的点。本节即按上述几个环节展开。先说启动初期的合作共建。

11.3.1　抱团取暖合作共建

很多时候，一个企业内部数据产品的运营应在上线前开始。否则待到上线后运营已为时已晚。前面提到过，选品看板要灵活不同行业类目总会有先有后，而且这个先后顺序主要取决于行业运营的积极性。

有些行业体量规模较大，白牌广告客户比较多，目前仍能轻松获利，虽然未来也有精细化运营投放的瓶颈和忧虑，**但毕竟人性就是安于现状，没到真的不得不做的时候，谁也不喜欢花时间进行创新**；而有的行业则相反，规模体量不大，客户本就不多，要是再没有很好的投放效果和体验，行业整体的营收就很难维持或提升，这将直接影响行业运营年底业绩收入。后者这类行业的积极性更高、配合度也更好。对一个创新性项目而言，与这类行业合作固然是好，即便没有，能找到有共同利益的合作伙伴一起共建，也是不错的选择。

行业规模越大，选品看板上线后被使用的价值也越能放大；运营的积极性越高，合作起来配合度也越高，同时对上线后使用反馈和推广的贡献也越大；运营的专业度越高，该行业的需求也就收集得越精准，最后转化成功能折损和偏差也就越小。综合这 3 个维度对 6 个行业量化评估打分，简单分出高、中、低 3 档优先级，以合理分配个人本就不多的精力，如表 11-1 所示（行业规模、积极性和专业度单向满分为 5 分，评估总分满分为 15 分）。

表 11-1

行业	行业规模	积极性	专业度	评估总分	优先级
行业 A	5	2	3	10	中
行业 B	5	3	3	11	高
行业 C	4	3	3	10	中
行业 D	2	5	5	12	高
行业 E	2	4	3	9	低
行业 F	1	3	4	8	低

高优先级的行业，可以主动出击，高频次沟通对齐，重点推进其行业类目的选品推荐；中优先级的行业，可以积极跟进，建立定期的沟通机制，上线的时间略晚于高优的行业；低优先级的行业，正常响应就好，有需求就认真对待走排期，没有就"相敬如宾"。

上述量化表格是给自己看的，让自己心中有数。在具体推进对接沟通的时候，针对所有行业，都应**适当地让渡出一部分产品功能规划设计的空间，让行业运营有共建参与感，让他们觉得这也是自己的产品**。这样一来，原本作为需求方的运营，不仅投入度会更高，在提功能需求的时候也容易引导他们换位思考，站在产品经理的视角去权衡个性化的、稀碎的需求，以及共性通用的、大块的需求。比如在最终的数据呈现样式上，我最终力推的这种样式如图 11-6 所示。

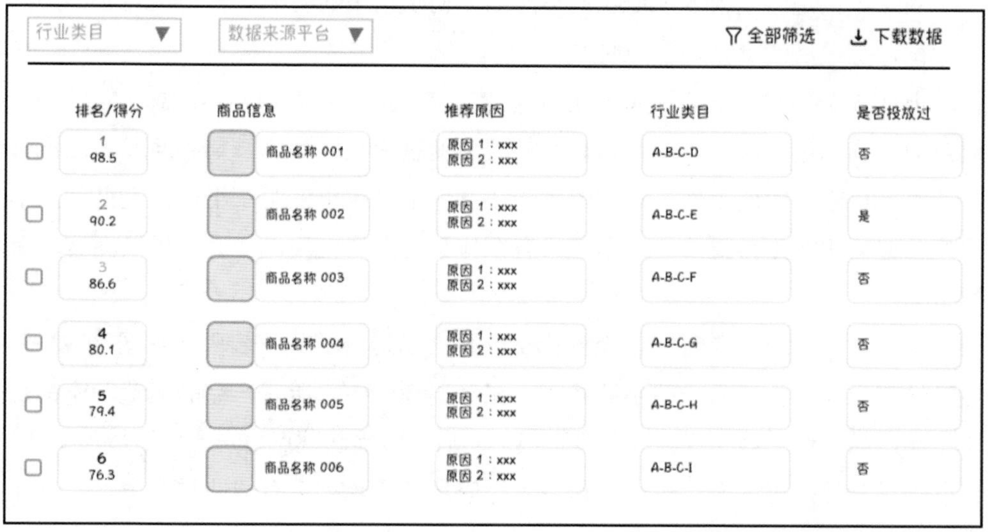

图 11-6

这种样式相对展示的字段比较少，而且主打推荐榜单的概念，一般不需要用户再做额外的筛选、排序操作，直接按照第一列的排名和得分，从榜单中挑选觉得靠谱的商品即可；但一开始运营们普遍还是建议多一些字段展示、多一些筛选排序，相当于就是在原有旧方案的"线上 Excel 大宽表"上增加一列经过系统计算得到的排名和得分即可。

运营的出发点肯定是从工具视角，提供的信息越多，他们可操控回旋的余地就越大，即便系统推荐的不准，他们依然可以自己筛选排序。但需要同他们反复沟通，强调如下这么几点。

- **要工具还是要产品？** 之前的旧方案就是比较典型的工具模式，信息很多，需要用户操作很多。但试下来大家普遍反馈只能凑合用，效率很低，而且也不解决核心问题。大家依然是各按各的经验来，很难保障一个较高的下限水准。
- **要结果还是要过程？** 更直接地类比问他们，要 iOS 还是要安卓？可能前者相对封闭、相对强势，直接指出什么是好用的；而后者是相对开放，不那么强势地让用户想怎么用就怎么用。但事实证明用户还是希望有一个真正好用的强势主宰者。

● **看现在还是看未来？** 可能当前系统推荐排序并不会特别准确，但我们要相信经过一段时间的调整，它就会是足够准确的。类似新能源汽车一样，刚出来的时候也是问题很多，但我们不能因为初始结果的问题，就一直憋着不去尝试，等最后的毕其功于一役。

上面 3 个问题结合前面提到过的让渡一部分功能规划设计给需求提出方，运营们普遍都可以换位思考，站在产品的角度思考共性的、长期的问题，而不再坚持原本自己比较偏个性、短期的体验了。后来事实也证明，用户在没见到汽车前，普遍只想要跑得更快的马车。只有在体验过汽车之后，才会真正接受这一新鲜事物。

说到这里，可以先看一下企业内部 toB 产品运营的经典步骤（见图 11-7），然后结合上面的实践做一些小的修正。在经典步骤中，所有产品的运营动作都是发生在产品已经上线（或至少灰度上线）之后，再挑选试点用户、总结最佳实践、获取关键支持，最后全员推广。在每个步骤环节，也都会有一些重点考量，列在下方图中，不作展开赘述。

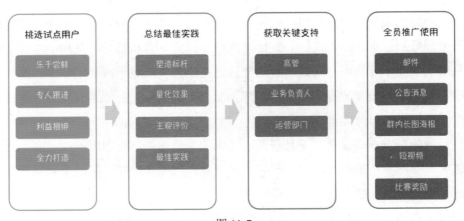

图 11-7

但如果将产品运营的动作提前，在产品规划设计阶段引入需求方和使用方，就会在图中红框对应的要素上，获得更好的效果（见图 11-8）。

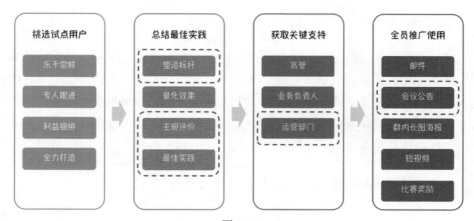

图 11-8

- 总结最佳实践—塑造标杆：用户一开始就是产品的共建参与者，对产品功能原理了如指掌，他们天然就是标杆，不用刻意塑造。

- 总结最佳实践—主观评价：因为共建，产品本身也是他们的"孩子"，天然就会"护短"。而且我们一开始就已经对不同行业做了高中低优先级判断，把运营的专业度也纳入考量，在吸收了高专业度运营的经验后，做出来的产品自然也不会差。

- 总结最佳实践—最佳实践：针对高优先级的行业，甚至可以在产品上线之前就先进行离线数据测算，导出对应行业的选品榜单供他们考虑怎么实践应用。这种提前也保证了最佳实践的产生。

- 获取关键支持—运营部门：让用户从产品规划设计阶段参与进来，他们同时也是需求方和产品的共建方，高、中优先级的行业运营们肯定是支持的。而且他们的领导为了部门整体的业绩考虑，也是会支持的。

- 全员推广使用—会议公告：由于提前让行业运营参与进来，他们就会在运营部门内部的定期会议或汇报中，将选品推荐看板作为下一步工作计划进行公告。这就相当于在产品上线前，已经有了免费的宣传。

综上所述，把用户作为需求方，基于行业规模、积极性、专业度的综合评估，事先与行业运营抱团取暖、合作共建，可以给选品推荐看板营造一个良好的启动环境，让后续的工作事半功倍。

11.3.2　分析竞品查漏补缺

跟用户的基础打好了，产品功能上的规划设计也不能松懈。我们要做的选品看板并不是什么行业创新事物，其他友商平台及外部第三方工具肯定早就有成熟的案例，很有必要用来查漏补缺。但由于这类工具大部分都是对内服务使用，或者需要开通对应的广告投放账号才能体验到，所以短时间内调研起来比较麻烦。不过依然可以从公开可见的产品中，找到如下类似做参考。

1. 抖音电商的商家服务后台（抖店）中的商机中心

官方直接将选品分成3类做引导（见图11-9～图11-11），分别是平台急缺的、消费者需要的、未来潜力的，各自又都是依赖商品供需比、搜索数据、内容数据作为核心指标计算。

所有推荐的商品又分成有品牌、无品牌，不仅能选品还有关键的发同款和关联功能，这个会在后续重点介绍，也是选品推荐看板很重要的一个补充功能。

图 11-9

图 11-10

图 11-11

2. 淘宝的商家服务后台（千牛）中的商机中心

相对抖店的商机中心千牛的商机中心比较简单，只有蓝海推荐和热搜热点两类，其他功能并未超过抖店（图 11-12）。

3. 拼多多的电商数据分析平台多多情报通（原名多多参谋）中的商品分析

选品罗盘是一个相对更自助的在线商品筛选工具。它有一系列榜单，分别是按照热销、飙升、降价、潜力等逻辑排序，核心指标就是销量、价格；官方的商

数据产品经理的自我修养

品榜单也有热卖指数，看起来是销量、评价等指标的综合加权。

总体来说，拼多多的选品能力比较发散，提供的榜单数据太多，反而容易"乱花渐欲迷人眼"，具体可参见图 11-13 ～图 11-15。

4. 第三方电商运营分析工具有米有数中的商品榜单

第三方工具看起来就是字段提供的更全面，可筛选操作的空间也更大，但本质上仍然是一个自助工具，没有蕴含多少系统的推荐选品经验，具体可参见图 11-16 ～图 11-21。

图 11-12

图 11-13

图 11-14

图 11-15

图 11-16

图 11-17

图 11-18

图 11-19

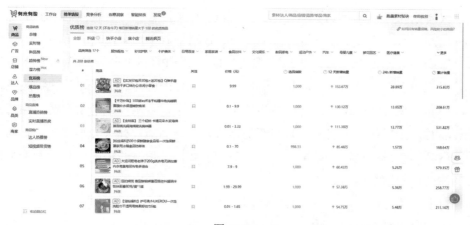

图 11-20

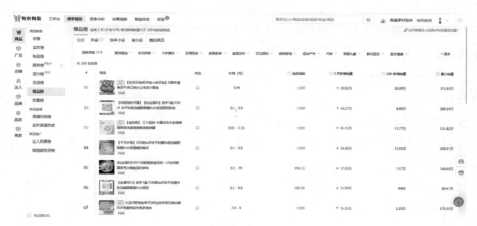

图 11-21

上面 4 个竞品虽然并不直接是广告投放的选品平台，但电商领域的选品与广告投放的选品相关性很高，可以拂去表面的差异，从中获得两点重要的启发。

● 明确目标：一切产品功能都是服务于某个明确的目标，否则产品就会变成功能的堆砌，什么都有，看着却什么都不像。从抖店的商机中心可以很明显地感觉到，平台方不仅仅是顺应商家的需求，也从平台视角引导商家选品。比如平台还有部分品类缺少商品覆盖或者不够丰富，为了让消费者意识到这个电商平台的商品很齐全，平台侧就需要划拨一部分资源（比如流量奖励）来引导商家更多地上架平台缺少的货品。那么对于我们的选品推荐看板，它要解决的到底是平台方的什么目标呢？

● 打通流程：选品只是上游的一个环节，选了之后商家发现没法上架怎么办？

或者商家看到商品 A 被平台推荐，自己随手上架了一个他自己觉得很像 A 的商品 B，但其实并不是。这不仅会导致消费者不买账，还有可能增加平台对商品数据治理的成本。后者其实指的就是 SPU 的建设，因为平台上可能不同商家都在卖同一个商品，但他们各自上传的图片、商品名称、描述又都不同，平台需要识别出这些商品其实都是一个，否则在识别用户对商品的兴趣时，数据就会很发散，明明都是喜欢一个商品却被标记为喜欢多个不同的商品，会很影响推荐效果。知道原理和必要性之后，我们的选品推荐看板也需要补充这个能力。

对上述 2 个启发点，各自的解法和结论分别如下。

目标是平衡新品引入和投放效果：选品推荐看板对平台的价值贡献，主打白牌商品，最好是从未在平台投放过的新品，也可以是之前投放过但效果很一般的次新品。而且不能只管推荐新品，不管新品被客户采纳后的投放效果，要兼顾量和质。这对选品推荐看板的推荐逻辑有很大影响。

不仅推荐商品还需关联 SPU：推荐出来的商品，需要有对应的 SPU 可供客户选择，这样才不会导致客户瞎选，也可以规避上面提到过、对用户商品兴趣识别发散的问题。这对选品推荐看板的界面功能交互有所补充。

有了内部运营用户的参与支持，也有了外部同类平台工具的调研分析，数据产品就可以正式启动，跑出第一步了。

11.3.3 快速上线验证效果

我们有从外部采买的商品数据，有底层的 SPU 体系，有行业运营的合作支持，还有对外部同类平台的调研分析，看起来万事俱备，可以着手搭建选品看板了。结合上文的分析和介绍，搭建选品看板最好是直接开发上线一个面向白牌广告主客户的选品榜单界面，这个界面最好是直接安置在投放平台内，使符合客户的使用路径。但实际情况总是没那么理想，一个系统推荐的榜单，在没有经过充分验证的情况下直接给商业场景的客户使用，风险很大；而且把现有运营人工选品推荐给客户，客户认同后投放的链路立刻切换成线上直面客户，运营的工作流程会有较大的变化，这往往是牵一发而动全身的，需要谨慎计划。

基于上述情况，选品看板先在内部系统上线，服务于内部行业运营，不改变现有的工作流程和对接方式；系统分不同行业自动推荐商品，运营在对应行业类目的榜单下先人工再筛选一波，再分发给白牌广告主客户。这样也可以提升运营的效率和选品的准确性。

　　明确了这个阶段性的小目标之后就可以快速实现一个简单的版本了。首先是核心选品推荐逻辑的设计，其定位如下：**这个选品推荐，并不是针对 C 端用户的那种千人千面的信息流商品推荐，需要考虑的只是针对某个类目而言，到底哪些商品是大部分消费者感兴趣想要下单购买的，并不需要过多考虑不同的人群特征和喜好。因为是广告投放场景，选品作为上游，下游还有投放后的流量分发推荐模型，在那个模型里自然会把人群画像考虑进去。没必要在上游最应该考虑集中扩大漏斗敞口的时候就把人群画像加入，导致敞口缩小、数据发散。**

　　在这个定位下，就要用好以下资源：外部采买的商品数据的商品信息、价格、销量数据；行业运营的一些专家经验。专家经验可以校正外部数据的偏差。因为外部平台卖得好，不见得在这个平台也能卖得好，需要一些人工经验可以让外部数据适配落地。最后，如果真的想要，可以引入算法兼顾投放效果，预测商品最后是否会成为爆品。由此一个快速启动的简易版本选品推荐计算逻辑如图 11-22所示。

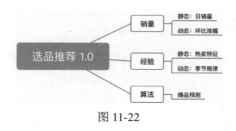

图 11-22

下面对图 11-22 中的每个维度详细说明。

1. 销量

　　对外部平台的商品数据，除了商品的图片、名称、类目等基础信息外，仅使用了销量而没有把价格采纳进来，于我个人也是一个向业务学习的过程。原本设想，对白牌商品而言，肯定是价格越便宜，大家越喜欢，客户卖得越好，平台获益越高。但后来几个不同行业的资深运营告诉我，在广告投放平台的语境下，很多时候单价看起来有点高的商品，如果有足够的卖点，比如造型功能新奇特别，也是可以使转化效果很好的，而且这类商品对客户来说利润更高，更能实现客户与平台的双赢。

　　对销量的处理，没有考虑累计销量而用日销量，是想抹平不同商品上架售卖时间长度的干扰。因为自然的一个商品卖了 3 个月，就是会比刚上架卖 3 天的商品在销量上更占优势。同时也需要将销量在近 7 天的涨幅考虑进来，因为可以在商品成为爆品前及时捕获。涨幅如果直接使用环比比率，也还需要特别处理一下分母很小带来的涨幅很大。比如 7 天前销量是 1，现在是 10，涨幅是 900%，比销量从 100 涨到 300 看起来趋势更盛，但其实前者并不是我们需要的。简单的处理方法就是截断，比如，上一期销量过低的（处于尾部后 1% 的）就不用参与计算涨幅了，避免带来数据干扰。

2. 经验

经验可以简单分为静态的热卖特征和动态的季节规律，前者充分考虑平台的特点，后者是考虑消费者的季节性购买规律。

静态热卖特征因行业类目的不同有所不同的，重点就是行业运营结合平台过往历史经验，总结出符合哪些特征的商品有大概率成为爆品。可以简单理解成是一个人工特征工程，只不过针对的数据都是商品的标题、类目和属性。比如，白牌小家电这个行业类目，运营总结了一个专家经验叫"大型设备小型化"，大概意思就是发现消费者普遍喜欢一些原本很大很笨重、但现在逐渐变得轻便好携带的小家电。这个特征就是限定在家电类目下，商品标题中包含"便携""迷你""可折叠"等关键词。后端会根据这些特征规则，给对应的商品打上相应的经验标签。

动态季节规律是行业运营分行业总结的消费者购买习惯，以小家电为例，在冬春换季的时候，飞絮和花粉比较多，大家对空气净化、除尘除螨等家用电器有更大的需求；在特定的节假日，有些品类商品会大卖，例如，情人节的口红、鲜花，开学季的学习用品等。这些规律虽然也可以被销量反映出来，但总有些滞后性。运营希望可以把这些已知的经验固化在系统推荐逻辑里，到了时间就对特定的商品进行扶持。这个倒也不复杂，类似在后端安一个"闹钟"，只要运营按格式把规则写清楚，在什么时间范围内该给符合哪些规则的商品以什么力度的扶持，系统层面就都可以实现。

3. 算法

原本只有销量和经验就可以出一个选品榜单了，但考虑到后续总是要逐步转型交给算法，而非指标统计＋人工规则，所以决定也先把算法引入进来，让运营提前接触熟悉，减少后续切换的成本。可以简单理解为一个二分类预测模型，Y

是根据投放后的表现数据划分出的爆品和非爆品，X 是商品自身的数据（标题、类目、属性、销量、价格、评价等）和投放初期的表现数据（消耗、转化率等）。以此训练出来的模型，可以简单地给商品进行量化打分以衡量其可能成为爆品的概率。

上述这些只是指标维度，要转化成一个选品榜单，需要有归一化的指数或者分数。总分为 100 分，通过销量、经验、算法 3 个维度加权求和得到，对于权重的设定有很多种方法，简单起见可以先让运营自己设定，如果不合理再调整。也可以参考一些常见的权重设定方法，如专家评分法、层次分析法、变异系数法等，这里不一一展开介绍。

对于销量、经验、算法这 3 个维度是怎么归一化到 100 分的，下面以销量为例来说明。销量有日均销量和环比涨幅两个子指标，利用加权求和的逻辑，两个子指标各自 100 分，通过设置一定权重汇总到销量这个维度的总分依然是 100 分。比如，日均销量可以按照绝对数值做归一化处理，x'=（x-min）/（max-min），这里 x 是某个商品原本的日均销量，x' 是归一化之后的值，min 和 max 分别是参与排序的序列中日均销量的最小值和最大值。这里只会把同一个类目的商品进行排序，不会把食品饮料的商品销量跟家用电器的混在一起。

除了表面的指标计算，底层数据的准确性和更新时效性也非常关键。因为销量数据并非平台自有，而是需要采买，数据的更新频次、字段的填充率以及填充准确性，都要做好监控，及时发现问题并督促上游校正更新。比如，同样一个商品 A 的销量，采买回来的格式可能是截止昨天的累计销量，为了得到日均销量就要拿两个临近日期的累计销量做差并除以间隔天数。但如果这个累计销量字段没有更新，两个销量值一样，那么做差之后就是 0，这会极大地影响后续销量维度的指标计算。

最后，基于这个版本的推荐排序策略，选品看板的功能和样式如图 11-23 所示。可以看到比最初的设计方案优化了"推荐原因"字段，也新增了"对应SPU"字段。针对推荐原因，为了让用户信任这个排序得分，对销量、经验、算法 3 个维度的情况做了一个简单的展示。销量维度不会直接展示商品的日均销量或环比涨幅，而是展示商品的日均销量在同类目商品中的排名情况；经验维度会直接放出该商品被哪些专家经验规则命中，符合哪些潜力爆品的特征；算法维度把算法计算出来的潜力爆品概率分成高、中、低潜力三挡，更便于用户理解。

而新增的"对应 SPU"字段，则会直接将采买数据与平台内部的标准化商品 SPU 进行一一对应，如果能对应上就直接显示 spuid，对应不上就空置（后续可以增加其他快捷处理办法）。这样一来，所有经过系统推荐、运营人工确认后选择的商品，就有一个统一的标识，不会出现同一个商品由于表达形式不同被当成不同商品，既影响白牌广告主客户投放的效果，也影响平台对用户行为数据的归一化收集处理。

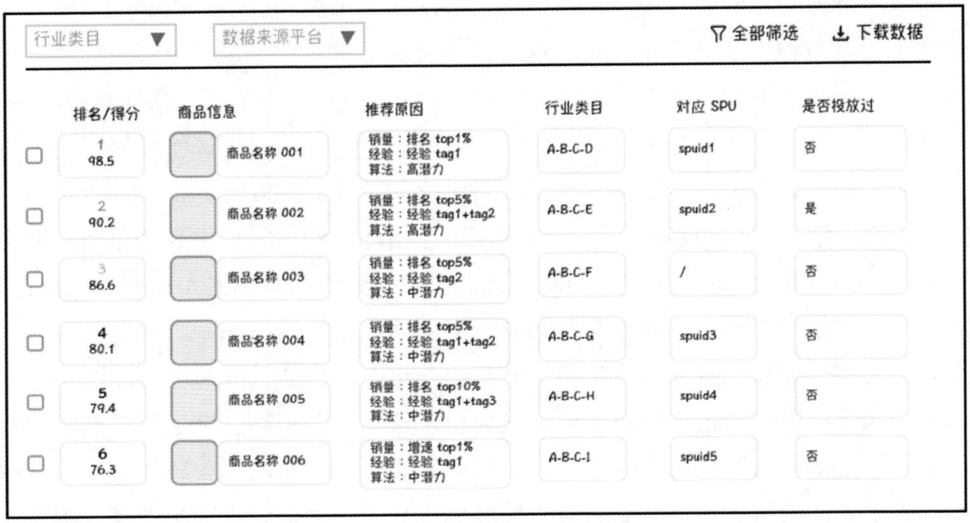

	行业类目 ▼	数据来源平台 ▼			▽ 全部筛选　　↓ 下载数据	
	排名/得分	商品信息	推荐原因	行业类目	对应 SPU	是否投放过
☐	1 98.5	商品名称 001	销量：排名 top1% 经验：经验 tag1 算法：高潜力	A-B-C-D	spuid1	否
☐	2 90.2	商品名称 002	销量：排名 top5% 经验：经验 tag1+tag2 算法：高潜力	A-B-C-E	spuid2	是
☐	3 86.6	商品名称 003	销量：排名 top5% 经验：经验 tag2 算法：中潜力	A-B-C-F	/	否
☐	4 80.1	商品名称 004	销量：排名 top5% 经验：经验 tag1+tag2 算法：中潜力	A-B-C-G	spuid3	否
☐	5 79.4	商品名称 005	销量：排名 top10% 经验：经验 tag1+tag3 算法：中潜力	A-B-C-H	spuid4	否
☐	6 76.3	商品名称 006	销量：增速 top1% 经验：经验 tag1 算法：中潜力	A-B-C-I	spuid5	否

图 11-23

这个版本的选品推荐看板，优先上线了两个最初盘点的高优先级行业 B 和 D，在 2 周左右的使用体验中，运营的主观评价很高，因为确实可以极大地提升他们的效率，而且有推荐肯定比没推荐选出来的商品要靠谱。后续在运营整体的内部例会上，这两个行业的运营也各自在月度工作成果中正面提及了选品看板。既给运营的老板形成一个不错的印象，有利于后续作为官方标配工具统一推广使用；也给其他行业的运营树立了标杆，形成了压力，是产品方乐于见到的你追我赶的场面。

11.3.4　优化迭代确定框架

上面的版本其实只是一个试验，快速占据这个业务坑位、获得一些更直接的反馈，因为很多时候用户光看 demo 演示不使用体验，提出的建议和问题就永远是浮在表面的。上线 2 ～ 3 周，也确实收到了很多一线行业运营的反馈，不过大多是修修补补的小建议，不影响推荐排序逻辑的主干，可笔者对这个计算逻辑一直都很有看法，想要好好修整一下。

原因很简单，销量、经验、算法这3个东西摆在一起，本身就凑不成一个合理的逻辑框架！感觉就是一个临时拼凑的过渡方案，而且经验维度有太多人工规则，虽然保障了行业运营的参与感和个性化定制需求，但规则的整理总是落后于市场和消费者的，每次规则的更新升级成本也不低、周期也不短。这些问题都亟待一个更合理、更智能化的推荐排序模型来解决。

回到选品看板的定位，最需要的是平衡投放效果和新品的引入。平台需要引导白牌广告主客户投放新的商品，因为老商品的生命周期总是有限的，再爆的品也有冷却的那一天，最好的模式就是不断拓展新的潜力爆品，填补爆品衰退后留出的营收空缺，让平台的营收一波一波的可持续高位浮动；但又不能只考虑引入不考虑投放效果，这就会打击到客户的信心，平台最需要的是能成为爆品的新品。基于这个目标定位，**选品的推荐排序模型是量与质、潜力新品与爆款老品的平衡，是用一个新品模型搭配一个效果模型。**

新品模型主要是用来从外部电商平台挖掘潜力新品的，其核心是考虑哪些品是需要从外部电商平台引入的新品，以及这些新品在平台是否可识别可投放。第一个问题，简单化的处理就是直接采买或者计算外部电商平台的爆品榜单和趋势榜单，前者是一个既定事实，这些商品就是热卖；后者是一个增长趋势，这些商品近期备受追捧。第二个问题，就是把这些商品与平台的SPU做一一对应识别，一方面看哪些能匹配我方的标准SPU，因为这样才能真的投放（前面提到过，避免数据发散）；另一方面是看哪些是符合我方定义的新品，比如，从未被投放过的，或者最近一段时间没有被投放过的且过往并非爆品。可以发现，新品模型的核心就是外部商品与内部SPU的识别对应。

对于效果模型，可以复用销量、经验、算法中的算法。因为它本身就是一个基于我方平台历史已有的投放消耗数据，去预测一个商品能否成为爆品。它天然地就考虑了投放后的效果，只不过原本的模型中特征较少，比如，并没有把行业运营的一些经验整合进去，这都是可以升级优化的。

这个模型升级的过程并非一蹴而就，基本横跨了3个月左右的时间，最后的效果评估标准，将在本章的第五节做专门介绍。

11.4　运营实践

从选品推荐看板的规划到功能落地，都会涉及行业运营（需求方）的实践参与，回顾这个案例，有成功也有失败。合作对接沟通中也出现一些问题。这正负两个样本，正好也来自第三节量化评估出的两个高优先级行业 B 和 D，参见表 11-2。

表 11-2

行业	行业规模	积极性	专业度	评估总分	优先级
行业 A	5	2	3	10	中
行业 B	5	3	3	11	高
行业 C	4	3	3	10	中
行业 D	2	5	5	12	高
行业 E	2	4	3	9	低
行业 F	1	3	4	8	低

11.4.1　创新确实始于边缘

前面提到过，在产品规划设计初期，就打破了 toB 产品运营套路，引入作为用户的行业运营抱团取暖、合作共创的模式，这对后续的产品推广起到了事半功倍的效果。下面以表 11-2 中的行业 D 为例，谈谈边缘与创新，规模与效果。

- 边缘与创新：《创新者的窘境》讲的就是大公司为何总是会被外界的后起之秀挑落马下，难道大公司自己就不会创新么？书中的答案是：会，只不过内部无人重视。这在此次选品看板的实践中体会颇深，其实大公司内部的很多边缘小部门的创新能力不错，只不过往往胎死腹中，高优先级选择的行业 D 就是。

  这个行业的规模（指的是对公司的营收贡献）在所有 6 个行业中算是倒数，因为规模小，长期以来虽然在营收部门，没太多存在感，第一个感受到行业下行压力，所以逼得他们不得不研究怎么创新优化现有流程。用带推荐排序算法的榜单来做选品，也是行业 D 率先提出的，算是在想法上不谋而合。再加上充分的讨论和平等的交流，合作一直非常顺利，也会定期邀请行业 D 的运营来到选品看板的内部需求评审会上，给研发们讲讲一线运营的使用反馈，整个项目在行业 D 是一个不错的正向循环。

- 规模与效果：然而终究还是吃了规模小的亏，虽然选品看板是率先在行业 D 落地应用，且效果亮眼，但因为规模小、基数低，那些增量在老板看来有噱头但刺激依旧不够大，不足以让老板下决心自上而下的全面推广。

而且行业 D 也陷入了不得不持续创新的压力中，因为创新也意味着可能会有失败和错误，老板不太能承受在规模体量大的行业直接出错毕竟是基本盘。行业 D 虽然做出了一定效果，但时间尚短，缺乏数据上过硬的说服力，需要持续钻研，直到验证万无一失才可以。

11.4.2 创新确实困难重重

如果说行业 D 的运营实践落地是成功案例，那么与行业 B 的合作就只能算是失败了。遇到的问题可以用 2 个关键词总结：量大不愁，沟通困难。

● 量大不愁：行业 D 是因为规模小、边缘化，所以不得不搞创新；而行业 B 则是规模大，暂时不创新也没问题。所以天然的，他们的积极性就不高。不仅积极性不高，且对合作试验的成果要求颇高，并不是有一点点提升就可以，而是要能被数据验证出是长期稳定显著的提升才可以。呼应上面提到的，基本盘不能乱折腾。

● 沟通困难：因为不着急、要求高，所以沟通起来自然姿态也没那么平和。更麻烦的是，行业 B 选派的需求接口人，专业度也不高，这主要体现在对他们自身业务的理解，和对需求转化成产品的理解上。

第一个版本的推荐排序计算逻辑，不能仅依赖商品在外部平台的销量，还要靠内部行业运营输入专家经验做一轮校准。专业度高的行业运营，可以在较短时间内，整理出高价值的潜力爆品特征标签规则，例如，前文举例过的"大型设备小型化"；专业度不高的行业运营，需要花费更长的时间来整理，且反馈的潜力爆品特征标签规则质量也不高，经反复多轮调整依然不尽人意。

面对这种情况，笔者分享过优秀的案例，但照猫画虎依然失败；也尝试沟通问问难点在哪里，可反馈是还好没什么问题；最后甚至尝试私下里建议他们行业换个接口人，省得最后影响行业 B 整体的进度和效果，不过也没有下文。于是笔者想着反正还有行业 D 以及其他 4 个行业，没必要死磕这个行业 B，只能用他们整理的并不合理的经验标签上线。上线后结果确实不尽如人意，比原先仅依赖商品外部销量的逻辑没有什么显著的提升。这就更导致原本积极性不高的行业 B 更加不热心尝试了，而且作为规模体量最大的行业之一，他们的尝试效果一般，也一度影响了整体项目的推进计划。让本来是雪中送炭的选品看板，变得有点锦上添花的意味。如果以后还有机会，我肯定不应轻易"放过"行业 B，不能心存侥幸心理，这种规模大、影响力高的行业必须成功，才能稳固项目整体的良好态势。

11.5 价值评估

其实在前文或多或少提及了选品看板的效果还不错，但究竟怎么衡量它的效果，一直没有展开详述，这里就具体阐述。而且对它的定量效果评估，不仅仅是选品看板需要关注的，所有想要努力对业务营收做出贡献、而非仅仅是降本增效的分析 / 应用环节数据产品，都会涉及这个问题。

我打算拆成 2 个部分来说，先说这个选品看板怎么评估自身推荐质量，再说它对业务来说有什么价值。这两部分也不完全是互斥的，有较多指标也是可以相互借鉴。

11.5.1 自身质量评估体系

打铁还需自身硬，为了能对业务发挥比较明确的贡献，先需要保障这个推荐选品看板质量是否过硬，核心就是推荐排序的逻辑是否合理有效。鉴于中短期这个看板的使用方法都是先给内部行业运营使用，经由他们的人工查看之后再外发给白牌广告主客户，所以看板的质量评估体系也需要贴合这个流程。图 11-24 列举了完整的业务流程环节（图 11-24（a））以及对应每个环节可采用的量化衡量指标（图 11-24（b））：

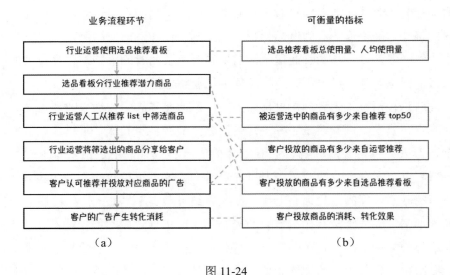

图 11-24

● 第一个环节，有了看板必须有人用才行，没人用它就发挥不了效果。所以会有使用量，也会有人均使用量考察看板的黏性。

- 第二个环节，选品推荐看板会分行业的产生推荐榜单，这个榜单的商品数量其实上限可以是这个行业类目下所有采买回来的商品对应的 SPU，但没有意义，因为运营并不会翻页看那么多，效率会很低。所以很多时候专注分行业类目下推荐榜单的 top50 或者 top100 就好。对自己要求严格些就看 top50，因为越是缩小范围，能命中的概率也就越低，更考验推荐的准确性。

- 第三个环节涉及推荐准确性，对运营来说就是效率。可以看出运营最终选用的商品到底有多少来自榜单的 top50。注意，这里不是看榜单的 top50 中有多少被运营选中，其分子分母是调换的。因为说不准每次一个行业到底要选出多少个商品才是合理的，假设这次选 10 个就够了，那也不能说 10/50=20% 的这个比率是低的。所以更符合业务的衡量标准应该尽量减少他不停翻页看后面的商品，就在 top50 中找到最好。

- 第四个环节是运营将结果分发给客户的效率问题，与推荐选品看板短时间内关系不大。但未来如果想更深一步嵌入业务，也有不少可以做的。比如，直接在看板上设计下载模板样式，当运营在看板中选品商品点击下载后，可以自动制作出符合行业客户信息阅读习惯的长图片或文档。这个小功能即便将选品推荐看板直接开放对外部客户使用，也还是有价值的，毕竟运营有微信上的私域强触达渠道，且又是人工筛选过的。对一些大客户尤其需要这种人工运营介入。

- 第五个环节有两种衡量方法，一种是考虑到运营与客户之间的信息折损，一种是直接跳过这种可能的折损。前者是必然存在的，白牌广告客户对行业运营的话也不见得是言听计从，如果客户自行进行删减，就需要衡量他最终实际投放的商品中到底有多少是来自运营推荐的（当然这里默认运营推荐的商品也是来自选品看板）。但这种衡量方法有太多人为因素在内，也可以直接剔除。后者就只考虑客户最终投放的商品有多少是来自选品推荐看板的 top50，跳过运营的筛选、与客户的认可，反而更能凸显看板本身推荐的效率。不过前者也依然可以保留，因为它可以间接衡量这个行业运营本身的人工挑选经验是否靠谱。

- 最后第六个环节，是考验推荐排序最直接的方式，就是看我们推荐的商品投放后是否真的转化效果好。转化效果好、客户就会追加更多的投放预算，在平台产生的消耗就更多，平台的营收就更好。但这里可能没法直接拿来自选品看板的商品转化数据说明问题，因为缺少对比，比较好的方案是对比同期的其他商品，这些商品并不来自我们的选品看板，大概率是客户凭借自己的经验进行选品投放的。用这种方式形成一个近似的 ABtest，看转化率是否有显著的提升。

评估体系是有了，便是具体的落地追踪。要把很多原本离线的操作线上化，比如运营从看板上选择哪些商品，最好是有线上标记动作可以记录；而客户投放的商品是否来自运营的推荐，甚至是否来自选品推荐看板，也同样需要做好数据归因；包括最后怎么选 AB 组做投放效果提升的论证……这里就不一一展开了，总之要以同等的程度重视落地。

11.5.2　业务视角价值衡量

自身质量评估体系已经包含了一部分业务视角的价值衡量，但结构并不清晰，在这里单独梳理一下。在本书开篇就提到过，数据产品的价值可以是降本增效，也可以是为业务带来额外营收。选品看板恰好就是两者皆可。

从效率上看，在使用看板之前，运营需要自己从数据中筛选排序，而且同行业类目下不同运营的经验没法对齐，也会导致一个初级运营推荐的选品经由资深运营查看后发现不行，打回返工。这就导致原本要下发给客户的一次选品榜单，时间周期特别长，且往往需要专人专岗去做。

但有了看板之后，无需自己手工操作，系统会自动直接推荐；并且推荐的方法论也是行业统一的，是沉淀了资深运营的专家经验的。这就导致选品榜单的加工和下发周期，从过去的 ×× 天 1 次，缩短到了现在的 × 天 1 次，进而换算成人效提升比率。同时，那个专人专岗做这个人工选品的人，也可以转去做更有价值的事情了。

从营收上看，可以说为 ×× 个行业拓展引入了 ×× 个新品；进而这些新品产生了 ×× 的消耗，贡献了大盘整体消耗的 ××%；而且这些来自选品看板的商品，在进入投放阶段其转化率比非看板推荐的商品显著地提升了 ××%。综合下来，说明不仅有量，更有质。

不过以上都是一些理想化的情况，实际并没有这么简单。因为选品推荐看板只是白牌商品广告的上游环节，即便抛开中间运营的人工筛选，也会涉及客户在投放中选择的广告创意是否合理（简单说就是广告的封面图等）等问题，再往下还会涉及投放后广告模型的人货场匹配算法。每个环节都会影响最终的消耗和转化数据，不能数据好的时候说是上游选品推荐的功劳，差的时候就把锅都甩给广告创意匹配和人货场匹配。所以很多时候，在陈述价值时营收那部分更多只会说是间接促进，不好说是直接带来了什么。

第三部分　总结展望

通过第二部分的 8 个案例，基本对数据链路各个环节的数据产品都有了较为深入的认知，同时也对数据产品经理的 7 个核心能力有了具象的演练。作为本书正文的最后一个部分，将从具体案例中抽离出来，把目光聚焦在个体的职业选择、现状和发展上。

首先讨论职业选择问题，数据方向的岗位，除了数据产品经理还可以选什么？在对比中，可以更好地理解数据产品经理这个岗位；如果坚定地选择了数据产品经理这个岗位，那么入门需要什么水平，转行又有什么门槛，这都是很现实的问题。

其次是岗位现状，哪些行业、企业更需要这个岗位？从业人员是什么背景出身？业界目前对数据产品的普遍观感和反馈是什么？这些都是数据产品经理们的现实环境。

最后就是职业发展，数据产品未来会有更多需求么？企业会更需要哪种数据产品？数据产品的兴起会影响哪些数据同行？数据产品经理又该重点提升自身的哪些能力以应对未来的变化？在未来，数据产品经理的核心价值到底是什么？不论是从业者，还是有志于成为数据产品经理的读者，都会关心这些问题。

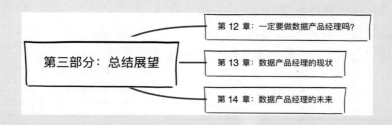

第 12 章
一定要做数据产品经理吗？

12.1　本章概述

　　作为第三部分的开头，笔者想先讲讲选择。说来也神奇，本书从开始到现在似乎都在假设，做数据产品经理是读者们的唯一选择。但其实数据领域还有很多岗位，如果仅仅局限在数据产品经理这个岗位，缺乏对比，可能就会有种自卖自夸的感觉，让还没入行的读者错失其他更适合的岗位；同时，作为一个工作多年的数据从业者，笔者也深信**未来的岗位很难从一而终，大家在职业生涯中都要面临转型和选择**，所以也希望能在本章尽可能地介绍数据领域的不同岗位，让大家在对比中更好地理解数据产品经理这个岗位，也给大家提供更多的职业选择。

　　本章先盘点数据领域不同岗位，再结合第一部分的定义和能力图谱给出入行数据产品经理的建议，最后分析从不同岗位转岗到数据产品经理的难易程度，提供一些建议，本章的主要内容如图 12-1 所示。

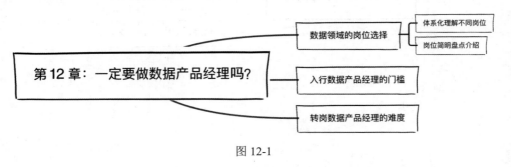

图 12-1

12.2　数据领域的岗位选择

　　很多局外人对数据领域的工作认知，基本就是数据分析师，数据产品经理都算是小众岗位了。但对有志于从事数据领域工作的朋友来说，仅仅知道这俩还不够，可以先从数据流程体系来理解数据领域的不同岗位，然后再展开介绍每个岗位的特点。

12.2.1　体系化理解不同岗位

数据领域的岗位有很多，按照跟数据的相关性可以分为内环岗位和外环岗位，如图 12-2 所示。

- 内环岗位：日常跟数据打交道的频次高、程度深。主要有数据分析、数据工程、策略产品经理和数据产品经理。

- 外环岗位：日常也跟数据打交道，不那么高频或程度不那么深入（偏宏观分析或者数据加工计算复杂度不深）。主要有数据运营、经营分析、商业分析。

图 12-2

还有一些日常也跟数据有点关系的岗位，但处于外环的外环，如算法工程师、战略分析等。不过仅从内外环来理解这些数据岗位不够体系，可以从数据流程体系来理解数据领域的不同岗位，见图 12-3。

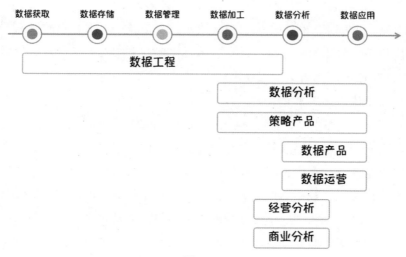

图 12-3

在本书的第一部分已经简单介绍过上述图中这些环节，这里仅做简单复述。

- 数据获取：比如 App 埋点，把数据收集上来。

- 数据存储：比如数据仓库，简单清洗后入库存放。
- 数据管理：比如数据治理，提升数据质量、理顺数据之间的关系等。
- 数据加工：比如标签生产，将原始数据按应用场景做加工。
- 数据分析：比如分析建模，效果评估、专题分析、上线模型。
- 数据应用：比如推荐策略，将数据直接自动化应用在终端场景。

　　这些岗位有些横跨数据流程的多个环节，有些则固守其中的 1 ～ 2 个环节。比如数据工程，严格来说这个岗位应该是聚焦于数据获取之后的存储、管理和加工 3 个环节。但有些公司可能还处于起步阶段，很多岗位不会划分的那么细，有时候让数据工程也负责数据获取，甚至临时也做一些简单的数据统计分析，搭建个数据报表；而数据分析师，常规的理解可能是聚焦数据的分析，形式上是统计性分析或者是通过构建模型解决业务问题，但实际上很多公司也会要求数据分析师自己做一些数据加工形成数据库表，以便后续自己分析使用，以及更进一步开发上线一些数据报表。总之，为了适应目前国内公司普遍采用的数据实践应用阶段，大部分数据岗位之间的边界并没有那么清晰。但即便如此，每个岗位依然有自身鲜明的特点。

12.2.2　岗位简明盘点

　　本节从门槛要求、供需比例、收入水平、价值感受、上升空间这 5 个维度，对 7 个岗位进行整体的量化盘点，然后再具体展开介绍。为了可视化效果，分成图 12-4 和图 12-5 两个雷达图来展示。

　　图中每个维度满分都是 5 分，分数越高越好。比如，供需比例 5 分表示供小于求，3 分表示供需平衡，1 分表示供大于求；同时，分数的高低仅限于数据类几个岗位之间的比较，不涉及与非数据类其他岗位的比较，比如，数据产品经理的门槛要求是 5 分，不代表这个岗位的门槛在互联网或其他行业中就是最高的。

　　这 7 个岗位可以被粗略地分为两大类，一类是相对均衡型的，如数据工程、数据运营、数据产品经理、策略产品经理；而另一类是有明显短板的岗位，如数据分析、经营分析、商业分析。至于怎么均衡、怎么有短板，接下来对每个岗位按如下结构作一一介绍。

- 一句话介绍：用一句话简明扼要地说明这个岗位的特点。

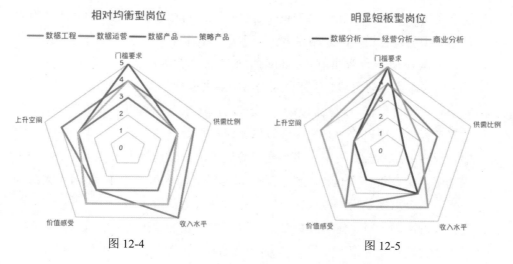

图 12-4　　　　　　　　　　　　　　　图 12-5

- 日常工作内容：展开介绍该岗位日常都做什么，力求全面。

- 具象产出物：该岗位主要产出交付的东西是什么。

- 岗位优劣势：对比数据领域其他岗位，该岗位的优势和劣势。

- 适合人群：结合岗位特点与日常工作内容，给出适合该岗位的人群建议。

- 补充备注：对该岗位在以上几个维度以外的信息补充。

  首先介绍数据工程。

- 一句话介绍：数据方向**需求量最大的技术工种**。

- 日常工作内容：搭建并运维计算 / 存储平台、梳理数据流进行数据建模和数仓搭建、设计并实施数据报表或 BI 平台（含计算逻辑的落地与性能优化）、支持业务临时需求或定制需求（其实就是跑数）。

- 具象产出物：数据平台、数据报表。

- 岗位优劣势：优势是需求量大，尤其是传统行业数字化转型有很大缺口，很多公司零基础数据实践的时候首先需要的不是数据分析师，而是需要获取数据、存储数据并能进行简单数据统计的数据工程师；对喜欢钻研技术的朋友，数据工程师也有发力方向，比如数据的调度、大规模数据计算的性能优化等；同时这个岗位收入相对较高，技术研发岗位的工资普遍比产品运营的工资高，这在互联网行业是广为人知的事实；如果不爱跟人打交道，那么这个岗位也很适合，作为远离业务的后台技术研发岗位，要背负的考核指标相对压力较低，也不需要跟那么多不同背景的人打交道，自然也没那么累心。

  劣势就是距离一线业务很远导致的存在感和价值感较低，做时间长了可能会觉得没意思，聚光灯很难照在自己身上；同时还有被甩锅的风险，因为是链条中的最上游，一旦下游业务或者产品效果不如人意、没有达到预期，各路人马在现实利益面前就会自动地把责任和问题往外推，系统设计得不好、数据计算有问题，这些都会成为影响业务发展的瓶颈；而最后一个劣势，就是有"飞鸟尽良弓藏"的风险，很多公司在数据实践的中早期会大量招募数据工程师，用以快速开发迭代数据系统和平台产品，但一旦业务进入稳定期，很多系统平台就没那么多功能要演进了，自然也就不需要这么多数据工程师了，留几个负责运维就够了。不过这种风险在近 5 ～ 10 年国内大部分公司还不会出现，只不过大家可以先有这种风险意识。

- 适合人群：因为有一定数据处理的门槛，所以技能上确实需要有代码基础，但不必要统计学和概率论等数据分析的基础；性格心态上需要能沉得住气，责任心比较强的，能在上游把好质量关的。

- 补充备注：暂无。

然后是最为熟悉的数据分析师，其实大家对这个岗位的误解最多。

- 一句话介绍：**供需比例严重失衡，价值感与重要性不匹配的综合数据工种。**

- 日常工作内容：大家常规理解的数据分析师主要负责写 SQL 提取数据供自己分析一些业务问题，最后给出数据分析报告以解决业务问题。但现实中数据分析师要做的更多，从数据分析环节向上向下都会有涉及，比如，要量化衡量一个业务的现状，又没有现成的数据库表可用，那就需要自己清洗数据建表；数据准备就绪之后，不仅要提供离线的分析报告，也需要搭建数据看板以便业务线上及时看到数据；有时候如果要解决一些较为复杂的业务问题，也需要构建模型，也会用到统计模型和算法知识。

- 具象产出物：数据分析报告、数据报表、数据模型、数据仓库库表。

- 岗位优劣势：比较明显的优势同样也有岗位需求量大，毕竟很多刚刚转型起步的公司，很多数据分析和应用都没有系统和自动化产品，都要靠人工解决；还有一个优点就是相对也没那么心累，虽然数据分析师也需要经常跟业务打交道，但本质上仍然是技术属性的支撑性岗位，本身不会背负过多业务绩效考核压力。

　　为了戳破对这个岗位的过多滤镜，针对劣势可能要多说两句。作为技术属性的支撑性岗位，虽然压力小但也跟数据工程师类似，工作的存在感和价值感较低；而且加班也不会少，因为缺少成熟的系统和数据产品，不少工作都需要人肉填补;任劳任怨的同时,很可能岗位的上升空间也不大,我们见过纯技术出身的业务负责人、也见过产品或运营出身的、还见过市场销售出身的,但数据分析出身的除非后续转型,否则目前看到最高的岗位也就是数据分析部门的总监,也很少能直接负责数据相关的所有工作;数据分析师转岗也没那么容易,它是一个综合性的岗位,什么技能都需要一点,但又不足以胜任其他专业岗位,比如,做数据工程师,可能代码能力上有差距,做产品经理,思维方式上又会受到长期工作的影响、习惯自下而上从细节开始,难以适应自上而下从宏观着眼。最后是供需比例严重失衡。

● 适合人群:如果接受了数据分析师岗位的这些优劣势,依然对它保有兴趣和热爱,那就是适合的。技能上,需要具备一定的数据背景,比如掌握概率论、统计、机器学习等知识,还有基本的数据处理代码也要掌握。虽然不见得一定要理工科背景,但逻辑性确实要强;由于日常还要频繁跟业务打交道,还需要善于沟通。

● 补充备注:前些年部分培训机构的宣传有失偏颇,导致大家对数据分析师的认知出现了很多偏差,以至于现在仍然需要花工夫扭转。比如考证,很多在校生以此来安放自己无处释放的焦虑和努力,但其实工作多年,从来没听说过哪家公司招聘数据分析师会看他有没有考下来什么数据从业证书的;再比如技术至上,曾经很多人以为做数据分析就是学好技术,后来渐渐明白要懂业务、要有数据分析思维,但到底什么是数据分析思维?只看到很多人把咨询的一些工具模型拿来充数,并没有把问题讲清楚。

第三个说数据产品经理,因为很多内容都介绍过,所以尽量一笔带过。

● 一句话介绍:**本质是懂数据、会分析的产品经理。**

● 日常工作内容:我们在本书中已经有过很多介绍,简单说就是在数据全链路上的产品化工作。有时候也需要做些数据分析,可能是为了数据产品功能模块的设计,也可能在数据产品上线前离线分析支持业务运转(和数据分析师的工作有一点重合)。

● 具象产出物:数据产品、需求文档、调研分析报告等。

● 岗位优劣势:比较明显的优势就是工作产出有产品形态的显性化,同时如果是做数据分析/应用环节的数据产品,一般距离业务都很近,存在感和价值感高一些;作为产品经理,日常跟老板的接触机会也会比较多,相对支撑性岗位在晋升上会多一些机会。

但对数据获取 / 存储 / 管理 / 加工环节的数据产品，因为距离业务较远，即便有具象的产品形态，也经常很难说明自身价值，往往只能用产品的使用量、和对业务的间接价值贡献来衡量。

- 适合人群：懂数据懂分析甚至懂策略、有逻辑性、同理心较强、想做产品经理的朋友。

- 补充备注：数据产品经理岗位目前虽然还没那么"卷"，但市场需求量并不大，主要以业务成熟的中大型公司为主；同时市面上对这个岗位的叫法也还缺乏统一定位。这些涉及数据产品经理现状和选择的问题，放在后面两章详述，此处只先简单陈述，让大家有个初步认知。

接着介绍策略产品经理，也是作者从事过的岗位，在业内也不那么小众了。

- 一句话介绍：**衔接算法和产品的桥梁**，很多数据分析师转型的好选择，本质也是产品经理。

- 日常工作内容：策略产品经理作为产品经理，日常有很多工作跟其他产品经理并无差异，也都需要产品调研、产品设计、评审沟通、开发上线，比较独特的就是在产品设计环节需要做业务建模，以及多出一个模型研究的环节（见图 12-6）。可以简单理解为策略产品经理需要设计策略，让通用的算法可以适应不同的产品形态和用户需求，这个策略往往就是一些数学模型，它依赖统计和算法知识。[①]

不过策略产品经理也是有不同的细分方向，各个方向虽然都是做策略，但内容各有侧重，可以从图 12-7 做一个简要了解。如果按业务场景划分，策略产品经理可以在搜索、推荐、广告和调度中发挥作用，其中调度指的是打车、外卖等涉及按地理位置进行的人力资源的分配。

- 具象产出物：线上策略、需求文档、调研分析报告。

- 岗位优劣势：由于策略往往是算法和产品业务之间的最后一公里，所以策略产品经理距离业务很近，产出一般都有明确的业务价值（参考图 12-7 按目标目的划分出的商业化、增长、风控）。同时日常工作内容就是建模，会比较多的应用统计算法等知识，对专业背景出身的朋友而言，是一个学以致用的岗位。

劣势和优势往往是一体两面，策略产品经理做得好的情况下就是算法和

---

① 想对策略产品经理日常工作内容更深入的理解，可以通过阅读《策略产品经理：模型与方法论》.

产品的桥梁，做得不好的时候就会承受算法和产品两边的挤压。比如算法工程师也可以往业务走一步，自己设计一些策略；同样业务端的产品经理也可以向技术走一步，自己提出一些策略建议。功力不够深厚的策略产品经理，就经常会被两边的建议裹挟，迷失成一个传话筒。

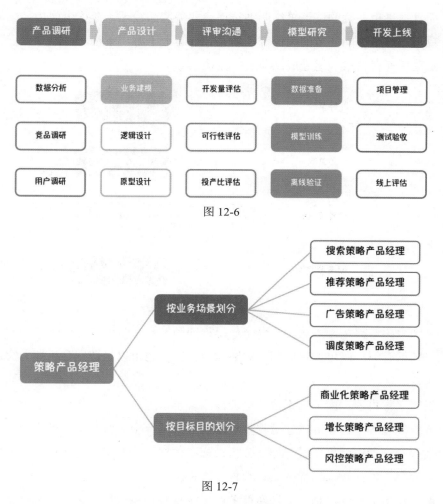

图 12-6

图 12-7

- 适合人群：比较适合懂算法，能很好地理解业务，有点极客风格的产品经理。
- 补充备注：之前在其他场景用餐厅做过一个类比，可以帮助大家更好地理解策略产品经理的定位和价值。限定在策略工作场景下，那么算法工程师可以对标种菜的，因为他们是最基础的原材料供应；策略产品经理随后负责炒菜，要想炒的好就需要先理解每个菜的特点（理解算法），同时也熟悉顾客的口味（理解用户需求），然后把这些菜做一个有机的融合、不仅仅是简单地混在一起（设计策略，业务建模）；业务产品经理负责结合当地顾客的口味偏好、当地市场竞争情况和餐厅自身的条件禀赋，设计好菜单菜品，规划好这家餐厅到底卖什么菜；最后需要运营下场服务用户，满足每个顾客的需求，而且尽量把顾客的反馈总结归纳传递给业务产品经理。在这个简化类比的场景下，每个中间环节的岗位都需要兼顾理解上下游，策略产品经理就需要把蔬菜原材料变成一道道成品菜肴（见图 12-8）。

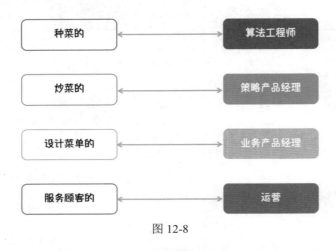

图 12-8

下面介绍数据运营，这是一个略显模糊的岗位，也是一个比较跨界的岗位。

- 一句话介绍：**既可以是运营中的数据分析师，也可以是数据分析能力突出的运营**。

- 日常工作内容：由于该岗位与运营深度绑定，所以日常工作内容也就会更贴近一线业务。为业务搭建数据指标体系，评估一个运营活动的效果，为了做某些运营动作而事先展开专题分析，都在数据运营的工作范畴内。

- 具象产出物：数据指标体系、数据分析报告。

- 岗位优劣势：优势是身处一线业务对需求理解得更透彻，更知道为什么要做这个分析；同时相应的分析内容也更接地气，更容易让运营配合落地。

　　劣势是可能会陷入琐碎的日常数据提取和报表统计需求中，而且跟随运营节奏日常工作可能会比较短平快，能统计分析就不用算法模型，没有太多深入钻研技术的机会。

- 适合人群：对技术不太执着，但对业务比较有兴趣，且具备一定数据分析基础的朋友。
- 补充备注：该岗位还没那么主流，边界经常会有点模糊，很容易被运营或数据分析师兼职。

经营分析，是很多传统行业比较常见的一类数据岗位。

- 一句话介绍：**复合财务、业务背景的数据分析，常见于传统行业。**
- 日常工作内容：这个岗位传统行业比较多，互联网行业也有但需求量不太大，很多时候都会被商业分析概括。日常开会多，因为经营分析经常不隶属于任何业务，是相对独立的组织，但为了能很好地理解业务度量业务，就要不断跟业务人员沟通。基于对业务的认知，以及行业的认知，最后出具分析报告。这个分析报告可大可小，大的可以从宏观层面指明业务发展方向，小的可以从微观层面拆解业务局部问题和解法。
- 具象产出物：分析报告。
- 岗位优劣势：优势是比较锻炼复合能力、视角更接近老板视角，客观中立、自上而下看业务，找问题给解法。

  劣势是大多在传统行业，互联网等新兴行业岗位较少；同时也不会应用太多复杂的数据分析技术工具，所以对有志于钻研技术的朋友也不太适合。
- 适合人群：数据背景可以不很强，但一定是比较复合型的人才。
- 补充备注：经营分析更多从企业财务、经营视角分析数据，从分析方法技术上看跟互联网的数据分析师差异较大，日常处理的数据量级也没那么大，转型技术岗位的余地不大。

商业分析，也是近些年很多校招生发力去卷的岗位。

- 一句话介绍：**大老板的近卫军，相比数据更看重思维方法论和追踪执行力。**
- 日常工作内容：很多公司的老板需要商业分析，因为他们既需要隶属于自己的独立部门去衡量监控业务数据表现，也需要帮他探索想法、贯彻思路，所以商业分析很多时候就是公司里大老板的近卫军。为了达成上述目标，就需要经常跟业务沟通开会，以了解业务实际情况和问题；同时横向协调各方资源，推进一些跨部门合作的、老板想做的大项目；也会经常调研、并结合宏观数据，出具一些战略方向选择性的报告；在很多互联网公司商业分析还会制定业务发展的北极星指标，平衡好商业化和用户体验，让业务在每个阶段都不跑偏方向。

- 具象产出物：业务北极星指标、调研分析报告。
- 岗位优劣势：优势是距离大老板很近、掌握信息相对全局视野，获得赏识的话晋升速度会很快，对人的综合素质要求和锻炼都比较多。

    劣势是很多商业分析给出的结论建议往往不太接地气，类似高大上的咨询报告，逻辑上看起来严丝合缝头头是道，但落地后总是问题重重少有成功案例；同时商业分析的发展路径也相对单一，比较好的路径就是被老板赏识之后空降去具体的业务做负责人，否则就会一直做老板的军师智囊。

- 适合人群：综合要求比较高，老板们更喜欢有咨询背景经历的人。
- 补充备注：其实在一些互联网公司，商业分析会细分成战略分析和经营分析两条线，所以在互联网行业很多时候商业分析是覆盖经营分析的。

其实大家综合了解这 7 个岗位之后就会发现，并没有哪个岗位是所谓的"神仙"岗位，只有适合的岗位。如果并没有很坚定的选择数据产品经理岗位，或者入行一段时间之后想要转岗去其他数据岗位，都可以参考上述内容给自己做一个取舍。如果坚定要从事数据产品经理这个岗位，那可以再往下了解这个岗位的入行门槛。

12.3　入行数据产品经理的门槛

在第 3 章介绍了数据产品经理的核心能力，还给出了不同阶段数据产品经理的能力雷达图。但当时的角度更多是展示成熟的数据产品经理应该什么样，并没有针对入门阶段的小白用户给出一个自我审视判断的方法，所以本节从图 12-9、图 12-10、图 12-11 这 3 个图开始重新出发。

在讨论数据产品经理的时候，首先要明确数据产品经理不是数据分析＋产品经理的简单组合，其次也要承认不同阶段数据产品经理发展的重点不同，最后还要清楚数据产品并非铁板一块，处于不同数据流程环节的数据产品经理要解决的问题和掌握的技能也会略有差异。带着这些基础认知，给想要成为数据产品经理、但还没入行的读者一些建议。

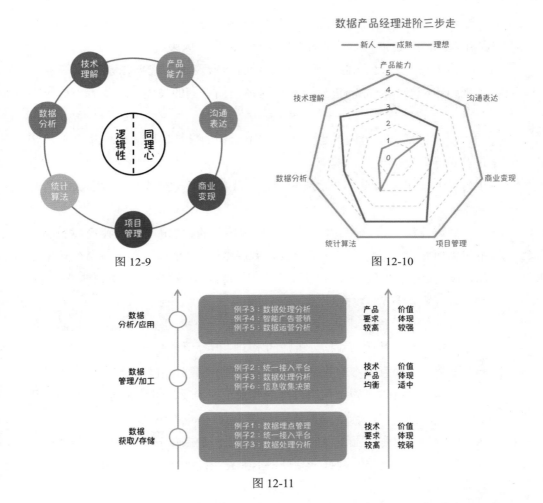

图 12-9　　　　　　　　　　　　　　　　图 12-10

图 12-11

- **从能力维度上自审**：数据产品经理作为一个专门跟数据链路打交道的产品经理，是天然存在一些门槛的，不可能人人都是数据产品经理。正视这个门槛，可以帮很多人节省不必要的试错成本。我们按照图 12-9 来一个个盘点门槛。

  逻辑性和同理心：初始阶段逻辑性重要性大于同理心，毕竟是跟数据打交道，而且数据产品大多数场景还是 toB 而非 toC，所以天然比较看重业务流程梳理。所以天然**逻辑性不强的人，不太建议**。

  产品能力：这里的产品能力聚焦产品规划和功能设计，对入门小白而言其实要求并不高，多看看不同数据产品甚至 toB 产品找找感觉，有机会的话通过实习项目动手试试也就可以了。

沟通表达：数据产品经理的本质是产品经理，日常少不了要通过沟通理解用户需求，也需要通过表达来呈现自己的工作成果。

商业变现：这个能力不仅是直观的商业变现，也要求能够以商业化的视角审视数据产品的价值。不过这是个偏后期的技能，初学者不作过多要求。

项目管理：这个同样也是比较偏中后期的技能，刚入门的小白一般都是在指导下完成一些功能点，还不会接触复杂跨团队的项目管理，所以有实习经验即可，知道一个功能的开发上线都需要历经哪些步骤和大致的时间周期。

统计算法：如果是做数据分析/应用环节的数据产品，要求会比较高，不仅需要熟悉，最好自己还动手做过算法模型；对管理/加工环节的数据产品，很多是中台型的，除非就是做算法/AI领域的数据中台，那么熟悉就行；对获取/存储环节的数据产品，了解就够了。

数据分析：程度要求上跟统计算法类似，分析/应用环节要求最高，分析思维层面最好是达到数据分析师的水平（但不要求分析工具）；剩下几个环节的数据产品有基本的数据敏感度，会简单地统计分析就够了。

技术理解：这个跟上两个维度的要求正好相反，越是偏向获取/存储环节的数据产品经理，越是需要多了解些技术，但也都不至于要亲自写代码。

● **从发展阶段上自强**：上面说的是静态的视角，是保障下限的视角；但从长期动态发展，尤其是提升数据产品经理上限天花板的视角看，有几个能力维度格外重要。

同理心：缺乏同理心的数据产品经理，能做出数据产品，但不见得能做出有人用、甚至用得好的数据产品。虽然现阶段市场普遍都在 0 ～ 1 阶段，能做出数据产品就行，但后续肯定是会逐步演进发展的，有用、好用的权重一定会逐步增加。所以**如果同理心比较缺失，能成为 60 ～ 80 分的数据产品经理，但很难突破 80 分**。

产品能力：跟同理心类似，我们在前面多个案例都展示出，如果需求把握不准，很可能做出来的数据产品从方向上就错了，堆砌再多的功能也是徒劳。

沟通表达：好的沟通表达不仅能提升获取信息的质量，也能提升输出信息的质量；前者是需求的理解，后者是自我展示的表达。

商业变现：初阶的数据产品经理考虑得更多是如何把它做出来，但后续阶段就要更多地考虑怎么衡量、凸显它的价值了。毕竟未来中短期降本增效依然是主旋律，有商业价值的数据产品才能获得更多认可。

● **从方向选择上自清**：虽然都是数据产品，但不同环节的产品形态、所需能力和价值体现还是有差异的，而且相互之间的转换也需要一点成本，所以一开始想清楚做什么环节的数据产品很重要。同时业务场景也是关键，是做盈利业务的数据产品，还是做非盈利业务甚至纯支撑性业务的数据产品，可能对后续职业路径也会有不同影响。以个人经验看，大部分同学在这种方向选择上都是比较被动的，但从实际发展来看，能选分析/应用环节的就尽量别选获取/存储环节的，尤其是国内中短期的环境来看；而且 BI 这个品类的数据产品也尽量慎重，很容易做着做着就做成了工具而非产品，具体后面再展开。

综合上面内容，给出一个量化打分表格（表 12-1），供想入行数据产品经理的同学自查。表格中每个能力维度的满分要求是 3 分，其中：3 分表示有实操经验、2 分表示熟悉其知识点、1 分表示有过简单了解。

表 12-1

能力维度/对应环节	获取/存储环节数据产品经理	管理/加工环节数据产品经理	分析/应用环节数据产品经理
产品能力	1	1	2
沟通表达	3	3	3
商业变现	1	1	1
项目管理	2	2	2
统计算法	1	1	3
数据分析	2	2	3
技术理解	3	2	1

12.4 从不同岗位转岗的难度

除了作为新人入行数据产品经理，还可能工作几年后发现自己更想尝试这个岗位，想转岗过来。先不考虑当今求职市场的环境和限制条件，本节仅就前后两个岗位的能力继承和差距补充、盘点不同岗位转岗到数据产品经理的优势和劣势。

所有要盘点的岗位分成两类，一类是本章开头介绍的数据方向的 6 个岗位（排除数据产品经理），另一类是非数据方向的常见岗位，以互联网的主流岗位为主，按照与数据产品经理的背景知识相关性，仅划分成产品经理、技术研发和其他这 3 类岗位。其他包含运营、设计、市场、销售、职能等岗位。具体优势 VS 劣势的对照标准，入行数据产品经理的门槛标准（而非理想中成熟数据产品经理的标准），具体可参见表 12-2。

表 12-2

岗位分类	具体岗位	优势	劣势	适合方向
数据类	数据工程师	• 技术理解 • 项目管理	• 产品能力 • 沟通表达 • 商业变现	获取 / 存储环节数据产品
	数据分析师	• 统计算法 • 数据分析	• 产品能力 • 商业变现	管理 / 加工 / 分析 / 应用环节数据产品
	策略产品经理	• 沟通表达 • 商业变现 • 统计算法 • 数据分析		管理 / 加工 / 分析 / 应用环节数据产品
	数据运营	• 沟通表达 • 商业变现 • 数据分析	• 产品能力 • 统计算法 • 技术理解	分析 / 应用环节数据产品
	经营分析	• 沟通表达 • 商业变现 • 数据分析	• 产品能力 • 统计算法 • 技术理解	分析 / 应用环节数据产品
	商业分析	• 沟通表达 • 商业变现 • 数据分析	• 产品能力 • 统计算法 • 技术理解	分析 / 应用环节数据产品

续表

岗位分类	具体岗位	优势	劣势	适合方向
非数据类	产品经理	• 产品能力 • 沟通表达 • 项目管理	• 统计算法 • 数据分析 • 技术理解	分析 / 应用环节数据产品
	技术研发	• 项目管理 • 技术理解	• 产品能力 • 沟通表达 • 商业变现	获取 / 存储环节数据产品
	其他 （运营、设计、 市场、销售、 职能等）	沟通表达	• 产品能力 • 商业变现 • 统计算法 • 数据分析 • 技术理解	暂无

下面对表 12-2 做一个简单的解释，在数据类的岗位中：

● 数据工程师在技术理解维度当仁不让，在项目管理维度因为是实施者，所以对项目耗时的预估也相对更有把握。但由于长期关注具体技术实现细节，会对产品能力和商业变现的精力投入有限，同时也缺少多方协调及跨部门沟通的机会，自然在这方面略显吃亏。所以总体看，更适合转岗入门的方向就是对技术要求更高、对产品要求相对低一些的获取 / 存储环节的数据产品。

● 数据分析师在统计算法和数据分析这两项技能上领先，但长期的分析工作导致思维方式和关注的点都比较细节，从而削弱其对产品能力和商业变现的投入，所以不那么适合转岗数据产品经理。比较容易转岗的方向是 BI 报表，如果能补充产品能力和商业变现，则更容易转岗做分析 / 应用环节的数据产品。

● 策略产品经理其实是所有岗位中转岗数据产品经理相对最容易的，因为其自身就兼具了商业变现、算法统计、数据分析的优势，前者是因为策略往往就是要直接面向业务问题的，而且落地后也相对容易通过数据衡量价值效果，有目标意识和量化习惯。唯一的小差异就是策略产品经理很多时候因为产出物是策略，没有实体产品形态，所以在产品能力上可能需要稍作补充，就能比较好地胜任除了数据获取 / 存储环节以外的数据产品经理岗位。

● 数据运营、经营分析和商业分析这 3 个岗位在转岗数据产品经理上的相似度比较高，都是在沟通表达、商业变现和数据分析上有一定优势，但在产品能力、统计算法和技术理解上还有一定空间待提升。因为这 3 个岗位的产出都是没有具象产品形态的，且对数据领域技术的依赖不深，有时候用 Excel 就能解决问题；但平时又经常多部门沟通协作，要解决的问题也往往更加直接，跟企业经营、变现收入关系比较大。如果转型数据产品经理，可以尝试从分析 / 应用环节切入，但难度也不低。

对非数据类的岗位，整体而言只有产品经理和技术研发岗位比较好转型。

● 产品经理岗位没有做细致的区分，toB 还是 toC、偏工具还是偏体验，整体来看都会在产品能力、沟通表达和项目管理上有明显的经验优势，要克服的难点是补充数据产品中数据和技术的部分。虽然在很多大厂对产品经理的能力维度要求中都会有数据分析，但据个人观察，大厂的产品经理也普遍在数据理解上不太合格，对技术的理解也类似，所以转岗数据产品经理的话，最好尝试的方向是跟业务场景更紧密的分析 / 应用环节。

● 技术研发岗位同样没做细分，整体上看也是优劣势非常明显。在项目管理和技术理解上会有先天的经验优势，但在产品和数据上都亟待补充，类似数据工程师的情况，可能比较容易转岗的方向还是数据获取 / 存储环节的数据产品。

● 其他岗位如运营、设计、市场、销售、职能等，都是沟通表达没太大问题，但剩下几个维度都比较欠缺，不太建议强行转岗数据产品经理。

以上情况只是从概率角度讲了整体，不排除个别人能超脱这个岗位本身的限制。如果因为热爱，没必要非得转岗数据产品经理，毕竟这个岗位目前还存在不少困境，这在下一章展开介绍。

第 13 章
数据产品经理的现状

13.1　本章概要

　　上一章暂时跳出了本书的既定框架，讨论了如果不做数据产品经理还有什么其他选择，以及入行数据产品经理有哪些门槛。这一章再回到原有框架下，看看如果选择做数据产品经理，将要面对的环境是什么，以及当下普遍存在哪些问题。

　　为了更有代入感，本章依然会从用户视角展开叙述（结构参见图 13-1）。比如成为数据产品经理后，首先面临的问题就是去哪家公司工作，哪些行业、哪些公司会有这个岗位需求？以及他们需要的数据产品经理，主要都是做什么方向的？这都属于市场需求层面的问题；进一步，加入公司之后，作为数据产品经理团队的一员，同行都有着什么样的背景出身？日常合作的伙伴都会是哪些岗位的？这属于从业者人员构成层面的问题；最后，做出来的数据产品用户普遍反馈是什么样的，有没有人用、用起来体验好不好、甚至有没有用？这些都属于实际产出质量层面的问题。

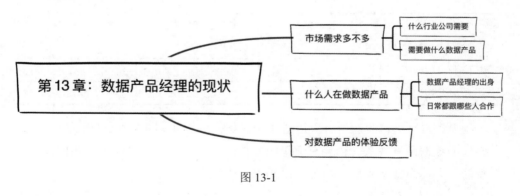

图 13-1

13.2　市场需求多不多

　　由于无法准确获知数据产品经理在国内的招聘数量，所以这里没法定量地回答这个问题，但可以凭借自己以及身边同行的多年观察，汇总出一个定性的结论——**目前数据产品经理的招聘需求不多，至少肯定没有数据分析师多**。但即便是定性，这个回答也稍显笼统，所以本节打算从行业、公司以及所需岗位类型角度对数据产品经理的市场需求进行分析。

13.2.1　什么行业公司需要

对数据的分析和应用虽然近些年热度很高，但其实**国内不同行业不同公司的"方差"特别大**。普遍意义上说，数据产品是对数据分析的一次升级提效，把原本人工离线操作的数据工作进行系统线上自动化，需要行业和企业具备一定基础。所以大概率互联网行业的需求多于很多传统行业。部分非典型的传统行业因为很早就能收集积累到大量数据，且业务发展也非常依赖数据，所以自身数字化建设程度也好于大部分传统行业，典型的如金融（含保险）、通信、新能源汽车、新消费等行业。而公司层面，一般处于初始阶段的、规模较小的公司，对数据的依赖更多也是靠人工解决，甚至很多业务、产品在初始阶段的选择判断是不太需要数据的，所以这类公司对数据产品的需求也就很少。综合上述情况，整理出行业/公司需求量表如表 13-1 所示，其中 3 分表示需求量相对较大，2 分表示一般，1 分表示很少。需要注意，这个需求量仅仅是在数据产品经理岗位范畴内的横向对比，该岗位整体需求量远低于数据分析和广义的产品经理。

表 13-1

行业/公司	互联网	非典型传统行业	大部分传统行业
初创阶段（规模小）	2	1	1
发展阶段（规模中）	2	1	1
成熟阶段（规模大）	3	2	1

稍微解读一下，即便是小型初创规模的互联网公司，因为数据获取的成本低、需要根据数据衡量现状，也会有适量的数据产品经理需求，且随着公司的发展和规模的扩大，内部会有更多数据产品需求，也会考虑通过数据产品对外变现；而对金融、通信、新能源汽车、新消费等非典型传统行业而言，要么是获取数据方便（金融通过银行卡、信用卡，通信则是通过原生的数据传输），要么由于互联网企业的特征一开始就对数据很重视（新能源汽车和新消费，后者比如近年来新成立的拥有自有线上交易渠道的零售品牌），总之他们尝过数据的甜头，只要企

业经营利润允许就会努力追赶互联网的数字化水平;最后是大部分传统行业,不论发展阶段如何,因为自身利润的限制,以及数据获取的成本和难度(很多线下数据难以上收),再加上企业文化上的惯性,导致数字化水平还有很长一段路要走,当前他们更需要的是数据工程师和数据分析师,对数据产品经理的需求少之又少。

13.2.2 需要做什么数据产品

上文只是粗略地介绍了不同行业、公司对数据产品经理的需求量,但其实还有一个现状不得不提,由于**当前大部分人对数据产品的定义还都比较模糊**,导致很多公司即便开出了数据产品经理的招聘岗位,但具体细节似乎跟数据分析师也没多大区别?而且很多新人在打听信息的时候,也经常遇到一些日常做数据埋点、指标体系建设、BI 数据报表的数据产品经理,导致他们会以为这就是数据产品经理的全部。

如果再对标海外的情况,很多人就会更懵了,因为**海外(尤其是北美地区)的科技行业,其实很少有数据产品经理这个岗位。它们更多是把这个岗位的职责拆解给了数据科学家或者产品经理**。可能很多年前国内对北美互联网科技行业都是亦步亦趋地模仿,但在国内互联网科技行业发展多年后,我们也开始客观冷静地正视各自的差异。海外的数据科学家更接近于全栈数据分析师,从数据获取、清洗加工、分析建模再到创建 BI 看板进行一条龙服务,国内虽然也有数据科学家的岗位,但做的事情往往还是更加琐碎;同时海外的产品经理岗位对数据和技术的能力储备也好于国内,这就导致我们没有办法把职责拆解分化,只能另辟蹊径独创一个岗位。

在了解了国内对比国外的基本情况后,再来使用表格,梳理不同行业、公司对数据产品的需求类型见表 13-2。

表 13-2

行业 / 公司	互联网	非典型传统行业	大部分传统行业
初创阶段(规模小)	以 BI 报表为主	以 BI 报表为主	以 BI 报表为主
发展阶段(规模中)	增加 CDP 等营销领域的数据产品	以 BI 报表为主	以 BI 报表为主
成熟阶段(规模大)	增加数据治理、数据中台、内部数据运营等多类型数据产品	增加 CDP 等营销领域和配合内部数据运营的数据产品	以 BI 报表为主

互联网公司初创阶段更看重的是数据监测，这种需求也是大部分公司对数据最原始的依赖；一旦稳步发展之后，首先想到的数据价值点就是用数据挣钱，就会开始在营销方向下工夫，不一定要自建数据产品，也可以直接采买第三方的 SaaS 产品服务，比如 CDP 这类用户 / 客户数据产品；更成熟之后，就会开始反过头来治理底层数据，并构建很多内部的数据平台产品以提升数据使用效率并降低成本。这里必须强调下，如同在第 1 章数据产品定义中阐述的，数据产品的价值并不仅仅是以降本增效来省钱、节流，还有以提升营收来挣钱、开源。**所以当一家公司刚刚度过初始阶段，它会在开源 VS 节流中更倾向于开源。**

非典型的传统行业，往往在初创和发展阶段都会稳步推进，主要依赖 BI 报表看清业务现状、发现业务问题，更多是配置数据分析师来解决问题；但当规模做大进入成熟阶段后，也会开始着手从挣钱的营销方向和内部提升效率的数据运营平台工具等方向下注，甚至前几年热门的数据中台热点也会追。

大部分传统行业的公司，可能其内部对数据的操作利用还是以 Excel 为介质，即便需要数据产品，也更多是 BI 报表类的，也会有比较多营销方向的数据产品需求，但大多是作为甲方出资让乙方出力，自己并不需要数据产品经理岗位。

其实细心的读者会发现，上述讨论的对象主要是作为甲方的公司，并没有过多提及乙方角色，比如国内的 SaaS 领域，就有很多以数据产品为主业的公司。可以简单同步几个目前比较共识的结论：**国内 SaaS 有自己的国情，没有办法完全复刻北美的盛况，暂时还没有办法以标准化的一套产品打天下，需要做很多定制化开发，有点变成重人力资源投入的趋势**。这也导致近两年国内比较大的第三方数据产品公司不少都裁员过冬，但需求量依然在，也可供大家考虑。

13.3　什么人在做数据产品

13.2 节介绍了数据产品经理的市场需求，那么一旦入职成为数据产品经理之后，面临的问题就会是与同事以及合作伙伴的相处。很多时候人是事情的核心，不同背景的人自带不同的思维方式，而人的思维方式也是最难转变的，所以数据产品经理的背景就会极大塑造当前数据产品的形态风格；现代企业中，大部分人

都无法孤军奋战，都少不了合作，那么了解数据产品经理在工作中会在哪些环节
与不同岗位的人接触，也是不得不说的从业现状。

13.3.1　数据产品经理的出身

数据产品经理的出身大概有以下 4 类。

- 原生型数据产品经理：校招一参加工作，做的就是数据产品经理。他们后续
  是什么风格，往往取决于刚毕业时的导师，可塑性很强，是未来的希望。
- 分析型数据产品经理：从数据分析师转型的，不过一般都是先做 BI 这类的
  分析看板，毕竟很多公司都会要求数据分析师搭建数据报表。也有做非 BI
  报表的，一般也都集中在分析 / 应用环节，这也是他们原本工作经验最能延
  续承接的路径。
- 技术型数据产品经理：一般是从后端技术研发岗位转型的，很多是数据工程
  师，他们转型有技术理解上的优势，一般集中在数据获取 / 存储和管理 / 加
  工环节。
- 产品型数据产品经理：往往是 toB 的平台产品经理，在日常工作中也会偶尔
  涉及一些比较数据的模块，久而久之也就转型了。toC 的产品经理很少会有
  选择数据产品方向的，策略产品经理也有转型做数据产品经理的，比如作者
  本人。当时就是觉得产出的策略不像产品那样看得见摸得着，存在感和成就
  感还不够强，正好通过做一个大型数据产品的功能模块策略设计，转型到直
  接做这个数据产品本身了。

上述几类出身里，哪类是现在最多的呢？虽然依旧没有量化统计数据，但结
合亲身观察体验以及逻辑推理，还是不难给出一个答案：**技术型数据产品经理是
最多的**。数据产品经理作为一个还比较新的细分岗位，一开始肯定是从最相关的、
紧密配合的岗位开始找人，那就自然是开发数据产品的技术研发工程师中的后端
或数据工程师。他们在开发产品的同时，有一些自己的理解和建议，整理成需求
也是顺其自然的，久而久之也就成了数据产品经理了。

另外，数据产品经理们的老板也大多是技术背景，他们要想在很早期就具有
数据产品的经验，那势必是上述分析过的技术型数据产品经理路径。

这类出身背景会对数据产品造成什么影响吗？肯定会的，人是环境的产物，
产品又是人的产物，一类人的思维方式是什么，往往都会在他做的产品上具象体
现。**技术型数据产品经理自带严谨、稳健和极客精神，往往对数据产品的性能、**

功能有很大裨益。尤其是在数据产品发展的早期，很多公司需要从 0 到 1，需要把数据流程和计算逻辑在线化、自动化、具象化，这时候技术研发直接动手，效率肯定是最高的。**但技术背景出身的人大概率会有一些思维上的惯性，比如更喜欢在先有了一个技术能力之后，找个产品经理把它产品化，而非从合理的用户需求往回推导需要什么技术去实现**。这就经常会导致做出来的数据产品从方向上就偏了、没人用，在第 2 章举的第一个例子（可视化算法平台）就是个典型。**还有一种情况，就是方向大体正确，但做出来的数据产品更像是在不停地堆积功能**，使得越来越臃肿冗余，让用户不会用、不敢用。现在市面上大部分数据产品都或多或少有这种情况。

还有一些极端的案例中，在技术背景出身的老板手下做数据产品，经常抱怨老板很多时候觉得产品经理就是一个做面子工程的；老板觉得自己技术团队搞出来的技术是"瑰宝"，瑰宝需要好的"包装盒"或者"托物架"，产品经理们做好这个就行了，别遮盖了瑰宝本身的光芒和价值。

需要再次强调，并非所有技术背景的老板都会如此，还是要因人而异、具体问题具体分析。但从概率角度看，确实在技术背景出身的老板手下更容易遭遇上述问题，不然也不会有那么多数据产品经理同行私下抱怨。这种现状在数据产品领域的显著存在，是匹配时代和企业发展阶段的。**只有当越来越多的企业追求数据产品不仅仅是从 0 到 1，而是更要有用、好用，甚至直接被市场筛选买单教育之后，对应的人才构成和思维方式，才会有所改变**。这种改变一般是稍微滞后于市场需求的，大概需要 3～5 年。

13.3.2　日常都跟哪些人合作

介绍完同行之后，可以继续看看数据产品经理在日常工作中会有合作交集的其他岗位同事。广义上说，其实公司里所有岗位都可能跟数据产品经理有合作，但本书只按照频次挑选一些最常见的合作模式，方便大家抓住主干。

图 13-2 按数据流程的 6 个环节展开，每个环节都有对应的数据工作，每个环节的工作都需要和不同的角色合作。

- 数据获取环节，数据产品经理需要依赖数据工程师、数据分析师、业务的产品 / 运营。其中产品 / 运营往往是数据获取需求的提出方，有时候需求也来自数据分析师，他们很多时候会作为一线业务需求的二传手，把具体业务需求转化成数据需求，进而传递给最上游；而数据工程师则是这个环节的主力实施者，数据产品经理统筹收集整理好数据需求后，会提交给数据工程师排期开发。有时候当数据部门没有数据产品经理时，需求方也会直接对接数据工程师，这样虽然效率更高，但如果业务多、项目杂的时候，不利于需求的归纳，比如，容易在信息不互通的情况下各方反复提相似的需求。

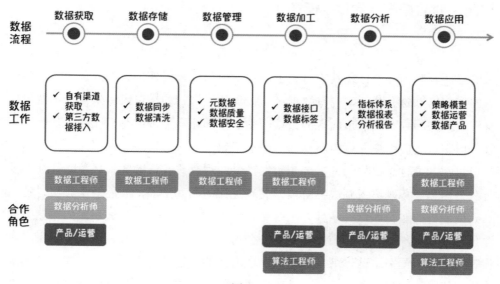

图 13-2

- 数据存储环节，一般是获取数据后需要存储以便后续使用，这里数据产品经理的合作方比较单一，通常就是跟数据工程师协作好，以高效的、以符合后续应用的方式存储即可。

- 数据管理环节，类似上个环节，通常也是数据产品经理跟数据工程师合作。这个环节的工作内容都是技术硬核，更多是为了后续整体数据使用的效率。

- 数据加工环节，通常数据产品经理做的都是中台、标签、数据接口服务这类工作。业务产品/运营会作为需求方，明确需要应用哪些加工后的产物，数据产品经理负责按照目标结果反向推演怎么统一加工；这里数据工程师作为加工平台的实施方，如果涉及算法预测类的标签（如人群兴趣等），也需要算法工程师作为合作实施方。

- 数据分析环节，需求方也是业务产品/运营，数据产品经理在明确需求后，可能会将数据统计分析的工作拆解给数据分析师来帮忙实现。

- 数据应用环节，从业务产品/运营获取需求之后，数据产品经理需要数据分析师、算法工程师、数据工程师的通力协作。数据分析师处理其中强业务逻辑统计分析的部分,算法工程师负责提供一些算法模型预测能力,数据工程师将这些能力统一部署到线上并实现高效的数据调度和大规模计算。

13.4　对数据产品的体验反馈

其实在介绍完市场对从业者的需求以及从业者自身的背景和现状之后,做出来的东西到底怎样就已经基本有数了。除了少部分公司外,大部分公司对数据产品的需求依然是有就行,同时数据产品经理和他们的领导也大多来自技术背景出身,这就共同导致当前市面上的数据产品往往都能看上去做得很扎实、功能很丰富,但交付之后用户的体验和反馈总是不理想。

过往的惯性总是巨大的,要想数据产品经理有比较好的实践环境,往往需要所在公司和业务既进入到成熟阶段,又有足够的利润空间,才能敢于升级过往人工数据分析的路径。这种条件并不多见,除了以数据产品为挣钱手段的第三方软件公司外,大部分符合两个条件的甲方公司也就是电商、游戏、广告、金融、美妆等。不过即便在这些领域,在市面上能看到的先进的数据产品,依然是庞大的功能堆积物。比如,营销领域一款比较领先的数据产品,因为功能太多且相互之间也关联不大,导致用户基本不会用,只能去找代理公司学习如何操作使用。如果一款产品开发出来之后,直接受众用户都不会用,你说是用户的问题还是产品的问题?好在这家公司市场体量和重要性足够,有充足的生态合作伙伴帮助该数据产品做市场教育、宣传、培训。但说实话,好的数据产品也不应该仅仅是把离线变在线、把人工变自动、把手动变自动而已,纯工具和产品还是有差异的。

带着对数据产品和数据产品经理现状的认识,下一章聊聊数据产品以及数据产品经理的未来。道路总是曲折的,前途也还是光明的。

第 14 章
数据产品经理的未来

14.1 本章概要

本书的最后一章，分别对数据产品和数据产品经理做一个展望，推测一下未来会怎样。

对数据产品，大家肯定会关心未来行业企业对它的需求量会不会越来越多？进而是对数据产品的定位，是更优先满足企业节流的需要还是开源的需要？同时也会关注数据产品对相关岗位的冲击影响，尤其是数据分析师，在这种关系下进一步讨论数据产品能做什么、该做什么；最后还有近两年大热的大模型技术，本章通过一个案例，简短地分析一下大模型到底对数据产品现阶段能起到什么作用。

对数据产品经理，讨论其作为从业者，能力维度上都需要做哪些储备和提升；虽然已经讨论过市场对数据产品的需求，但不见得对数据产品经理的岗位需求也会同步波动，因为做数据产品的不见得只能是数据产品经理，也可以是 toB 产品经理。本章从数据产品经理在产品经理中的位置，横向对比海外产品经理发展趋势，来大胆预测未来数据产品经理的岗位形态；在最后一个小节，尝试站到更高的视角看问题，讨论数据的价值和如何应用数据。希望通过 2 个小案例让大家明白，至少在人类社会的中短期，数据是辅助的，决策的是人，不要过度重视数据导致本末倒置。本章内容结构如图 14-1 所示。

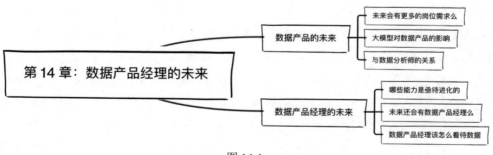

图 14-1

14.2 数据产品的未来

企业先有做数据产品的需求，才有招募数据产品经理的需求，所以先讨论数据产品的未来。按本章概要介绍，先从需求的规模预测开始。

14.2.1 未来会有更多的岗位需求吗？

先说答案，肯定是会的，只不过**大量需求爆发的时间可能会在 3 ~ 5 年之后**。前两章我们其实提到过不同行业、不同阶段的企业对数据产品的需求，从更大的背景来看，传统企业数字化转型是势在必行的。中国并不是只有互联网、通信、金融、新零售、新能源等行业，剩下的很多行业内部都还是离线 Excel 传递和处理数据。在这些行业里数据更多是用来汇报的，除了阶段性汇报，一般也不会想要分析数据，因为数据本身就很难获取，参考第 5 章介绍的保险行业数据上收的案例；所以也很少尝过数据驱动业务的甜头，也就没有动力去打破现状，但未来一定会有改变，因为现有模式已经山穷水尽了。

现在很多行业的效率，更多的是靠增加工作时长、工作人力，总之就是提升规模；同时很多老板的决策也是靠经验，而非通过辅助数据，但经验往往有欺骗性，比如在大环境频繁变化的时期，过去的经验就无法在当下适用。这就导致决策失误后，经常需要基层员工通过加班来弥补错失的时机，这种频繁的"试错"也是对人力资源的浪费，对效率的挥霍。上述两种模式，基本已经到了极致了，对人力资源的"压榨"已经到了瓶颈了，不得不找其他办法了，那就是通过数据提升效率。将成型的分析方法和策略模型固化到数据产品中，可以节省重复的人工劳动；适度地提供一些探索性的自助数据分析产品，可以有助于灵活决策。

因为已经不得不改变，所以一定会变，但时间上没那么快。3 ~ 5 年虽然只是一个估计，但这是基于亲身体验得到的。本人之前有加入过一家不那么互联网的大型公司，也是世界 500 强的水平，但内部企业文化很明显就是讲究从总部自上而下地发布命令，下级部门专注执行力而非创新力。想来总部老板也意识到问题，所以这家公司也曾引入非常互联网化的产品研发团队，希望通过鲶鱼效应，搅动这一潭死水。从这个充当鲶鱼的新部门视角来看，最开始的 2 ~ 3 年是风风火火的，四处招兵买马，从 0 到 1 做东西也很容易出成果，看起来部门蒸蒸日上，在公司内部非常耀眼，但也树大招风；后来的 1 ~ 2 年，随着鲶鱼搅动的变革深入，开始牵动越来越多公司其他部门元老的利益，他们开始抱团取暖，跟新部门的合作中也经常拖延、耍花招，让合作项目的整体进展延迟。随着一些负面声音的出现，加之新部门的成本很高，大老板的内心开始出现动摇；最后的 1 年，高额的创新投入迟迟看不到效果（因为越是深化的改革越需要时间），大环境整体也更追求现金流和利润，导致大老板的耐心消耗殆尽，开始通过组织架构调整来肢解原来的创新部门，这场大型数字化转型实验告一段落。整体来看周期大致就是 3 ～ 5 年，这也是预估的根据。

没有一场创新是一蹴而就的，都需要总结失败经验后重新上路。上述经验案例还属于国内数字化转型尝试的先驱行业和企业，剩下更多的企业，往往都是要看到成功案例之后才敢按图索骥。摸着石头过河的路径对利润不高的中小企业而言风险太大、太奢侈，还是摸着成功企业的经验过河更保险。所以留给广大有志于从事数据产品经理的读者，恰好还有 3 ～ 5 年的准备期，可以好好修炼自身。

14.2.2　大模型对数据产品的影响

最近两年随着 ChatGPT 为代表的大模型技术狂飙突进，不少声音开始讨论大模型对现有数据岗位的冲击和影响，其中比较大的声音是说 AI 技术会取代大量数据分析师岗位。这里先把对数据分析师的关心暂时放下，看看对数据产品经理自身有什么影响。

一项创新技术对已有事物的影响，应该更多从新技术能解决什么老问题切入，而不是上来就天马行空地想象新技术可以颠覆哪些流程和领域。前者是业务视角的，深刻理解原有流程的问题，然后把新技术拿过来看看是否能解决那个问题，能解决就顺带有一个产品创新；后者则是脱离了业务视角，"手里拿着锤子，眼中满世界都是钉子"，新技术就是手里的那个锤子。这里就按照业务视角，来看看大模型发力的一个数据产品场景，对话式数据分析机器人，早些年也被业界称为增强分析。

类似图 14-2 ～图 14-5 的示意，人们可以利用对话机器人进行数据分析，比如查询指标、分析业务现状、生成数据图表、甚至嵌入到 BI 报表中生成仪表盘。这种形态的数据产品直接对标的是之前那种线上的自助数据分析报表，如图 14-6 所示。对话的交互方式直接大幅降低了数据分析报表的使用门槛，用户不需要自己找寻指标、思考分析思路，只需要一问一答就能获得答案，看起来是对现有BI 报表的完美升级。

在了解大概界面功能后，先从业务视角来看看 AI 对话技术是否能解决传统

BI 报表的核心问题。在前面的一些章节，我们或多或少都有讨论到，传统 BI 报表的核心问题可以简单归纳为产品体验和底层数据 2 个。

● 产品体验：自助分析给了用户极大的发挥空间，但仅针对高级玩家适用，他们了解业务背景，具备分析思路；然而大部分用户都不是高级玩家，他们要么缺乏对业务的理解，不知道哪个环节是业务的关键，要么缺乏背景分析和思路，对数据不太敏感也无从下手。这类用户与其给他们最大化的自由，还**不如给他们一些专家指导，划定一些范围、路径让他们跟着看，这样能解决80% 的问题。**

图 14-2

图 14-3

图 14-4

图 14-5

图 14-6

- **底层数据**：BI 报表的产品体验问题有时候只是冰山一角，或者说是台上的表演，真正水下的部分、台下苦练的部分是**数据治理**。**指标的命名、口径、对应的数据底表都是苦功夫**。比如业务要看"用户量"这个指标，那么什么是用户量？累计注册用户还是当天活跃用户？活跃又该怎么定义？对应需要用哪个字段进行加工生成？如果多个数据底表看起来都有相似的字段，到底该选用哪个？这个字段数据采集的质量是否达标，是否会导致统计结果偏大或偏小？这些底层的问题都是根基。

可以一起看看，当前的大模型、AI 技术是否有实质性地解决上述 2 个问题？首先底层数据问题肯定不会解决，因为 AI 也依赖数据进行训练，这些数据也是 AI 应用的上游而非下游。如果数据治理有问题，就算对话机器人搭建完毕，它也找不出用户量；其次看产品体验问题，问答对话的形式也并没有实质性地解决用户缺乏业务理解和分析思路的问题，用户进入产品之后依然是不知所措，**他需要提问才能知道答案，但很多时候用户不会解题恰恰就是因为不会提问，或者提不出合理的问题**。人机对话看起来只是把原本的核心问题转变了一个形式，并没有真正的解决它。

通过这个例子可以适度地减缓下焦虑，大模型技术对数据产品而言肯定是有帮助的，但还并没有到替代的地步。**从实际应用场景中的问题倒推如何选用技术，而非拿着新技术创新产品形态忽略原本的问题，才是每个数据产品经理更应该关心的**。

14.2.3   与数据分析师的关系

走自己的路让别人无路可走，并不是一个可持续的好局面，共赢才是。所以在关心数据产品的未来之余，也稍微讨论一下跟数据产品经理合作最紧密的数据分析师的未来。正好也可以通过分析这种合作关系，进一步厘清数据产品的定位和边界。

针对数据产品经理和数据分析师，有两种有意思的观点：**数据产品经理会取代数据分析师；数据分析写作业，数据产品抄作业**。下面针对这两种观点展开讨论。

● 数据产品会取代数据分析师么？与其说是取代，不如说是升级更合适。数据产品是贯穿于数据全流程的生产力工具，可以提升数据分析师的工作效率，解放他们的时间。很多数据分析师抱怨日常琐碎无意义工作占比过大，压缩了他们更希望的专题分析和数据建模，那么数据产品会是他们需要的；但也会存在一些数据分析师，可能日常更多的工作就是数据的清洗加工和简单统计，并没有太多业务分析的经验和机会，那数据产品对他们确实会有一定压力。但产业的升级就是如此，总要不断让人去做更有意义的工作，从重复低价值的劳动中解放出来，这个过程需要大家不断挖掘自己作为人的优势，而非跟系统机器比拼效率，这点将在本章的最后展开讨论。

● 数据分析写作业、数据产品抄作业是真的么？这种观点与上面那个正好相反，表达的意思是数据产品经理是给数据分析师打工的，高价值的分析思路和策略模型都是数据分析师先通过离线小样本数据探索得到，并在小范围业务上试验成功后，找个懂数据的产品经理把这些分析思路都固化到平台产品上的，恰好这个产品经理就是数据产品经理了。所以从这种合作模式来看，数据产品经理就是跟随数据分析师的探索成果，人家写作业，我们抄作业。**一般这种观点都出自数据分析、数据科学背景出身的数据岗位管理者，也有一定合理性。**因为对公司而言，在数据的探索分析阶段，调用 1 ~ 2 个数据分析师投入的成本要比开发建设一个数据产品低不少。毕竟一个数据产品起码要配置数据产品经理 + 数据工程师 + 前端工程师，而且开发周期还长。

但细想想，其实这个观点有点笼统。对紧贴业务的分析 / 应用环节的数据产品而言，确实可以依仗数据分析师总结的经验，做分析思路的搬运工；但对获取 / 存储 / 管理 / 加工环节的数据产品，一般就没有数据分析师的作业可以抄了，更多的还是需要数据产品经理去抽象归纳总结业务流程和问题成为功能。而且即便是分析 / 应用环节的数据产品，也不是简单地把成熟的分析思路往界面上搬运就好了，数据产品不仅有数据，更有产品。这种观点类似上一章提到过的产品经理好好给技术做好包装就行。

所以综合来看，数据产品既不会淘汰数据分析师，也不会亦步亦趋的成为数据分析师探索成果的展示柜，两者更多是在数据的分析 / 应用环节相互合作促进，从而提升数据工作的效率。

14.3　数据产品经理的未来

聊完数据产品，我们回到数据产品经理本身，面向未来从发展的角度看看数据产品经理该怎么提升自身，怎么面对环境的变化及如何端正对数据的认知。

14.3.1　哪些能力是亟待进化的

这个话题在前面的章节也或多或少有提及，这里只做一个简短的总结。回顾图 14-7 和图 14-8 这两个经典的图，图 14-7 描述了数据产品经理的能力维度，图 14-8 展现了数据产品经理的 3 层划分。

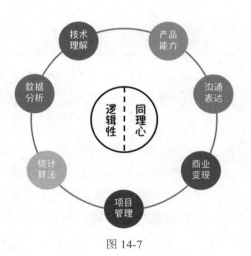

图 14-7

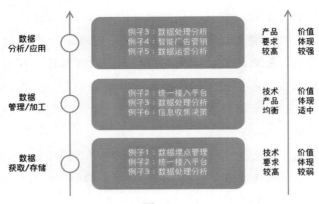

图 14-8

　　把两个图中的维度做一个交叉，得到不同数据产品经理未来需要重点进化的能力方向，见表 14-1，表中用星号标识重点能力方向。

表 14-1

能力维度 / 不同环节	获取 / 存储环节 数据产品经理	管理 / 加工环节 数据产品经理	分析 / 应用环节 数据产品经理
产品能力	☐	☐	
沟通表达	☐		
商业变现	☐	☐	☐
项目管理		☐	
统计算法			☐
数据分析			☐
技术理解	☐	☐	

　　不同环节的数据产品经理面对的局面存在差异，如果笼统地讨论数据产品经理需要重点提升什么能力，就会显得很含混，所以按照环节拆解开看更能有的放矢：

● 对获取 / 存储环节的数据产品经理，建议多注意产品能力、沟通表达、商业变现和技术理解。产品能力可以帮助识别哪些是真正的痛点，把不该做的功能甚至产品，提早扼杀在摇篮中，避免费时费力；沟通表达能帮助比较偏技术的数据产品经理更好地争取资源，获得协助；商业变现重点在怎么证明自身价值，能挣钱最好，不能挣钱也要量化清楚，避免白白出力又得不到好结果；技术理解是这个环节的数据产品经理的差异优势和生存之本，不能丢。

● 对管理 / 加工环节的数据产品经理，因为更多是中台类型的平台产品，所以建议注意产品能力、商业变现、项目管理和技术理解。重复的维度不赘述，就说一下项目管理。因为是中台，所以会有多个业务的数据加工使用，如何平衡各业务间的需求优先级做好排期进度管理，对缺少项目经理辅助的互联网公司数据产品经理是一个挑战。

● 对分析 / 应用环节的数据产品经理，因为更多面向业务场景，所以建议多注意产品能力、商业变现、统计算法和数据分析。同样只说差异的统计算法和数据分析，这两项是数据产品经理很好的工具，可以让功能设计得更闭环，使得对数据产品的掌控力更强。

这里也要专门提一句，数据产品经理的能力提升要从实践工作中来，无需太多寄期望于培训课程，它更像是传统手工艺者的那种言传身教，也不要迷信方法论。成功的数据产品背后有太多机缘巧合，人前也有太多包装粉饰，与其追求成功的方法论和经验，不如多花时间了解失败的案例。避开众多坑，一样可以走好数据产品经理的成长之路。

14.3.2　未来是否还会有数据产品经理

本书聊了这么多数据产品经理的事情，似乎都默认了一个假设：未来长期依然会有数据产品经理这个岗位，而且还会很重要。但大家有没有想过，万一这个假设不成立呢？笔者曾经很喜欢做这种**反惯性的思维尝试，针对我们习以为常的论断，质疑它隐含的基础假设，然后看看会得到什么有意思的结论**。在这里，我们就一起质疑本书的隐含根基假设——数据产品经理在未来依然会长期存在，然后看看这种质疑是否合理。

之前对比过北美互联网行业的情况，发现那边并没有明确独立出一个数据产品经理岗位。当时的分析结论是，数据产品经理作为产品经理的一个细分，如果产品经理从业者对数据的理解本身就已经比较过硬，比较熟悉数据的全链路，那就没必要单独开一个岗位了。这种情况短期内在国内不太可能发生，因为我国的产品经理从业者有不少比例仍然对数据的理解和应用较为欠缺。但随着越来越多受过更好的教育的年轻人给行业注入新鲜血液，这种差距也会变得越来越小。行业发展的规律也基本是如此，早期混沌，各个岗位没有细分，基本就是写代码的工程师把产品研发一肩挑；中期随着业务规模变大，迅速出现各种细分岗位，但带来的问题是沟通成本的增加和效率的下降、知识和经验被岗位这道无形的墙阻隔；后期随着高速发展阶段的逝去，行业企业开始重视内部效率，有意识的合并冗余的细分岗位，打破信息的人为阻隔。**天下大势分久必合、合久必分的规律或许在这里也是应验的。数据产品经理这种中期被分化出来的岗位，未来重新整合到产品经理中，也是有较大概率的。**

　　更进一步，**产品经理这个岗位也一定会长存么**？不见得，现在北美也出现一种尝试，就是取消产品经理岗位，直接让具有产品 sense 的研发工程师来对接一线用户，因为他们具备开发能力，可以在快速收集用户意见和数据反馈后，对线上功能进行优化，然后马上发布观测用户反馈。这种闭环链路（见图 14-9）在跳过产品经理之后，提升了反馈效率；而且还会减少从用户到研发的信息损失和偏差，毕竟不靠谱的产品经理不仅会遗漏关键洞察，还会扭曲用户需求，让路越走越偏。

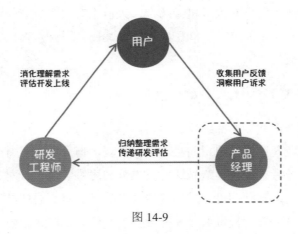

图 14-9

　　但上述实验也有激进的一面，它依赖研发工程师具备相当的产品 sense，不会把自己的体验感受当成全体用户的体验感受；同时也比较适用于产品快速迭代期，用户构成相对单一，这样才能快速地收集用户反馈，洞察出用户的核心诉求，对创业期小而美的科技公司比较适用。这是众多趋势中的一种，不见得被省略的一定是产品经理，如果产品经理具备代码开发能力，那也一样可以跳过研发工程师。**但大方向就是对岗位的能力要求会越来越综合，岗位的边界会越来越模糊融合。**这也提醒我们，不要把任何一个岗位当成永恒，永恒的只有能力。或许未来数据产品经理岗位不存在了，但懂数据、懂用户、懂产品的人，依然会被需要，只不过可能还要再懂一些技术。也不要对此感到焦虑，工具技术层面的门槛，一定会被 AI 不断降低的。跳出岗位的视野限制，多思考底层能力，或许数据产品经理未来就是最会应用数据、发挥数据价值的一群人，这才是数据产品经理的未来。

14.3.3 数据产品经理该怎么看待数据

任何事情走极端都会出问题，对从事数据领域工作的数据产品经理而言，如果过度依赖数据，强调数据的重要性，同样也是极端的、容易犯错的。

首先请大家思考一个问题，**数据可以决策所有事情么**？在你给出笃定的回答之前，先分享一个案例。ABtest 是互联网数据人最喜欢的工具，当面临选择题或者需要判断孰优孰劣的时候，上 ABtest 看看数据就好了。有一个更激进的分享，一个非常看重数据驱动的互联网大厂，分享他们如何用 ABtest 给 App 起名字。案例中他们严格按照 ABtest 方法进行流量的分桶，并设置了几个指标观察判断哪个名字最好，最终通过数据选出了一个并沿用至今，成为一个用户规模不小的App。尝试把问题再延伸一下：如果有一个免费工具可以特别方便普通用户随时开展大规模 ABtest，**你会在给你子女起名字的时候做 ABtest 么**？以便让数据来选出一个更好的方案。

一个人的名字也好、一个 App 的名字也罢，是跟随其一生的，不是一时一刻的求最优解问题。而 ABtest **本质就是让某个特定时间切片的用户在限定好的知识范围内快速选择**。这些用户的喜好可能在当时是合理的，但很可能无法超越时代的限制；这些用户在做选择的时候，也并不了解被起名对象的更多背景信息，他们不了解其父母的家庭环境及对子女的期待，也不了解这家公司开发这款 App的初衷和过程。所以把 ABtest 用在起名字上，意味着**放弃了对被命名对象的情感寄托和长期期待，只相信一大群陌生人在当时的瞬间选择。曾经太不重视数据，现在又开始有点滥用数据**。其实在公司内部也是，很多时候决策人不愿意承担责任，就会"让数据说话"，反正当时数据指标上看是如此，以后不灵了也不能怪我。数据产品经理作为数据价值的挖掘者和放大器，要清楚数据的价值和局限性，不能没有数据，也不能什么都看数据。

更进一步，**在数据背后更根深蒂固的，是对逻辑的信仰与崇拜，认为逻辑是好的，情绪是不好的，要尽力压缩情绪的空间，这种想法在数据从业者中也不少见**。曾经本人也是坚定不移的逻辑和数据主义者，信奉逻辑是所有思考的底层核心、数字化万物之后世界会更规整有效率。但读过《笛卡尔的错误》之后，我对自己曾经的看法有了很大的改变。这本书算是近些年脑神经科学前沿研究的科普著作，里面有一个特殊的病例，因为一次意外事故导致大脑负责情绪情感的区域出现了永久不可逆的损伤，简单地说就是这个人没有情绪情感了，只剩下逻辑了。按理说那他应该特别高效简洁，在单纯技术性质的工作上应该更加游刃有余。事实正好相反，因为没有了情绪情感，这位患者无法做出任何决策了，他深陷逻辑漩涡、一直在做各种计算和比较，就是无法做出决策。这种情况导致他丢失了原本的白领工作，不仅生活中与社会格格不入，工作上也无力胜任任何复杂场景的工作了。

　　所以如果努力把自身情感情绪都摒弃掉，真的就会在职场无敌么？作为人类，逻辑和情感、理性与感性、肉体与精神本来就不是对立割裂的，是统一融合的。后来我还在一些播客和讲座分享上，听到过一些嘉宾声称自己最大的特点，就是可以不带任何情绪的决策思考。每当这时，我都会默默想起这个病例。**作为数据人，不仅有时候太迷信数据，也同样太迷信逻辑**。但正如在本书开篇就明确的，数据产品经理的本质是产品经理，产品经理除了逻辑与数据，也同样需要同理心和情感。重视数据和逻辑，但不迷信它们、滥用它们，能承担起应负的责任，这就是本书对数据产品经理们最后的建议了。

阅读学习资料推荐

很多时候一本书仅仅是一个开始，数据产品经理的自我提升之路漫漫，在本书最后推荐一些适合大家延展深入阅读学习的资料。虽然也看不过不少相关的视频、文章、笔记，但笔者依然认为书籍是最好的学习方式，所以笔者会从看过的书里择优推荐。

首先围绕数据产品经理的核心能力，每个维度尽量列举 1 ～ 2 本供大家参考。

- 产品能力：市面上产品经理的优质书籍众多，太常见的经典款就不作推荐了，大家可以自行在豆瓣上查询评分，基本打分人数在 500 人以上且评分 8 分 + 的都比较保险。这里推荐杨堃老师的《决胜 B 端：驱动数字化转型的产品经理（第 2 版）》，在写本书的过程中翻看参考了不少内容，既能补充自己欠缺的知识点，也能激发一些灵感；还有一本是《微信背后的产品观》，书很薄，是张小龙几次内部演讲分享的文字稿整理。虽然通篇没有数据驱动决策这类时下流行的方法论，但经典的用户视角永不过时。

- 沟通表达：推荐《关键对话（原书第 3 版）》，该书针对职场、情感等多个可能会谈崩的场景，总结出了一套从识别到触发到完美收官的流程和方法。结合里面众多似曾相识的案例，会减少很多不欢而散式对话。

- 商业变现：《商业模式新生代》是一本入门级的好书，且常看常新。里面的思考工具可以很好地保障这一维度的下限，但上限就还需要不断实践总结。

- 项目管理：虽然敏捷模式不见得适用于所有场景，瀑布流式的传统开发模式依然在不少场景尤显优势，但通过《学习敏捷》可以在对比中体会敏捷的优势，让项目快起来。

- 统计算法：讲机器学习的优秀书籍很多，市面上也有不少个人整理的优质资料介绍大模型，但经典的算法模型依然是大家需要了解的。《统计学习方法（第 2 版）》这本书笔者在刚毕业之际曾反复翻看 5 遍，现在也依然觉得是一本言简意赅、重点清晰的入门好书。

- 数据分析：由于是给数据产品经理看的数据分析书籍，所以这里不会侧重技术工具，而是更看重思路想法。推荐《商业分析全攻略》，这本书展示了各种分析思路，没有生搬硬套很多本不属于数据分析的方法论；还要推荐《用数据讲故事》，看起来是本将制作数据图表的书，但本质确实秉承产品精神和用户视角，不追求炫技式的数据可视化，只追求简洁高效的运营图表传递信息。

- 技术理解：这里主要推荐与数据链路紧密相关的技术科普类书籍，尤其是针对数据获取、存储、管理、加工这 4 个环节的。《大数据之路：阿里巴巴大数据实践》覆盖了数据技术、数据模型、数据管理 3 部分。虽然技术发展迭代很快，书中有些内容在今天已经不那么先进了，但作为经典和基础了解一下，是很有必要的。

上面推荐书籍的视角，是拆解零件的方式，但每个零件都是顶配也不见得整体就能很优秀，因为零散的能力是需要融合调配才能价值最大化的。所以下面会打破能力维度的界限，推荐一些比较综合的、跟数据产品、职场相关的书籍（排名不分先后）。

- 《写给数据产品经理新人的工作笔记》：如果说本书是偏向产品视角看数据产品，那么《写给数据产品经理新人的工作笔记》就相对更偏技术、数据视角，引用的案例也更多是数据获取 / 存储 / 管理 / 加工环节的，但该书较为可贵的是作者融入了很多实际的经验和独到的思考，并非人云亦云的照本宣科。

- 《硅谷增长黑客实战笔记》：系统讲述数据如何在企业内落地生效，并且能解决一些较大规模的问题，比如产品整体的用户增长，而非局部功能的评估优化。从案例观摩的角度，是非常值得阅读的。相比另一本名气更大的《增长黑客》，案例更新更实用，且整体评分也高出不少（豆瓣评分分别为8.9vs7.6）。

- 《SaaS 创业路线图：toB 产品、营销、运营方法论及实战案例解读》：重点在于帮助大家理解国内 SaaS 市场的现状和难点，因为数据产品有不少是第三方公司以 SaaS 模式开发售卖，了解情况有利于行业公司的选择。

- 《重新理解创业》：易到用车的创始人对自己创业过程的反思，战略、品牌、产品、领导力等基本面面俱到，贵在均衡。失败的案例总是更真实更值得分析学习的，虽然是 CEO 视角，但也非常值得职场人换位思考借鉴。

- 《创新者的窘境》：可以对大企业的路径依赖、企业的基因有更深刻的理解。当理解这些之后，可能对岗位选择有帮助。

- 《零售的哲学》：711 创始人的自述，零售看起来没有互联网高科技那么"性感"，但穿越过无数经济周期的零售行业自有其普世的经营哲学。比如以人为本、用户思维、实事求是，互联网颠覆了很多，但总有些本质层面的东西是无法颠覆的。当经济增长进入平稳周期，多从零售中学习，或许可以帮助稳健地走下去。

- 《笛卡尔的错误》：在第 14 章中有提及，可以帮数据从业者重新理解逻辑与情绪的关系。书中更重点讨论的问题是思想和肉体的关系是否如笛卡尔认知是分离的，可以帮我们更好地理解人，尤其是在 AI 即将崛起的时代。

作为一个爱好看书的人，建议大家有空可以多读书，让读书成为一种习惯、一种乐趣。我们日常已经充斥了太多功利的事物，需要一些宁静的角落让自己放松。也期待读者反向给我安利一些你觉得有意思的书，通过本书前言里的公众号就一定能找到我，我会非常开心在收获一位读者的同时，也收获一位书友的。

附录 B
少有人走过的路

行文至此，已经到了本书的结尾部分，我打算在这里分享自己过往 10 年的数据从业之路，因为其丰富性（城市＋公司＋岗位），所以可能会是一条少有人走过的路。

相信很多读者在职业中都会面临很多选择，但大家又往往**很难从公开渠道获得丰富且未经过度包装的经验，**或许我可以尽一些绵薄之力。下面我会按照从业经历的顺序展开介绍，分别是数据分析师、策略产品经历、数据产品经理；在每个岗位都会有不同的憧憬、困惑和顿悟，希望读者能在这个过程中读到自己的过去、现在或将来。

B.1　初为数据分析师

我本科读的数学，研究生学的统计，走上数据岗位是从研究生阶段做数据分析实习开始，后来校招入职一家当时处于互联网第二梯队的公司做数据分析师，两段经历一共有 3 年。现在回想起来，那 3 年过得很快乐也很有必要，而且长度刚刚好，再长一些可能后续就会是一条不同的路了。

B.1.1　憧憬

在我本科和研究生期间，国内互联网行业刚好经历了 PC 时代大潮，移动互联网的产业红利正在敲响无数人命运的大门。当时我对职场的了解并不多，并不清楚学数学 / 统计毕业后都能做什么，只是觉得不能老在学校里呆着，于是打开招聘网站，用关键词数据、数学进行检索，发现了数据分析师这个岗位。

实习是在一家乙方公司的咨询部门，当时还不会写 SQL，实习期间的主要工作是出数据分析专题报告，有专人帮忙做数据提取。这段时间在导师的帮助下，做了很多"用数据讲故事""数据驱动业务决策"的尝试，觉得很过瘾，有种数据分析很有用、很好玩的感觉。谁知毕业后正式工作，才体会到之前的憧憬有一定偏差，各种烦恼接踵而至。

B.1.2 困惑

正式入职一段时间后，发现数据分析师的工作并没有那么指点江山，日常精力的分配大致如附图 1-1 所示。

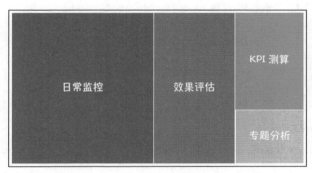

附图 1-1

- 日常监控：主要监控内容为公司重要业务和产品的表现。并需要快速找到异常的波动的原因。
- 效果评估：产品新上线了一个功能或策略，运营新上线了一个活动，需要量化评估其效果。
- KPI 测算：确定各个业务线的 KPI。
- 专题研究：研究不同年龄段的用户如何使用和看待产品？哪些因素促使用户留存？

还有一个没列入常规工作的事项，就是及时响应老板需求。比如：上午产品总监问为什么某个新功能这么少人用？下午技术大佬说我这个新策略不可能才这么点提升你们是不是算错了？晚上快下班了 CEO 想起来体验一下产品，发现有个外显的数据跟他的直觉不符，需要我们排查一下……总之，很多扑面而来的具体工作，让当时的我有如下几个困惑和不爽。

- **日常产出琐碎**：我的产出主要都是 Excel 和邮件里直接回复一些数据结果，产出不成型、不系统、偏琐碎。在这背后，则是日常大量时间都耗费在数据提取上，应对很多人看数据的需求；
- **无法深入业务**：随着越来越多的公司认识到数据的重要性，有一种倾向就是会在所有业务线之上单独成立一个数据分析部门。这样做可以在某种程度上避免业务部门既当运动员又当裁判员的情况，也就是自卖自夸、伪造效果。但问题也随之而来，既然不是自家人，那么肥水就不想流入外人田，高价值的工作内容（如决策建议）自然就不是很想让独立的数据分析部门染指。在这种情况下，数据分析师们更多的精力只能在日常数据监控、效果评估和自娱自乐的研究性分析上。另外一种倾向，就是把分析师们打散安置在各个业务部门中。我当时身处前者组织架构中，导致无法深入业务，很多分析都悬浮在空中，不切实际、也难以落地。

B.1.3　顿悟

虽然后来很多年都不做数据分析师了，但岗位依然是围绕数据这条主线，并且在具备了一些产品经理视角后，对当初的困惑也有了新的理解。

- **用工具节省自己的时间**：既然日常有很多时间浪费在支持不同的人看数据上，那利用一些工具满足他们看数据的需求，也就能解放自己的时间了。具体来说有两种方式，一种是上线数据看板让业务方自己用，一种是开发一些便捷的数据报表给自己用。鉴于目前业界从业者普遍的数据素养，我更建议后者。因为让业务方自己看数据，既需要让他们克服"懒"的天性，又要培训他们理解数据指标的口径定义，难度和阻力都很大；但给自己开发工具就不同了，只需要持续沉淀业务方的看数需求，不涉及"懒"和培训的问题。

- **多花时间体系化思考**：当节省了时间之后，就可以花更多时间化被动为主动。要知道一线从业者们作为某种程度上的体力劳动者，相对老板有天然的劣势。老板们已经从大量日常琐碎体力劳动中解放出来了，有更多的时间、更多的信息去思考。可以多尝试站在业务的视角、老板的视角来思考，这样就能提前预判问题，分清问题的优先级，对需求方进行预先的引导和管理，尽量让局面在计划内。

- **让自己具备一些产品视角**：如何才能具备业务视角和老板视角呢？在做过产品经理后我最深的感触就是，分析师的产出是否有价值、能否落地，**最关键的是会不会提问题**，毕竟分析问题是跟在提出问题之后的。能否提一个好问题，一方面是考验对业务是否熟悉，另一方面就是考验能否跳出自身的思维模式。搞技术的人，或多或少都容易把自己的逻辑变成自闭环，只在同业的小群体内能互相理解，跳出群体就会有鸡同鸭讲的感觉，这种就是小逻辑。

而我理解的大逻辑，不仅仅是缜密完备的，也应该是朴素易懂的。能让大部分人都理解逻辑，才能让逻辑发挥作用，否则就是自我陶醉。站在对方的角度思考问题，也就是要具有数据产品经理的内环核心能力之一的同理心。

● **选择适合自己的组织结构**：除了努力提升自己，我们还可以做好选择。数据分析师的组织结构在不同企业中有 3 种结构：集中式、分散式、混合式。这 3 种结构各有优劣势如附表 1-1 所示，数据分析师可以结合自己所处的阶段和兴趣，做出合理的选择。比如集中式的数据分析团队，很利于数据管理，但不太利于业务分析。所以如果对业务分析特别感兴趣，但对数据规范、统一管理等意向不强的数据分析师，可以更多选择去分散式的数据团队；不过对基础较薄弱的初级数据分析师而言，可能先在集中式团队比较有利于信息共享，以及可以学习成熟企业的"集团作战"模式方法。

附表 1-1

架构	图形示例	优势	劣势
集中式		1. 信息共享学习 2. 防止重复造轮子 3. 流程规范统一 4. 集中应对新事物	1. 剥夺数据自治权 2. 远离一线需求 3. 增加沟通成本 4. 资源分配不均
分散式		1. 深入一线业务 2. 灵活自由自治 3. 鼓励创新探索	1. 信息孤岛隔离 2. 数据标准不统一 3. 重复造轮子 4. 采购工具膨胀
混合式		1. 虚拟分析社区 2. 保有一定自治权	1. 人员分工定位模糊 2. 很依赖数据文化

B.2　转型策略产品经理

做数据分析师的后期，因为体会不到成就感，同时也觉得自己上学所学的那些数学、概率、统计、算法全无用武之地，就很迫切地希望能够转换岗位，想做一些能直接感受到价值的工作。然后跳槽去了一家当时还算互联网第一梯队的公司，做策略产品经理。后来又从这家公司跳槽去另一家互联网第一梯队的公司，也还是做策略产品经理。这两段经历合计不到 3 年，回想起来自己也只是刚刚摸到策略产品经理的皮毛而已。

B.2.1　憧憬

做数据分析师的时候，单纯的觉得自己是承接需求的，而产品经理是提出需求的，从被指派干活到催促别人干活，可以节省很多时间。有了时间就可以思考更多，能够从收集需求、功能设计、开发上线、用户反馈最后到运营迭代整个闭环来思考，能获得一种学以致用的正反馈。

带着这些憧憬，我的第一份策略产品经理工作算是非常顺利，这里不得不感谢当年那个宝贵的团队氛围，让我可以专注设计一款大型数据产品功能模块的计算逻辑（参见第 9 章的案例）。我记得当时我每天都在期待上班，因为这样就可以让我有机会跟更专业的同事们讨论自己前一天晚上在家琢磨思考的策略模型了。那段时间我每天都能有知识上的收获，同时也能高频地获得正反馈，现在看来真是职业生涯中稀有的快乐时光了。

但快乐总是短暂的，因为公司组织架构的变更，我选择跳槽出去，才发现之前做的策略是那么小众，更常见的策略是强调数据反馈的、是无形的、是在中间承压的。

B.2.2　困惑

负责设计数据产品功能模块的计算逻辑，实在是一种很小众的策略产品经理，甚至可以算成是策有残缺的数据产品经理。后来转做风控策略，才算是步入正轨。但很快我发现"正经"的策略产品经理，反而失去了那些快乐：

● **桥梁？夹层？最后一公里**：第 12 章介绍不同岗位的时候简单提过，策略产品经理工作中大概率会遇到的困境，就是自己身处一条完整链路的中间。一端是算法工程师，一端是业务场景的功能产品经理，两端都可以给你提建议。

策略很多时候做的都是最后一公里的事情，好比从地铁站到你家这段距离，是步行、骑车、还是打车？这是一个因人而异、因地制宜的事情。这最后一公里看起来不起眼，但却十分影响体验，如果出了差错，很多时候需要策略产品经理来承担。

● **一切看指标，一切要量化**：衡量策略的好坏标准在大多数时候都可以量化，而且在互联网产品上能够快速获得效果数据，周而复始就很容易有种操控大型实验的感觉，一切具体的人都被埋点上报汇总成数据指标。但后来发现并非所有事情都能被如此量化操控，这很互联网，但不那么现实。

B.2.3　顿悟

曾经我追求学以致用、追求那种操控感，我把这些视作成就感。但随着成长，我发现我的兴趣点变了。我还是更喜欢做全流程的东西，不太喜欢夹在中间；我还是更喜欢做看得见摸得着的东西，不太喜欢做非实体的；我还是更喜欢做有一点模糊地带的东西，不太喜欢什么都能量化、什么都是非黑即白。

岗位职业的选择，有时候也是不断认识自我、调整自我的过程。不用强求自己什么都擅长，找到最适合自己的就好。这么看，延续数据这条主线的同时，做具体的产品就是最合适的，那就是数据产品经理了。

B.3　专注数据产品经理

我凭借给数据产品的功能模块设计计算逻辑的经验，后来跳槽转岗成了数据产品经理，并且一直到现在。期间历经了两家公司，一家是互联网第一梯队公司，一家是泛金融领域第一梯队公司。虽然曾经的憧憬逐渐淡化，困惑阶段性冒头，但我还是享受这趟温暖而百感交集的旅程，并期待它能延续下去。

B.3.1　憧憬

由于对数据产品的初印象，是那种大型的、对外的、可变现的、贴近业务的数据产品，所以自然会以此为标准期待后续的工作内容。我期待自己的工作是既有产品定位规划、又有功能计算设计、还有商业变现闭环，以及近距离接触一线客户收获一手需求。这种对数据产品认知的以偏概全，导致产生了一些不切实际的憧憬，很快现实就教育我要调整认知。

B.3.2　困惑

做数据产品 6 年多，接触的数据产品类型逐渐丰富，基本覆盖了数据全链路。既有开源的、也有节流的，既有对内的、也有对外的。越熟悉这个领域就越会觉得，目前还不是数据产品的最佳时代，因为它的价值还没有被充分发掘、它的需求也还没迎来爆发。

- **只能锦上添花，无法雪中送炭**：这是当前对数据产品最大的诟病，认为数据产品归根结底只能提升效率，并未真正地新增任何价值。似乎不论是数据获取、存储、管理、加工、分析还是应用环节，没有数据产品的时候靠人工也可以完成，并没有什么事情是只有数据产品能解决的。我基本承认这个现状，并认为长期也依旧会如此，这一度让我对数据产品经理的价值有点沮丧。
- **需求量并未井喷，认知有待教育**：市场对数据产品经理的需求其实并没有那么大，这个岗位的渗透还在缓慢地从头部行业头部公司向下转移中。同时，大家对数据产品是什么、数据产品经理的核心能力是什么，都还没有形成较为统一的认知，市场上大量存在的数据产品还是 0 ~ 1 阶段的功能堆积容器。

B.3.3　顿悟

如果不能创造出新的价值，仅仅提升效率就没多大价值么？我不这么认为，我觉得提升效率很重要，而且可能是未来很长一段时间内的主旋律。在下一次技术革命到来之前，产能和规模会让位于效率，而且效率不仅仅代表省钱省时间，也可以让企业更高效地挣钱。

如果现在还不是数据产品最好的时代，那就默默耕耘等待。如果真的相信它的价值，就应该能自洽。职业生涯其实很长，如果看成炒股，追逐一个个短线波动会很累，认准了一个标的、进行长期价值投资也未尝不是一种好策略，关键是坚持得住。

最后，保持开放平和的心态，在未来同样重要。**岗位不是永恒的，能力才是。接受自己可以被任何标签定义，但不局限于数据产品；以产品形态最大化发挥数据的价值**，我觉得这条路的风景还不错。

后 记

记得有一次跟《决胜 B 端》的作者杨堃老师线下吃饭闲聊，席间他问我："为什么不考虑出本书呢？公众号文章还是比较零散，不容易汇总形成记忆点"。虽然当时并没有强烈的出书动机，但这句话像种子一样，在心中生根发芽，最终促成我写本书。

我在前言中介绍了写作本书的初心，不过那是公心，我也有自己的私心。从事数据工作 10 年，感觉自己的职业生涯已经来到了一个节点，我需要这么一本书给自己做总结、让它成为自己独特的作品、也让自己能轻装上阵继续旅途。

在写作的过程中，总能遇到各种各样的困难，好在有不少贵人相助。比如，清华大学出版社的申美莹老师，她既是本书的编辑，也是我的伯乐，很庆幸自己第一次出书就能遇到如此有条不紊、又善解人意的搭档；比如，《决胜 B 端》的作者杨堃老师和《写给数据产品经理新人的工作笔记》的作者陈文思老师，在写作过程中有不少内容灵感都来自这两位老师的书，他们都是我在专业方向上的老师；比如，悠悠、系个鲤、花卷子和刘多多，他们各自对本书的案例部分做出了重大贡献，没有他们的专业知识输入，本书必将失色不少；最后还有位贵人，就是我的老婆灰灰，没有她一直以来的理解、支持和鞭策，也肯定不会有这本书，她不仅是我写作中的贵人，更是我生命中的贵人。

最后，真诚地希望对自己的年龄、职业发展有焦虑的读者不要因为一时的困难而沮丧。人生是漫长的，每次回望过去的痛苦，你会发现当时的挣扎与绝望，都会化作今天淡然的一笑。有坚持，也有放弃；习惯做加法后，也要学会做减法。其实人生差又能差到哪里去呢？不过都是自己为难自己罢了。